L'ARÉTIN MODERNE

L'Arétin Moderne

PAR

L'ABBÉ DU LAURENS

ÉDITION CONFORME A L'ÉDITION ORIGINALE DE 1763
PUBLIÉE AVEC UN PORTRAIT DE L'AUTEUR
UNE INTRODUCTION ET UNE BIBLIOGRAPHIE

PAR

RADEVILLE ET DESCHAMPS

PARIS

BIBLIOTHÈQUE DES CURIEUX

4, RUE DE FURSTENBERG, 4

MCMXX

INTRODUCTION

« *L'an de grace mille sept cent dix neuf, le vingt sept de mars, je vicaire soubsigné de la paroisse de Saint-Pierre ay baptizé un garçon né du même jour en légitime mariage, de Jean Joseph Laurent, chirurgien maior dans le régiment de la roge dion* (lire LA ROCHE-GUYON) *et de Marie-Josephe Menon, auquel on a donné le nom de Henri-Joseph. Le parein fut Monsieur Antoine de Heurteur de tour neval* (SIC), *directeur des postes de cette ville de Douay et la marene damoiselle Marie-Anne Harbelot.* » SIGNÉ : Le Hurteur de Tourneval ; Mariane Arbelot. (Archives municipales de Douai : G. G. 279, fol. 64, rect.)

C'est ainsi qu'Henri-Joseph Laurent, dit Du Laurens, fit son entrée dans le monde, « sous le plus noir auspice d'un Dieu qui le créa », pourrait-on dire en faussant un vers de Jean-Baptiste Rousseau, auteur moins que lui persécuté. Le futur contempteur des religions entra chez les chanoines de la Trinité, et fit profession solennelle le 12 novembre 1737. Au bout de six années de noviciat, ordres mineurs et majeurs, le diacre Laurent, contraint de résister aux afflux de sa veine satirique, livra passage à *La vraie origine du géant de Douai en vers français, suivie d'un Discours sur la Beauté* (1743), petits brûlots anonymes qui furent arrêtés dans leur course aventureuse et valurent au religieux une amende de cinquante livres, au bénéfice des pauvres de la ville. Rejeté de l'ordre de Cluny, dans lequel les chanoines le voulaient faire entrer pour la macération de son esprit et le débarras de son épineuse personne, Laurent, sans doute par contradiction, tenta de forcer la porte avec l'appui des lois ; puis, incapable d'une contention suivie, laissant le froc sur le seuil inhospitalier, il vint goûter aux plaisirs de Paris et se mêler aux gens de plume du Café Procope. Logé Petite Rue Taranne, il se lie avec un voisin, Groubentall de Linière, qui devait finir Lieutenant de police, et compose avec lui *Les Jésuitiques*, au lendemain du célèbre arrêt du Parlement de Paris contre la Congrégation (août 1761). Mais Du Laurens n'attend pas les inconvénients de la popularité : vingt-quatre heures après l'impression, il part à pied pour la Hollande, sans même prévenir ni embrasser Goubentall, de quoi les exempts se chargèrent avec beaucoup moins de tendresse, pour écrouer ce délaissé à la Bastille.

L'argent des libraires d'Amsterdam féconde l'imagination fertile du fugitif et lui permet de s'installer à Liége, ensuite à Francfort, toujours tremblant pour sa liberté, poursuivi par les Enfants de Loyola, épié par les policiers, de sorte que les subsides qui devraient le nourrir ne lui servent guère qu'à se sauver d'un taudis à un autre, où chaque fois il enfante un nouveau livre, sans chaussures, sans habits, sans chemise et sans pain, comme il le dit dans la préface d'*Imirce*. Une douzaine d'ouvrages,

presque tous honorés de réimpressions successives,
lui valent une réputation assez étendue pour que
l'astucieux Voltaire, dans l'intention de se servir de
son nom, écrive à Lacombe, le 7 août 1767 : « Vous
saurez, monsieur, en qualité d'homme d'esprit et de
goût, qu'il y a dans le monde un nommé M. du Laurens, auteur du *Compère Mathieu*, lequel a fait un
petit ouvrage intitulé *l'Ingénu*, lequel est fort connu
des hommes et des femmes, des filles et même des
prêtres. Ce M. du Laurens m'est venu voir : il m'a dit,
avant de partir pour la Hollande, que si vous pouvez
imprimer ce petit ouvrage, il vous l'enverrait de
Lyon à Paris par la poste. M. Marin m'a mandé
qu'il avait lu par hasard cet ouvrage et qu'on donne-
rait une permission tacite sans aucune difficulté. »

Écrivant à Damilaville, le 22 août 1767, il qualifie
l'Ingénu de plaisanterie assez innocente, due à un
moine défroqué, ce du Laurens, auteur du *Compère
Mathieu*; et, le 12 septembre suivant, il ne peut comprendre que l'on ait permis en France l'impression
du livre, toujours de du Laurens, intitulé *l'Ingénu* :
« *Cela me passe !* »

Cependant, Voltaire ne put souffrir un semblant de
réciprocité. *La Relation du Bannissement des Jésuites
de la Chine* (1768) fait-elle dire aux connaisseurs
qu'elle est du Patriarche de Ferney, que celui-ci
bondit sous l'outrage. « C'est, écrit-il à Bordes, le
4 avril 1768, une plaisanterie infernale de ce Mathurin du Laurens, réfugié à Amsterdam chez Marc-
Michel Rey. C'est un drôle qui a quelque esprit, un
peu d'érudition et qui rencontre quelquefois... Il est
l'auteur de la *Théologie portative* et du *Compère
Mathieu...* » Du Laurens n'est plus l'auteur de *l'Ingénu...* Et Voltaire, s'échauffant à mesure, mande à

Chardon, le 11 avril : « La Hollande est infestée depuis quelques années de plusieurs moines défroqués, capucins, cordeliers, mathurins, que Marc-Michel Rey, d'Amsterdam, fait travailler à tant la feuille, et qui écrivent tout ce qu'ils peuvent contre la religion romaine, pour avoir du pain... Les libraires qui débitent tous ces livres me font l'honneur de me les attribuer pour les mieux vendre. Je paye bien cher les intérêts de ma petite réputation. Non seulement on m'impute ces ouvrages, mais quelques gazettes même les annoncent sous mon nom. » M. de Voltaire était bien à plaindre !...

Tant d'auteurs se sont crus persécutés par les jésuites que les biographes provoquent généralement un sourire incrédule en présentant leur auteur comme une victime d'Escobar ; mais, cette fois, on ne plaisantera point le malheureux Du Laurens. Par arrêt de la Cour ecclésiastique de Mayence, le 30 août 1767, la Congrégation le fit interner dans la prison ecclésiastique de Marienbaum, encore que l'ancien diacre de la Trinité eût obtenu du pape un bref de sécularisation. Inutile prévoyance ! L'auteur de l'*Arétin moderne* mourut en 1797 entre les murs de sa geôle, après trente ans de détention... Son imposant labeur de vingt-quatre années laissait les ouvrages suivants : *La vraie origine du Géant de Douai*, etc. (op. cit.), 1743 ; *Le Balai, poème héroï-comique en XVIII chants*, 1761 ; *Les Jésuitiques*, 1761 ; *L'Arrétin*, 1763 ; *La Chandelle d'Arras, poème héroï-comique en XVIII chants*, 1765 ; *L'Évangile de la Raison*, 1765 ; *Imirce, ou la Fille de la Nature*, 1765 ; le *Compère Mathieu, ou les Bigarrures de l'Esprit humain*, 1766 ; *Les abus dans les cérémonies et dans les mœurs*, 1767 ; *L'antipapisme révélé*,

1767 ; *Je suis Pucelle, histoire véritable*, 1767 ;
Relation du Bannissement des Jésuites de la Chine,
1768 ; *Le Portefeuille d'un philosophe, ou Mélange
de pièces philosophiques, politiques, critiques, saty-
riques et galantes*, 1770. On attribue à tort à Du
Laurens : *La Théologie portative*, 1775, qui est du
baron d'Holbach ; *l'Observateur des spectacles*, 1780,
qui est de l'Honoré, avocat ; et enfin les *Lubies théologiques, ouvrage posthume du Compère Mathieu*
(1798), qui sont de Mercier de Compiègne. Parmi les
manuscrits qu'il laissa, on cite un poème héroïque en
dix-huit chants, intitulé : *La Thérésiade*, dont le
sujet est, dit-on, le couronnement de Charles VI, et
un *Dictionnaire d'Esprit*. Ses *Œuvres* ont été réunies
en partie, et précédées d'une notice, à Bruxelles, Arn.
Lacrosse, 4 vol. in-8, « ornées de huit belles gravures
d'après les dessins de Chasselat (1) ».

Les Goncourt, dans leurs *Portraits intimes du
XVIIIe siècle*, où sont reproduites deux lettres de
Du Laurens à Groubentall, disent avec justesse qu'il
a mené La Fontaine à Parny, et Gil Blas à Jacques-le-
Fataliste. Mais il est aventureux, pour le moins,
d'ajouter : « Rabelais à Babeuf », et d'en faire un de
ces « charlatans de génie, qui ont descendu l'espoir
des peuples du ciel sur la terre, un de ces « guéris-
seurs de l'incurable humanité », un de ces « faux

---

(1) Du Laurens avait un frère, qui signait également Du Laurens.
Il était médecin et a laissé quelques ouvrages de science, dont le
plus célèbre s'intitule : *Moyens de rendre les hôpitaux utiles et de
perfectionner la médecine*, 1787, in-8°.

prophètes de bonheur et de perfection, que la *Sagesse* de Charron avertit vainement : « Il faut laisser le monde où il est. » Du Laurens se moquait au contraire des réformateurs — de Rousseau en particulier, avec *Imirce, fille de la Nature*, parodie de l'*Émile*, et le fameux *Compère Mathieu*, dérision du *Contrat social*, où l'on peut s'ingénier à reconnaître, en même temps que celui de Babeuf, les portraits anticipés de Rétif et du marquis de Sade. L'*Arétin moderne*, ainsi nommé en parenté du « Fléau des Princes », du grand satirique d'Arezzo, donne mieux que nul autre de ses ouvrages la clef de cet esprit réaliste, et, somme toute, si transparent. Non, Du Laurens n'est pas le chimérique apôtre d'une religion nouvelle : il ne tourne en dérision les anciens dogmes que pour leur opposer sa philosophie naturelle, ou, du moins, le sentiment et la faculté qui devraient rallier les désirs et régler la pensée des hommes : l'Amour et la Raison. Rendre l'un et l'autre compatibles n'est pas une telle chimère, car la lente évolution des Sociétés nous y conduit, en semant derrière elle les brutales convoitises et les fanatismes de toutes sortes. Mais c'est un esprit trop foncièrement sceptique et nonchalant pour qu'il échafaude quelque système que ce soit : il s'en raillerait luimême ; ce n'est qu'un témoin de bon sens qui affecte de forcer son rire pour faire tolérer sa critique. Oui, ce rire est gros, il faut en convenir ; cependant, c'est à lui que ce Voltaire populacier doit sa renommée ; l'*Arétin moderne* fut en son temps un des véhicules des idées *philosophiques*, par des voies qu'elles n'auraient peut-être pas parcourues sans lui. Il versa de temps à autre, mais pour attirer l'attention et trouver le loisir de conter aux badauds l'*Histoire merveilleuse et édifiante de Godemiché*, ou celle de Tobie, travesti en *Maître Pierre*... En résumé, l'esprit français, ennemi des contraintes et de l'hypocrisie tyrannique, revit dans l'*Arétin moderne*, œuvre qui rappelle les sculptures irrévérencieuses dont les vieux imagiers garnissaient les cathédrales, et desquelles l'abbé Du Laurens tirait des enseignements contradictoires, durant que les Chanoine de la Trinité entonnaient le *Credo*.

Pour finir, voici le portrait sans artifice et néanmoins élogieux qu'en traça Ferdinand de Groubentall, dans sa notice sur la vie et les ouvrages de Du Laurens, en tête de la *Chandelle d'Arras*, édition de 1807 :

Celui dont je vais parler est un homme plus respectable par les qualités de son esprit que par le caractère dont il est revêtu : c'est un Prêtre, ou, pour mieux dire, un ex-Moine, à peu près comme on dit un Manceau pour désigner un Normand et demi.

A sa figure rebondie, vous le jugeriez aisément du sacré bercail ; il est gros, court et replet : n'est-ce pas là l'extérieur d'un moine ? Il a l'air plus pesant que l'esprit ; sa physionomie n'inspire rien ni pour ni contre. Il n'a rien de spirituel au dehors, tout est caché. Quant aux qualités du cœur, il a celles de son pays et de son état. Il est méfiant et caustique. Quelqu'un qui lui déplairait ou qui le choquerait ne risquerait rien de se tenir en gardé. Il est officieux et serviable sans être obligeant, c'est-à-dire, il est du nombre de ceux qui, pour rendre service, mettent en œuvre tout ce qui n'engage ni leur bourse, ni leur intérêt personnel. Sans être ennemi de la société, il n'a point les qualités sociales. C'est un homme qui s'ennuiera dans la plus belle compagnie ; et le cercle le plus galant n'est pas capable de suspendre l'impétuosité de son génie. S'il lui vient une bonne pensée au milieu d'une conversation, il lève le siège rapidement aux trois quarts d'une période, et s'en va sans achever : c'est le vrai portrait de l'Occasion et le vrai parallèle de Santeuil, à la folie près.

Il est vif, turbulent, inquiet et hypocondre, et parfois vision-
naire. Inconstant plus qu'un Français, il forme mille projets
en un jour, et n'a pas la force d'en exécuter un seul. Il n'a ni
le ton de la galanterie, ni les grâces du bel air. Sa maxime est
que tout est bien. Il a pour principe qu'un mauvais repas
remplit aussi bien l'estomac que les mets les plus succulents,
et qu'un habit de laine couvre aussi bien l'individu qu'une
étoffe d'or ou de soie. Il n'est point prosélyte du luxe ni de la
vanité, tant s'en faut : il pèche même par le défaut contraire.
Sa vivacité le rend souvent brouillon, et plus souvent
impatient; mais ne vous attachez point à l'extérieur : il est
tout esprit, et son corps n'est qu'un pur accident. Il respecte la
religion comme une de nos grand'mères, et connaît Dieu par
ouï-dire. Quant au surplus, il laisse les choses dans l'état où
elles étaient avant lui.

Je passe aux qualités de l'esprit, qui sont chez lui infiniment
supérieures aux autres. Il a l'imagination vive, impétueuse et
plus grotesque que je ne puis vous le dire. Le feu pétille de
toutes parts. Son génie est une de ces sources qui jaillissent
sans cesse et ne tarissent jamais. Il est inégal dans son travail
sans ordre dans ses idées. Trop d'abondance est son défaut.
J'ai lu bien des vers, j'en ai lu de toute espèce, mais je ne sais
à qui je donnerais la palme après avoir lu les siens. Il est
capable de balancer Voltaire, tant du côté de l'énergie que du
côté de l'expression. Ses idées sont nerveuses, sa poésie sonore;
ce n'est point un versificateur, c'est un poète. Il écrit parfaitement en prose; et s'il est possible d'avoir des idées neuves, je
crois qu'il est du nombre de ceux qui peuvent s'en glorifier.

Cet homme inconstant, léger, volage, a fait un poème épique
de dix-huit mille vers de dix syllabes, en dix-huit chants,
supérieur à la *Pucelle*. Il a fait encore un autre poème épique,
et puis un autre, et puis encore un autre, etc. Il a fait des
contes, des pièces fugitives. J'ai vu de lui l'Histoire de son
pays, pleine de feu, d'esprit et de méchanceté. J'ai lu d'autres
ouvrages de prose qui ne décèlent pas moins l'homme à talent,
pour ne rien dire de plus. Il fera un roman en quinze jours;
plus heureux en cela que Scudéry, qui, au rapport de Boileau,
n'en pouvait composer qu'un par mois. Mon héros est cependant inconnu, mais il va bientôt cesser de l'être. Il peut avoir
la quarantaine, et depuis vingt ans, il a bien composé de

quoi faire une suite de soixante ou quatre-vingts volumes. Il est
poète épique, tragique, comique, satyrique, lyrique, historien,
théologien, que sais-je enfin ? Et avec tant de qualités, croiriez-
vous qu'il ne sait pas la première règle d'arithmétique, et
qu'il compte par ses doigts ? Imagineriez-vous qu'il ignore
absolument l'orthographe et les premiers principes de sa
langue ? Penseriez-vous enfin qu'il écrit illisiblement, qu'il
parle comme un Suisse, et que l'homme privé n'est plus l'auteur ?

Voilà à peu près l'esquisse de son portrait. J'ajouterai
cependant encore qu'il a le cœur bon, et qu'il est assez franc ;
mais il pèche du côté des vertus amicales, c'est-à-dire : il ne
sait point distinguer ses amis. Il a l'oreille ouverte à tous les
conseils, le cœur fermé à la confiance. Il est peu communi-
catif, je le dirai même dissimulé ; mais sa langue trahit souvent sa pensée, en sorte qu'on peut, sans lui faire tort, le
mettre au rang des indiscrets. Il aime les femmes, et les
déchire ; il satisfait à la fois ses désirs et son acharnement.
Enfin, il est crédule et simple, il fuit les contestations et ne
cherche dispute à personne : ce qui me fait croire que quelqu'un qui se rendrait maître de son esprit pourrait en faire
un bon ami. Je ne dirai point qu'il est intéressé, parce que
l'intérêt est le vice de son état et le défaut de son pays : consé-
quemment, je lui fais grâce... »

A tous ces renseignements, le lecteur peut ajouter
les jugements littéraires qu'il trouvera dans la *Correspondance de Grimm*, peu favorables, il est vrai, à
notre auteur, et dans la notice de MM. Van Bever et
Fernand Fleuret, p. 175 des *Contes et facéties
galantes du XVIIIe siècle*, 2e série, Michaud, s. d.
On ne saurait oublier, enfin, l'ouvrage de Delort :
*Histoire de la détention des Philosophes et des Gens
de lettres à la Bastille et à Vincennes*, Paris, Didot,
1829, t. III, pp. 1 à 36.

RADEVILLE ET DESCHAMPS.

BIBLIOGRAPHIE

L'ARRETIN. — *Parve, nec invideo, sine me, liber, ibis in ignem.* — *Premiere partie* [et seconde]. — *A Rome, aux dépens de la Congrégation de l'Index, MDCCLXIII.* (1763.) — 2 volumes de XLVIII-224 pp. et IV-244 pp.

Barbier, Quérard et Gay citent, sous la même date, une édition intitulée : *L'Arétin, ou la Débauche de l'esprit en fait de bon sens.* Nous ne l'avons pas retrouvée ; peut-être est-ce le titre de la seconde édition, sous la date de 1768, qui ne figure pas à la Bibliothèque Nationale.

En 1772 parut une troisième édition portant comme titre *L'Arretin Moderne* (même épigraphe et même rubrique que les deux premières). Elle fut réimprimée sous ce nouveau titre en 1773, 1774, 1775, 1776, 1780 et 1783. On compte trois réimpressions au cours du XIXe siècle. La première en 1834 :

L'ARETIN MODERNE. — *Parve, etc...* — *Mon livre, on vous brûlera sans moi, et je n'en suis point jaloux. Ovid., Trist. lib. I, Eleg. I.* — *Écrasons l'infâme. Voltaire.* — *Première partie* [et seconde] — *Rome, aux dépens, etc... M.DCCC.XXXIV.*

Une seconde réimpression fut faite, en 1835 :

Versailles, imprimerie de Merlin, avenue de St-Cloud, n° 3, s. d. ; enfin, une troisième intitulée :

L'ARRETIN MODERNE, PAR L'ABBÉ DULAURENS. — *Parve, etc... — A Rome, aux dépens, etc... Et à Paris, chez L..Baillière et H. Messager, Libraires-Éditeurs, 12, rue de l'Ancienne-Comédie, 1884.*

Toutes ces éditions sont assez peu communes.

L'ARRETIN

Parve, nec invideo, sine me,
liber, ibis in ignem.

A ROME

Aux dépens de la Congrégation de l'Index

MDCCLXIII

A MONSIEUR LEWIS BASTIDE

Négociant Anglais.

Monsieur,

Les soins que vous vous êtes donnés pour m'instruire de votre religion font l'éloge de votre zèle. La belle Zéphire, que j'aime mieux que votre livre, vous remettra le Nouveau Testament qui me fait déraisonner depuis quinze jours avec un capucin ami du P. Norbert (1), ancien manufacturier de Londres.

Un Chinois élevé dans la science des lettrés ne peut guère goûter, comme le dit fort bien votre saint Paul, le système de votre pomme crue et les suites brillantes de votre péché originel. La morale de votre Évangile m'a fait impression, c'est la même que Confucius prêchait à la Chine deux cents ans avant qu'on l'annonçât à Jérusalem.

Votre sermon sur la montagne et le nombre de vos béatitudes m'ont ravi; quelle provision! *Bien-*

(1) De Chevrier, mauvais et insolent écrivain, assure effrontément, dans un chiffon intitulé : *La Vie du P. Norbert,* que ce capucin était marié à Londres, où vivait publiquement avec une femme. Le P. Norbert n'a jamais été marié; il est de notoriété publique qu'il a eu trois jolies servantes, dont il a eu trois enfants, lesquels eurent le bonheur de recevoir le Saint Baptême. Ce n'est pas là donner dans le culte des Malabares.

heureux celui qui pleure; Bienheureux celui qui a faim : que cela est beau! *Bienheureux celui qui souffre l'injustice; Bienheureux ceux qui sont maudits des hommes ; Bienheureux ceux qui sont pauvres d'esprit; ils auront un Royaume.* Que cela est consolant pour M. le marquis de Caraccioli et pour moi! Une couronne peut flatter un petit marquis, il a déjà mérité celle des capucins.

Enchanté de vos béatitudes, je communiquai au P. Mathieu le désir que j'avais de les acquérir, je lui demandai ce qu'il fallait faire pour me procurer ces bonnes choses. — Presque rien, me dit le révérend père; presque rien; avec un petit grain de moutarde de foi vous mettriez l'empereur dans la lune, le grand seigneur dans une étoile à queue, l'abbé de Lattaignan (1) dans le signe de la Vierge, l'abbé Trublet dans le Taureau, et le Taureau au milieu de l'Académie, et Martin Fréron dans la ménagerie avec le Capricorne ou le bœuf étranger. — Mon père, disje au capucin, voilà des secrets qui valent bien ceux du petit Albert; il ne s'agit donc plus que de trouver le grain de moutarde : enseignez-moi où j'en trouverai. — Hélas! me dit-il, on n'en trouve pas, on n'en vend pas; tout l'univers ne pourrait vous en donner; il faut le demander et l'attendre.

Je demandai au P. Mathieu s'il avait de la foi. —

---

(1) Ce petit Auteur, dont les petits vers ont extasié les petites filles, dans les petites villes de province, excelle dans les impromptus déshonnêtes. Voici le couplet qu'il a fait sur la belle main d'une blanchisseuse qui blanchissait ses colets et noircissait son âme :

> *Avec une aussi belle main*
> *Qu'a-t-on besoin d'autres charmes?*
> *Que vous devez du Dieu malin*
> *Bien manier les armes,*
> *Et quand cet enfant est chagrin*
> *Bien essuyer ses larmes!*

Oui, j'en ai beaucoup. — Eh bien ! si cela est, c'est la même chose, il y a longtemps que je cherche un sorcier ; je sais que vous ne l'êtes point du tout, mais puisqu'avec votre grain de moutarde vous faites ce que font les sorciers, je vous prierai d'une grâce : voilà trente ans que je m'habille, me déshabille, que je bâille et que je médis. Ce rôle d'homme commence à m'ennuyer sérieusement : puisque vous pouvez, avec un grain de moutarde de foi, jeter de Vienne en Autriche un empereur dans la lune, ne pourriez-vous point me métamorphoser en coq, j'ai beaucoup de vocation pour être coq. J'aime cet animal à la fureur ; c'est ma bête, que voulez-vous ? chacun a son *tic...* Après tout le coq a son prix. Il entretient lui seul quinze ou seize femmes dans une paix admirable, n'est-ce pas le chef-d'œuvre de l'esprit humain ? Ses petits rivaux, les Bajazeth, les Mustapha et leurs valets de pied à trois queues doivent baisser la lance devant le coq. Leurs sérails peuvent être mieux meublés que le sien ; mais les sultanes favorites sont-elles aussi fréquemment favorisées des petites politesses de Sa Hautesse que les femmes du coq ? Tout périt d'altération dans le sérail, tandis que le poulailler est humecté de la rosée des dieux. Les dames musulmanes sont réduites à un filet d'eau ; quelle disette pour des tempéraments enflammés par un climat brûlant !

La nature obéit aux désirs du coq ; qu'il est glorieux pour lui de plier la nature à sa volonté ! Il n'a pas besoin des *ingrédiens* qu'il faut à un vieux duc, ni de cette multitude de postillons qu'il faut à nos demi-hommes, nos quarts-d'hommes et nos bouts d'hommes d'aujourd'hui. — Ah ! malheureux Chinois ! me dit le P. Mathieu, quel désir déshonnête avez-vous d'être coq! Le ciel équitable vous punira tôt ou tard; vous irez finir vos jours dans un pot-au-feu, vous servirez peut-être de nourriture à quelques misérables pécheurs qui ne seront point en état de grâce... Allez, vous êtes un impie, j'ai de la foi, mais mon grain de moutarde n'est point assez gros pour faire des merveilles... Vous me scandalisez, je suis simple, et les simples ont la sainte habitude de se scandaliser... Tenez, si vous étiez à Paris, on vous renfermerait pour toute votre vie à Bicêtre.

Je demandai au père ceux qui me feraient un si mauvais traitement. — Nos ministres, me dit-il, qui sont très éclairés et qui font construire des bateaux plats (1); notre Archevêque qui fait si joliment de petits billets de confession, et notre Sorbonne qui fait des âneries sur l'abbé de Prades. — Mais pourquoi ces gens-là me feraient-ils coffrer à Bicêtre? — Pourquoi? parce que vous n'avez pas un grain de moutarde de foi. — Vos ministres, votre archevêque et votre plate école peuvent-ils me donner un grain de foi? — Non. — Eh bien! puisqu'ils ne peuvent me le donner, pourquoi me puniraient-ils? — Oh! dame, voici la raison : La constitution de l'État, fondée sur le catéchisme de Sens, oblige les sujets à croire ce que leurs pères ont cru, parce que leurs pères ont cru les choses sans examiner s'il y avait du bon sens dans les choses. Ils aimaient le cabaret et philosophaient dans les caves. C'est pourquoi nous enfermons aujourd'hui entre quatre murailles ceux qui ne sont point aussi robustes qu'eux dans la croyance des hautes choses.

— Lorsque nos pères, dis-je au capucin, ont élevé

______

(1) Bateaux qui étaient réellement plats.

notre premier empereur sur un bouclier au milieu du peuple pour le rendre l'arbitre de leurs différends, ils ne lui ont point dit : « Votre Majesté pourra nous faire pendre quand nous ne croirons pas que sept et trois font quarante-cinq. » Mais ils lui ont dit : « Nous vous consacrons nos cœurs, nous sacrifions nos biens et nos jours à la sûreté des vôtres, nous vous obéirons à condition que vous ne lâcherez pas une partie de votre puissance à ceux qui voudront égorger les gens qui ne pourront croire ce qu'on ne peut comprendre (1). Si votre bienfaisante Majesté, ô digne empereur, faisait brûler un aveugle à cause qu'il ne verrait point le soleil à midi, Votre Majesté commettrait une horreur. Ainsi ferait-elle en punissant ceux qui n'ont pas le grain de moutarde du P. Mathieu. »

— Vos réflexions sont justes, me dit le capucin, mais vous dites la vérité ; la vérité est une chose dont on ne se sert point, cela est trop dangereux dans la main d'un honnête homme. Si notre frère quêteur, qui ne fait jamais mentir le proverbe qui dit : « *Que le sac d'un mendiant n'est jamais plein* », s'avisait de dire la vérité, notre couvent mourrait de faim. — Mon père, d'où vous vient la foi? — Belle demande ! De la vérité. — Si la foi vous vient de la vérité, pourquoi ménagez-vous tant la vérité? Un homme qui n'est pas vrai n'a point de religion. — Monsieur le Chinois, je crois que vous ne connaissez pas l'Écriture, vous n'avez point lu David qui dit expressément : « Tout homme est menteur. *Ommis homo.*

(1) La sagesse de Dieu, dit un savant, ne peut exiger de l'homme ce qu'il n'est point capable de faire, si un homme, après mille efforts, ne peut s'assurer de la révélation, cet homme n'est point coupable, parce que tout ce qu'on nous dit être révélé ne nous a été donné que par des hommes capables de se tromper comme nous.

mendax. » Vous voyez que ce passage de l'*Apoca-lypse* nous oblige à ménager la vérité, car si l'homme ne mentait pas, il ferait mentir le Saint-Esprit; nous ne voulons point donner le démenti à personne, et en France c'est un point d'honneur.

Voilà, Monsieur, comme nous déraisonnons avec le P. Mathieu; avouez que la religion chrétienne est bien mal prêchée par ces moines ignorants qui convertissent dans les gazettes les Indes et les philosophes de la Chine. Une religion qui annonce une morale aussi belle que la vôtre n'a que faire de l'organe enroué d'un capucin pour être estimée des hommes; il serait à souhaiter que tout le monde pût la pratiquer comme vous; vous avez rempli à mon égard ses plus beaux préceptes, lorsque, poursuivi par des sots qui soupçonnaient que mon grain de moutarde était peu de chose, vous m'avez tendu une main salutaire. Vivez toujours dans mon cœur; que ce faible ouvrage, que j'ai l'honneur de vous dédier, soit le monument éternel de ma reconnaissance. Si les sots viennent vous dire que votre nom à la tête d'un méchant livre vous déshonore, répondez : « Mon ami est un garçon sans esprit et sans finesse, il a cru me rendre hommage en me dédiant son ouvrage, j'ai agréé son zèle; je condamne ses sentiments, j'aime son cœur, et aussi indulgent que Molière, je dis :

> *Si l'on peut pardonner l'essor d'un mauvais livre,*
> *Ce n'est qu'au malheureux qui compose pour vivre.*

Je suis, avec le Zinzin des Chinois, Monsieur,

Votre ami,
Modeste tranquille
XAN XUNG.

A Berlin, 12 mai 1762.

PRÉFACE

OU L'HISTOIRE DE MES TROIS BAPTÊMES

—

CREDO IN UNUM DEUM

*Premier et dernier article du symbole
des philosophes.*

La préface est ordinairement le plus mauvais d'un livre. Pour faire le mauvais morceau de mon livre, je vais conter, en manière de préface, l'histoire de mes trois Baptêmes.

Je suis Chinois, connu dans la République des lettres par un très méchant poème et de la prose à peu près aussi détestable. Je fus baptisé à Douäi en Flandre, par le fameux P. Duplessis, qui menait alors dans cette ville les pêcheurs à la voile, en prostituant de toutes ses forces le bénéfice de l'absolution.

Mon parrain était un procureur au Parlement, il croyait aux revenants et avait furieusement peur de la monture de Saint Michel. Les jésuites, qui enseignent encore dans cette province l'art d'assassiner les rois, à cause que mon parrain les protège, lui dirent un jour que je composais un ouvrage sur les jupons des onze mille Vierges, une analyse des rêves des sept Dormants, avec un supplément aux gentillesses du Cochon de Saint Antoine. Mon parrain vint à deux heures de la nuit accompagné de six figurants de la maréchaussée ; cette pantomime me fit rire, je lui demandai bonnement s'il venait me faire mettre en rime le tarif du vingtième, ou les magnifiques remontrances du Parlement de Flandre. Pour réponse, mon parrain, qui ne rit point, me fit conduire en prison et le même jour il écrivit dix pages d'horreurs à la Cour et termina sa requête par ces beaux vers de M. de Voltaire :

Xan-Xung est en secret bien mauvais Catholique,
On a trouvé chez lui la bible de Calvin,
A ce funeste excès vous devez mettre un frein :
Il faut qu'on l'emprisonne ou du moins qu'on l'exile.

Mon parrain était bien à la Cour (1), il me procura l'honneur d'une correspondance de lettres avec Sa Majesté Très Chrétienne et M. d'Argenson. Je reçus de Versailles ce que l'on appelle une lettre de cachet, qui m'envoya aux environs de Quimpercorentin, où j'ai joui de l'agrément de voir arriver les vents de quinze cents lieues.

Je partis pour mon exil avec le P. Duplessis qui

---

(1) Mon parrain était un magistrat d'un génie distingué. Cet homme, qui a fait les malheurs de ma vie, a été peint par M. de Voltaire. Voici le portrait :

Ce Magistrat, dit-on, est sévère, inflexible,
Rien n'amollit jamais sa grande âme insensible,
J'entends, il fait haïr sa place et son pouvoir,
Il fait des malheureux par zèle et par devoir.
Mais l'a-t-on jamais vu sans qu'on le sollicite,
Courir d'un air affable au devant du mérite,
Le choisir dans la foule et donner son appui
A l'honnête homme obscur qui se tait devant lui ?
De quelques criminels il aura fait justice !
C'est peu d'être équitable, il faut rendre service.
Le juste est bienfaisant...

m'accompagna jusqu'à Arras. En entrant dans cette ville, il me dit : Xan-Xung, mon fils spirituel, vous allez faire un long voyage. Avant de quitter le savant pays d'Artois, il faut boire à la fontaine d'eau vive, qui ne tarit jamais, et dont les eaux désaltèrent toujours. Il me conduisit sur la porte de la cité et me dit, en me montrant un Calvaire gratté et repeint à neuf : Voici, Xan-Xung, la fontaine. Le révérend me fit réciter ce qu'on appelle en Europe *Pater* et sept *Ave Maria*. Ces formules de compliments étaient des prières qu'on faisait au Calvaire. Le compliment de l'*Ave Maria* me parut fort sot, surtout pour un Calvaire. Le voici, à peu près, autant que la mémoire me le rappelle ; « *Je vous salue, Marie, pleine de grâce, que votre royaume nous advienne, vous êtes bénie entre toutes les femmes, donnez-nous aujourd'hui notre pain quotidien, que le fruit de vos entrailles soit béni, ne nous laissez point succomber à la tentation. Ainsi soit-il.* »

Je coupai trois à quatre fois cette oraison en disant au jésuite : Mon père, pourquoi bénissez-vous le ventre du Crucifix ? Cela me semble original. — Vous êtes encore dur de foi, Xan-Xung, me dit-il, cette prière s'adresse à la mère du Crucifix, et ne concevez-vous pas que la mère et le fils sont à peu près la même chose ; notre P. Ignace ne les distinguait guère, il était si bête. C'est pour cela que le Crucifix lui a donné son paradis, sans conséquence, comme au bon larron. En quittant Arras, le P. Duplessis me fit présent d'un grand chapelet qui avait touché au Saint Calvaire et à la sainte chandelle, en m'exhortant à ne point négliger un bijou si précieux.

Je passai six années dans mon exil. Monsieur le maréchal duc de Bellisle reconnut mon innocence et me décacheta aux conditions de ne point voir mon parrain et de me tenir éloigné de lui de la distance de vingt lieues. Il est bien douloureux pour un filleul d'être éloigné d'un parrain qui lui a fait tant de bien, et qui voudrait lui en faire encore, s'il le tenait.

Je vins à Paris, je logeai dans la rue Saint-Benoît, derrière l'abbaye Saint-Germain, où j'allais tous les dimanches dire des chapelets en l'honneur de la messe. Mon chapelet était pendu à ma ceinture comme l'écritoire de nos lettrés. Mon air recueilli à réciter les *Ave Maria* m'attira bientôt les regards des dévotes du quartier. Oh! le divin garçon, disaient-elles, que ce Chinois! Il dit son chapelet avec l'élégance d'un vieux frère jacobin; il doit être très bien avec son ange gardien.

Comme je craignais de m'égarer dans cette ville immense, je ne quittais point la rue Saint-Benoît. Je me promenais le long des murs de l'abbaye, j'employais ordinairement deux heures l'après-midi à cette promenade. Les mouches de la police s'aperçurent qu'un étranger se promenait régulièrement dans la rue Saint-Benoît. Ils crurent qu'il était du soin de leur charge de tracasser un homme qui ne sortait pas de cette rue. Ils m'accusèrent de quelques mauvais desseins et me rendirent suspect au lieutenant de police (1).

(1) La police trouble souvent à Paris la tranquillité des honnêtes gens par des terreurs paniques. Ses mouches font quelquefois, par leurs fausses alarmes, le malheur des particuliers. Amsterdam, une des plus grandes villes du monde, le théâtre de toutes les religions, n'a point toute cette parade de guet à pied et à cheval : vingt-quatre sergents de ville contiennent dans l'ordre un peuple immense. A Paris, on a peur de son ombre, on donne à ces soins inquiets le nom de prudence; mais, dit M. Racine,

... tant de prudence entraîne trop de soin.
Il ne faut point prévoir les malheurs de si loin.

Monseigneur le lieutenant, pour donner à la Cour des preuves de sa vigilance, m'envoya un certain coquin nommé Durocher. En m'abordant, ce vilain homme me demanda : — De quelle nation êtes-vous ? — Chinois. — Que faites-vous à Paris ? — Rien. — N'êtes-vous pas sorti de la rue Saint-Benoît depuis que vous êtes à Paris ? — Non. — Pourquoi vous promenez-vous toujours le long de cette rue ? — C'est mon goût. — Le temps où vous ne vous promenez pas, à quoi l'occupez-vous ? — A lire. — Avez-vous beaucoup de livres ? — Un seul. — Quand vous l'avez lu, que faites-vous ? — Je le recommence. — Avez-vous de l'argent ? — Fort peu. — Quand vous l'aurez dépensé, que ferez-vous ? — Je n'en sais rien. Durocher alla rapporter ce dialogue à la police. On me mit dans le catalogue noir, comme suspect à l'État, à cause que je me promenais dans la rue Saint-Benoît et que je n'avais qu'un livre.

Le Parlement, dans ce temps-là, était en guerre avec un archevêque très honnête homme, mais qui n'avait pas assez de tête pour être archevêque. Ce bon prélat, trompé par les jésuites, les protégeait. Des hérétiques sans hérésie voulaient élever un autel à côté de celui des jésuites du faubourg Saint-Antoine, qui vendaient du vert-de-gris. Ceux qui parlaient pour l'érection de cet autel étaient dans les disgrâces de Monseigneur. Je m'avisai de dire à un prêtre irlandais, avec qui je logeais dans un sixième, que cette petite guerre, ces petits billets de confession déshonoraient la France et l'esprit humain. Deux jours après, un fanatique, nommé M. de Lormel, faiseur de rubriques à Saint-Nicolas-du-Chardonneret, vint me trouver et me dit : « Monsieur le Chinois, vous avez l'air d'avoir été baptisé avec du gros sel, vous êtes un mauvais baptisé, vous tenez des propos sur nos billets de confession... Savez-vous pas que les jésuites les ont imaginés pour la propagation de la foi et de la guerre; cela entretient furieusement nos querelles pour la bulle, tâchez, s'il vous plaît, de vous taire; autrement nous pourrions vous faire avoir une lettre de cachet; quoiqu'on soit chrétien on aime à se venger, Monseigneur a les poches pleines de lettres de cachet. »

Les jésuites, quelque temps après, furent foudroyés par un arrêt du Parlement de Paris, qui occasionna des feux de joie dans tout le royaume. Je pris part à l'allégresse publique, j'écrivis sur un chiffon de papier : *Cet arrêt met les jours d'un roi que j'adore en sûreté. Ces monstres ont enseigné assez longtemps une morale pernicieuse pour l'État.* Le prêtre irlandais trouva ce papier, le porta à M. de Lormel, celui-ci à M. de Beaumont, M. de Beaumont à la chambre syndicale des libraires, la chambre des libraires à un faquin nommé d'Emmery, ce dernier à M. de Sartines, M. de Sartines à un exempt qui vint pour m'arrêter; mais le pigeon était envolé. Depuis cette aventure, j'ai toujours ignoré pourquoi Monseigneur le lieutenant de police se mêlait de moi; je n'étais ni lanterne, ni fiacre, ni putain, ni boue de Paris.

Je quittai le pays des lettres de cachet, je vins dans celui des lacets. Me trouvant sans pain dans Constantinople, je composai de méchants vers; ne gagnant pas de pain avec le langage des dieux, je me tournai du côté des mortels. Je portai des paquets à la messagerie pour la Mecque. Comme je les portais très proprement, je me fis des protecteurs, ils m'obtinrent la survivance du premier crocheteur du Mouphti. J'allais entrer en charge lorsque je fus pris avec un panier de vin, que je portais à un vieux Dervis, qui se saoulait régulièrement six fois la semaine. On me mit en prison ; le lendemain, je comparus devant l'official du Mouphti, qui me donna le choix d'être empalé dans vingt-quatres ou de me faire circoncire. Quoique je n'eusse jamais été empalé, je m'imaginai bien que l'opération de la circoncision était moins douloureuse que l'*empalage*. Je me déterminai galamment à me faire couper le prépuce.

Le jour de la cérémonie, on prépara sur le soir une chambre superbement illuminée ; un vieux Dervis me coupa très saintement le prépuce, deux filles dévotes mirent de la charpie sur la plaie. Après l'opération, le Dervis me dit : *Que le Prophète soit loué, de chien de chrétien que tu étais tout à l'heure, te voilà un fidèle croyant ; tu auras à choisir dans le Paradis entre les filles aux yeux bleus.* Comme j'aime les yeux bleus, surtout dans les belles filles, le compliment me fit plaisir.

La douleur de l'opération m'avait fait un peu jurer. Les Musulmans, disais-je en moi-même, sont bien Turcs de faire du mal à un honnête homme dans ce monde, dans l'idée de lui faire du bien dans l'autre. Les hommes sont sots partout. Un Indien met son derrière sur des clous ; un capucin écorche le sien, on me coupe le prépuce pour avoir le Paradis ; quel rapport y a-t-il entre un devant, un derrière et le Paradis ?

La circoncision m'attira la disgrâce des capucins du faubourg de Constantinople. Depuis que j'étais Turc, j'étais plus charitable (1). Je faisais du bien aux chats et

(1) Les Turcs sont des gens fort honnêtes, d'un sens droit, bons maris ; leur charité est si grande qu'ils ont des pourvoyeurs chargés du soin de nourrir les chats et les chiens délaissés. L'Alcoran n'est qu'amour et charité.

aux chiens délaissés afin de remplir le grand précepte de la charité musulmane. Car Mahomet a fait dans son Koran des articles pour les chats. Je payais chaque semaine deux sols de notre monnaie aux pourvoyeurs des chats orphelins ou abandonnés. J'étendais mes charités sur les capucins, que je regardais comme les chats abandonnés de la raison. Le P. Pancrace vint chercher sa quête à l'ordinaire; dès qu'il eut serré mon aumône, il me dit mille injures : Malheureux apostat, vous avez fait couper votre chair, le bon Jésus vous fera griller dans un feu dévorant. — Votre menace, répondis-je au Père, est plaisante, votre bon Jésus n'a-t-il pas été circoncis? — Bon, bon, le bon Jésus... cela est vrai, il s'est fait circoncire, mais c'était par politique et pour fermer la Sinagogue avec honneur. — Et moi, lui dis-je, je me fais circoncire pour éviter d'être empalé; ma raison vaut celle de fermer honnêtement la porte d'une Sinagogue qu'on venait détruire.

Les capucins pouvaient me faire un mauvais sort auprès de l'Ambassadeur de France; dans cette crainte, je quittai mes frères Turcs, je m'embarquai pour l'Italie, dans le dessein de passer en Prusse. J'arrivai à Rome, j'allai loger dans la rue Maubuée de cette ville. Une fille du monde belle comme l'amour et presque aussi jeune que ce dieu, m'aborda et me dit : *Signore, volete farmi quello che hanno fatto per farmi?* (1) — Oui, ma belle enfant, je ferai volontiers avec vous l'anniversaire de votre conception. La courtisane me fit monter dans une chambre et me dit : — Avant d'aller plus loin, voulez-vous bien faire une politesse à cette image? Il faut songer à son

(1) Monsieur, voulez-vous me faire ce qu'ils ont fait pour me faire ?

salut. Elle tira un rideau et me fit voir la Mère de la pureté avec son saint enfant, à qui nous fîmes le même compliment que le P. Duplessis m'avait fait réciter au calvaire d'Arras.

Le compliment fini, je fus dans les bras de la courtisane, ses charmes enflammèrent tellement mon imagination, que je crus jouir des Cléopâtre, des Julie, des Messaline et de toutes les beautés de l'histoire romaine. Ces grandes images occasionnèrent des prodiges de valeur d'un goût plus exquis pour Suzanna que les antiques de Rome ou le fuseau d'Hercule.

Dans les intervalles du jeu, Suzanna avait badiné avec les signes de ma circoncision, son cœur sensible s'était attaché au mien. Je la voyais tous les jours, elle se flattait de me fixer : cet espoir faillit m'être funeste. La belle Suzanna faisait deux métiers, celui qu'elle avait fait avec moi et celui d'aller à confesse les dimanches et fêtes et de recevoir fort décemment ce que le P. Pichon recommande expressément aux filles empâtées dans de pareilles habitudes.

Suzanna me confessa avec ses péchés et dit à un P. Mathurin qui était fort sot qu'elle avait vu des pièces appartenant à un circoncis qui feraient honneur à tous les châtrés de la musique du pape, qu'elle le priait de vouloir me convertir, qu'elle avait dessein de m'épouser. Suzanna lui donna mon adresse.

Un lundi matin je vis entrer le moine. — Qu'il est extraordinaire, me dit-il brusquement, qu'un homme de la Judée croie à l'Ancien Testament et au vieux Moïse ! Hélas, c'est votre nation, malheureux, qui a dressé le bois de la croix ; vous pouvez réparer la faute de vos pères, en portant la croix à votre tour ; oui, monsieur, sans la croix il n'y a point de salut,

Sine crux, sine lux, non est salus. Vous voyez que j'entends bien mon saint Mathieu... vous voyez... je porte une croix d'Arlequin sur mon scapulaire; cela est très mystérieux au moins; le blanc veut dire le principe de toutes les couleurs, le rouge est le symbole du feu et le bleu l'emblème de la mortification. C'est notre père Jean de la Mathe qui a vu cette croix dans des cornes. Les Juifs pouvaient-ils penser que l'arbre de la croix aurait été peint sur nos scapulaires? c'est l'accomplissement de vos prophéties. Croyez-moi, monsieur le circoncis, croyez à l'arbre de la croix, ou je parlerai de vous à l'Inquisition.

Le sermon pitoyable du Mathurin me donnait envie de rire; mais comment oser rire dans un pays d'inquisition ou de Bastille? Pour tromper le missionnaire de Suzanna, j'entrai dans ses vues, je promis de me faire instruire, dans l'espoir d'avoir le temps de quitter Rome. Je fus bien étonné, deux heures après, d'être arrêté par les gardes du Saint-Office et d'être conduit comme un criminel au couvent des Mathurins, où l'on m'enferma pour m'instruire des beautés de la charité chrétienne.

Les suites de Douai m'avaient instruit des mystères de la religion romaine, je fus bientôt en état de recevoir le Saint Baptême. Le jour où je devais renoncer aux promesses du vieux Testament fut annoncé avec éclat. Vers les dix heures du matin on me conduisit dans l'église, où les meilleurs châtrés exécutèrent des motets admirables. Le prieur fit un mauvais sermon, après quoi l'on m'administra le sacrement du baptême. J'eus pour parrain un prélat et pour marraine une dame de condition, qui était la maîtresse de mon parrain. On me nomma Eustache, Christophe, Clément, Barbario.

On avait invité les corps religieux à cette cérémonie. Le P. Provincial des jésuites de Flandre, dont
j'étais connu, se trouvait pour lors à Rome, député
sans doute de sa province pour inspirer de l'humeur
au Saint-Père contre le Parlement de Paris. Ce jésuite
m'avait observé pendant toute la cérémonie ; à la
sortie de l'église il m'aborde avec une sorte d'inquiétude : « Mon ami, n'êtes-vous pas ce Chinois que
notre père Duplessis a baptisé à Douai ? » Comme les
vilains cas sont niables, et que mon baptême était un
vilain cas, je niai d'être Xan-Xung et, pour me débar-
rasser plutôt de ses questions, je lui montrai les
signes de ma circoncision. Le révérend m'embrassa
en s'écriant : « Dieu soit loué, mon frère, j'ai vu où
gisait votre prépuce. » Alors me caressant du plat de
la main, il me pria de l'aller voir et m'assura fort
chaudement de son amitié. Je compris que le père
n'aimait point les belles Suzanna ; il aimait davantage
les garçons du diocèse de Bourges. Nous n'aimons pas
les monstres à la Chine.

A la sortie du couvent des Mathurins, je quittai
Rome, j'avais été baptisé deux fois, un témoin tel
qu'un jésuite pouvait me faire brûler dans vingt-
quatre heures. Je m'embarquai pour Lisbonne. J'arrivai heureusement dans cette ville et le hasard me fit
tomber dans une auberge où la fille venait d'accoucher des œuvres d'un père jacobin attaché au tribunal de l'Inquisition. L'hôtesse me pria de nommer
l'enfant de sa fille, je fus flatté de cet honneur.

Quelques jours après le rétablissement de l'accou-
chée je lui fis ma cour. Ma commère était une fille
de dix-huit ans, d'une beauté ravissante ; une fois
qu'elle était au lit je m'en approchai, je fis l'agréable ;
quand on est rasé de près on fait plus hardiment le

beau garçon, j'eus le bonheur de plaire à Olympe et de coucher avec elle. Un autre soir, le P. jacobin me surprit dans les bras de ma maîtresse et sans faire de bruit il se retira ; une heure après je fus pris et conduit dans la prison du Saint-Office pour avoir couché avec ma commère, crime que l'Inquisition punit du dernier supplice.

J'étais depuis trois mois dans les cachots du Saint-Office lorsque je comparus devant les juges de cet affreux tribunal. Pourquoi avez-vous couché avec votre commère? me demanda l'inquisiteur. — Les charmes d'Olympe, lui dis-je, m'avaient flatté ; enfant de Jacob et de David, je n'avais que les faiblesses de mes pères : ma loi, fondée sur la chair et le sang, ne distinguait pas le sang des commères de celui des autres filles. Dieu nous avait permis d'épouser les veuves de nos frères, c'était bien pis que de coucher avec nos commères. — Ah ! malheureux juif, répondit un jacobin, quelle différence de ta vieille religion à la nôtre qui est toute de charité? Si tu avais été baptisé, tu aurais résisté aux appas de ta commère, et tu n'aurais point commis charnellement un inceste spirituel. — Ah ! mon révérend, est-il possible que votre sacrement de baptême produise tant de grâces, il doit être bien beau? — Oui, mon ami, il est beau et bon, je te le jure par notre S.-P. Dominique et Notre-Dame du Rosaire qui ne peut mentir. Écoute : si tu veux te faire baptiser tu deviendras blanc comme la neige et la Sainte Inquisition te pardonnera d'avoir couché avec ta commère.

J'adorai en secret la Providence ou le Dieu de Confucius de me procurer, dans un peu d'eau, une ressource contre les cruautés d'un tribunal de sang. Un jacobin vint me catéchiser dans la prison ; comme j'étais mieux instruit que le prédicateur, mes connaissances passèrent pour un prodige.

Le grand jour de l'auto-da-fé étant arrivé, on
m'apporta la veille les habillements qui devaient me
décorer dans cette cérémonie. Un diable peint en
camaïeu devait me servir de couvre-chef, un sanbénito orné de flamme où le pot au noir était renversé,
devait orner mon précieux corps. J'eus pour parrain
un Portugais qui avait blanchi dans toutes les
charges du Saint-Office. En m'abordant il me dit : « Je
te salue, heureux gibier échappé aux flammes de
l'Inquisition. Tu es le premier juif que les jacobins
aient converti depuis que je me connais, j'ai quatre-
vingt-deux ans, j'ai fait brûler pour ma part cent
quarante personnes de ta nation ; avoue que je dois
être agréable à Dieu. — Je vous félicite, monsieur,
de vos bonnes œuvres. L'odeur d'un juif doit être une
fumée excellente à l'Éternel. »

Je fis la procession du Saint-Office et je fus baptisé
pour la troisième fois ; j'eus pour marraine une fille
dévote qui avait eu beaucoup d'amants, beaucoup
d'enfants, et qui, malgré la prodigalité de ses faveurs,
n'avait point trouvé de mari ; de désespoir elle avait
épousé l'enfant Jésus et s'était mise de la confrérie
du Sacré-Cœur. Elle me nomma Fidèle, Amant,
Constant ; ces noms me parurent fort galants, une
dévote connaît toutes les beautés du martyrologe.

Je m'embarquai pour Hambourg, de là je passai
en Prusse, où je jouis, au sein de la plus affreuse
misère, de cette joie pure dont le ciel récompense les
vertus. J'ai composé cet ouvrage à la hâte comme
toutes mes productions ; un homme qui manque de
pain n'a point le temps de relire son travail. J'ai
donné le titre de l'Arretin à ce livre à cause que cet

auteur satyrique ne fit grâce à personne dans son siècle : plus sage que lui, je respecte les hommes et j'attaque leurs erreurs et leurs préjugés. Ceux qui chercheront dans ce livre à me connaître m'ignoreront toujours ; avec des mœurs irréprochables et un cœur excellent, j'ai cru servir l'Être suprême en respectant les lumières de la raison qu'il m'a donnée. Ma religion est celle que sa main a gravée dans mon cœur et la première qu'il donna aux hommes. Je croirais dégrader son être si je croyais qu'il ait pu changer. Un Dieu qui ferait une religion au matin, une à midi et une autre le soir serait aussi petit à mes yeux qu'un écolier de sixième qui fait son thème en trois façons.

L'ARRÉTIN

L'ÉDUCATION DES ENFANTS

Les Dieux ont fait les singes et les hommes.:
Pouvons-nous être autrement que nous sommes ?

Dans un siècle où les pères et mères n'ont plus de mœurs, il est difficile de donner une bonne éducation aux enfants exposés à copier les méchants tableaux qu'ils ont sous les yeux. Le mauvais exemple devrait produire des monstres dès la seconde génération, si la légèreté, la décence et la politesse n'avaient mis nos Français au-dessus des mœurs. Nous sommes corrompus, nous sommes décents : nos enfants deviendront ce que nous sommes. Les dépenses que nous faisons pour les instruire aboutiront à ces termes. L'éducation que nos vieux Bayards, nos Montmorency des siècles gaulois donnaient à leurs enfants n'est plus propre à notre âge. Nous aimons nos faiblesses, nous affichons nos crimes et nous chantons nos défauts. Comment parler de vertu en préconisant le vice, ou en donnant un air aimable à ce qui paraissait honteux à nos grand'mères ? Un tête-à-tête, un corps-à-corps faisait trembler nos vieilles comtesses ;

une ancienne baronne n'osait sortir à vingt pas. de son château sans son très honoré époux. Les dames respectables du canton n'osaient pas honorer madame la baronne sans la compagnie de monsieur le baron. Le baron n'avait que sa femme ; messieurs les baronnets, ses fils, ne connaissaient point de petites maisons, ni de femmes agréables à monsieur ; ils avaient tout au plus le mauvais exemple du cabaret, d'où nos grands-pères ne sortaient guère ; le scandale de quelques procès avec le curé de la paroisse pour les honneurs du goupillon (car nos anciens barons avaient beaucoup de petites misères) sur le plomb de leurs gouttières ; de beaux droits sur les vitres de l'église, et le privilège d'assommer les paysans de leurs nobles mains, lorsqu'ils pouvaient les soupçonner d'avoir mangé un lièvre de la baronnie.

L'éducation d'un seigneur gaulois aboutissait, au retour du collège, à faire un procès, à s'ennuyer avec madame dans le fond d'un château, à courir un lapin, à dire de gros propos, à se ruiner à la guerre. Notre siècle, qui est sans contredit le siècle de l'esprit et des petites choses, a changé notre éducation et notre façon de voir les objets. Nos défauts sont tirés au clair, nous n'avons ni commerce ni différends avec le curé de notre paroisse, nous donnerions tous les goupillons de l'Église romaine pour un jour de plaisir, nous ne chassons point les lapins, nous ne battons point les paysans, et nos baronnes, heureusement, ne sont point toujours dans la compagnie de leurs barons.

Les enfants des anciens barons imitaient leurs pères ; nos enfants nous imiteront. Les enfants sont des singes ; les singes font ce qu'ils voient faire à leurs pères ; sans envoyer nos enfants au collège, montrons-nous à eux, dès qu'ils seront nés ; plaçons-les dans le monde aussitôt qu'ils commenceront à balbutier, ils deviendront comme nous, corrompus et décents. Il est inutile de leur peindre la sagesse et la vertu sous de vieux fantômes, qu'ils ne trouveront point dans nos cercles, dans nos spectacles et dans nos livres modernes, sinon dans nos grands dictionnaires, aux lettres S et V.

La mère s'acquittera de l'obligation de nourrir son enfant ; celles qui nourrissent conservent plus long-temps leur gorge : les dames ne doivent pas se priver d'un si bel agrément pour un peu de peine. Vous ne suivrez point la barbare coutume de gêner les membres de votre enfant, d'empêcher la libre circulation du sang et des humeurs, en le comprimant avec vos ligatures ; vous le mettrez dans un lit de feuilles sèches, vous lui laisserez l'usage naturel de ses membres. Les lapins, les singes n'emmaillotent point leurs petits ; rarement ces animaux sont estropiés ; ce sont vos ligatures qui forment vos *bancales*, qui occasionnent des hernies à vos garçons. Les sauvages, plus près de la nature, et les singes doivent être vos maîtres.

Aussitôt que votre enfant aura l'envie de marcher, vous ne le tiendrez point avec vos rubans et vos plates lisières, qui lui ôtent la hardiesse de se tenir ferme sur les pieds : laissez-le ramper quelques mois sur la terre ; c'est la première vocation. Ne craignez point qu'il se blesse en tombant. La nature a établi une espèce d'équilibre qui le fera tomber sur les quatre pattes. Lorsqu'il se blesse, c'est à cause de vos lisières sur lesquelles il fondait son appui. Vous croyez, avec vos rubans, hâter sa marche, vous vous trompez, la nature se moque de vos soins, les singes apprennent à marcher sans lisières : vos enfants ne sont que des singes.

Gardez-vous de donner à vos filles ces cuirasses de baleine qui gênent leur taille. Laissez ce soin à la nature ; ne faites porter qu'une robe de chambre à vos filles et à vos garçons ; ne leur donnez ni boucles ni jarretières ; que leurs vêtements soient lâches. Une fille serrée dans un corps étroit souffre bien des années pour rien. Les cris qu'elle jette, lorsqu'on l'habille, le plaisir qu'elle ressent, le soir, d'être délacée est celui de la nature ; n'écoutez qu'elle, elle est plus sage que vous.

Si vos enfants sont malades, n'appelez point de médecins. Les plus habiles connaissent peu de chose aux maladies des enfants ; leur répugnance naturelle à prendre des remèdes vous avertit que la nature a les drogues en horreur, qu'elle a des moyens de guérir vos enfants et vous-mêmes, sans les poisons de vos apothicaires et le grec de vos médecins. Si vous avez la fureur de médicamenter vos enfants, suivez la méthode de *Gusman d'Alfarache*, il a demeuré à la porte du collège de Salerne ; sa recette est des pommes cuites et de l'eau chaude.

Lorsque votre enfant balbutiera, mettez-le entre les mains d'une femme d'esprit extraordinairement babillarde. La sphère de l'esprit des hommes s'agrandit par les idées : il n'y a point de machine dans le monde qui puisse donner plus d'idées à vos enfants qu'une femme qui jase éternellement. Ne vous avisez point de leur donner de bonne heure des connaissances des sujets relevés. Leur cerveau tendre n'est point capable d'étude. Les singes ne vont point d'abord avec leurs pères ; les petits chiens n'ont point l'industrie des grands. Les animaux, dans leur

enfance, sont toujours à sauter, à courir, à jouer.
Laissez prendre à vos enfants le bon ton des animaux, laissez-les jouer tant qu'ils voudront, vos petits chats jouent pendant leur enfance, la dissipation et les jeux ne les empêchent point d'attraper les souris et de faire de petits chats.

La raison et l'expérience vous démontrent que le génie prend aux hommes par les pieds ; voilà pourquoi les enfants ont tant de plaisir à sauter, à courir, à jouer. A seize ans, la sève de l'esprit monte vers les reins, c'est le temps où l'amour commence à nous occuper ; à quarante ans elle monte au cœur, c'est l'âge de la gloire et de l'ambition ; à cinquante ans elle monte à la tête, c'est l'âge de la maturité et du jugement ; à quatre-vingts ans elle teint les cheveux et les blanchit ; la liqueur alors a parcouru la machine hydraulique : le baromètre casse.

Les enfants les plus remuants sont les plus spirituels, un sot s'annonce dès le berceau. Commencez l'éducation de vos enfants par leur laisser toutes leurs volontés, n'ayez pas la fureur de corriger la nature, vous gâteriez son ouvrage : en voulant corriger vos enfants, vous en faites des sots ou des stupides. Si la pétulance de votre fils vous alarme, faites-le saigner par un médecin, il calmera sa pétulance, ou il le tuera.

Pour donner une bonne éducation à vos enfants, supérieure à celle de vos livres, faites comme les singes ; menez vos enfants partout comme les singes mènent leurs petits ; ils ne seront ni plus méchants, ni meilleurs que vous. Cent traités d'éducation n'en diront pas davantage. L'éducation n'est que la copie du bon naturel, un enfant bien *éduqué* n'est qu'un bon singe.

L'exercice forme toujours un excellent tempérament et sert à développer l'esprit. Jusqu'à l'âge de dix ans, laissez vos enfants à la culture de la nature et aux soins d'une femme babillarde. Ne suivez point l'usage de leur apprendre le catéchisme, c'est une erreur de vouloir leur faire entendre ce qu'il ne peuvent concevoir. Cet usage est le germe de vos mauvais raisonnements. Les connaissances du catéchisme n'étant point à la portée de leur esprit leur donnent des idées fausses des objets, les disposent à croire le merveilleux et l'extraordinaire qui meublent ordinairement le crâne des sots. Il faut les laisser à la bonne loi naturelle jusqu'à ce que leur esprit soit capable de voir la chaîne et les miracles de la religion. Cette méthode était celle de la primitive Église, elle ne confia la croyance de ses mystères qu'aux génies formés et aux personnes faites. Attendez donc l'âge capable de discerner le vrai du faux, pour leur remettre le dépôt sacré de la foi.

Vous ferez jaser éternellement vos enfants, vous applaudirez à leurs saillies. Ce philosophe qui faisait observer sept années de silence à ses élèves était un imbécile. Son système était utile au sérail, où il faut des muets. La France serait le théâtre de la stupidité si nous étions dans l'usage d'acheter des leçons de silence aux écoles de Pythagore.

Ne donnez point à vos enfants des amis de leur âge; laissez-leur cette liberté et ce choix. Ils connaissent mieux ce qui leur convient que vous-même; observez-les, ils n'équivoquent jamais sur leur amis; les qualités aimables et sympathiques forment leur amitié. Les grands singes ont l'ambition, l'intérêt du crime.

A dix ans vous donnerez du papier et des crayons

à vos singes, vous leur montrerez à former un A;
lorsqu'ils auront peint cette figure, vous leur direz,
c'est un A, ainsi des autres; par cette méthode, ils
apprendront à lire et à écrire en même temps.

Votre fils, né pour être un singe du monde, ne doit
point être élevé au collège. Les singes régents sont
de trop laids singes. Leurs singeries sont trop plates.
Si vous destinez votre fils à devenir un patriache de
collège, ou recteur d'université; comme il serait tenu
à faire des singeries dans le pays latin, vous l'enverrez
chez les singes latins. Si vous le destinez au barreau,
à l'Église, faites-lui apprendre le latin chez vous.
Commencez à dix-sept ans à lui donner un précepteur habile, dans un an il doit savoir cette langue;
il faut six semaines pour entendre l'anglais, il ne
faut guère davantage pour apprendre la langue de
Cicéron. Si vous destinez votre enfant à massacrer les
autres, c'est-à-dire à faire le métier de la guerre pour
avoir un bâton, un ruban, ou la croix de Saint-Louis,
ne lui faites point apprendre le latin. C'est un temps
perdu de l'instruire d'une langue inutile aujourd'hui
par les belles traductions que nous avons des auteurs
du siècle d'Auguste. Contentez-vous qu'il apprenne
bien sa langue, ne lui cassez point la tête avec vos
Restam, et vos grammaires; quand on a lu ces sots
livres on n'en est pas plus instruit, personne ne sait
le français; nous n'avons pas une bonne grammaire,
nous n'avons que des dictionnaires défectueux, et le
plus ignorant est toujours celui de Trévoux.

Donnez à votre fils nos bons livres, menez-le avec
vous dans les cercles, c'est à la Cour que l'on parle
bon français, c'est dans le beau monde que sont les
bonnes grammaires et les bons dictionnaires. La
plupart des écrivains, après vingt ans d'étude, ne

savent pas encore leur langue comme un courtisan de Versailles ou une femme du bel air. Donnez à votre singe l'orthographe de Voltaire, c'est l'orthographe des femmes et du bon sens. N'écoutez point vos vieilles perruques, vos académiciens; les quarante ne savent pas mieux leur langue que le créateur de la *Henriade;* il y a plus de génie dans la tête de l'auteur du *Siècle de Louis XIV* que dans celles des quarante de votre Académie, en comptant, comme vous voyez, M. Saurin, reçu à propos de bottes.

Donnez à votre fils un précepteur aimable qui sache parler; ne lui donnez point un vilain porte-collet élevé avec les vaches de M. son père ou les Irlandais de son collège; donnez-lui un bel esprit; si vous pouvez en trouver un, ne fût-il que l'auteur d'un roman, si son ouvrage est bien écrit, il donnera du goût à votre singe, curieux d'avoir l'esprit de son précepteur; les singes sont toujours inclinés à faire ce qu'ils voient faire.

Les enfants qu'on met à 7 ou 8 ans dans les collèges sont des sots lorsqu'ils en sortent; ils citent à tout propos leur Despautère, vous entretiennent des platitudes de leurs régents ou des minuties de leurs camarades : ils n'ont vu dans les écoles que des sots ou de jeunes singes ignorants. Leur tête est meublée de choses inutiles et étrangères pour le monde. Comment! vous ne voulez pas faire des Jean Despautère de vos enfants, vous les cultivez pour le monde et vous leur donnez l'éducation du fils de votre fermier et d'un prêtre irlandais? Vous connaissez le monde, les premiers pas qu'on fait dans ce pays glissant décident de ce que l'on doit penser de vous toute la vie, et vous faites élever vos enfants dans une école étrangère pour les mettre dans le monde, où ils arrivent comme dans les terres australes?

Vous avez tort de perdre dix à douze ans d'une jeunesse précieuse, il faut les mettre dans le monde dès l'âge de huit ans. Les bévues d'un enfant sont excusables. La honte d'être ridicule les prend de meilleure heure. Votre singe, en copiant dès l'âge de huit ans les grands singes, sera à quinze ans un agréable singe du monde que les femmes embaumeront, même les femmes de chambre. Vous le laissez jusqu'à dix-huit ans dans le pays latin : qu'avez-vous fait? Un sot singe de collège. Quelle fureur de donner deux éducations à vos enfants !

Donnez de l'esprit à vos singes, souriez à leurs saillies, flattez leur amour-propre, songez que l'essentiel est de leur donner de l'esprit, afin qu'ils soutiennent la réputation que nous avons chez l'étranger d'en être remplis. Les Anglais se plaignent que nous en avons trop fait paraître depuis cinquante ans, ils voudraient nous ôter notre esprit pour nous engager à raisonner ; les Anglais sont jaloux, ils pensent, ce sont des insulaires. Que vos singes donc aient de l'esprit, sans esprit on ne peut avoir que de la mauvaise raison de Bâle ou d'Amsterdam ; vos enfants ne sont point nés pour être bourguemestres, ni juges de la Chambre du commerce de Rotterdam, donnez-leur l'esprit français, il plaît partout.

Unissez au commerce du monde le secours des livres, composez leur bibliothèque d'un Voltaire, d'un Montesquieu, et de nos jolies brochures. Ces maîtres leur donneront plus d'esprit dans un mois que votre Aristote et votre misérable philosophie ne leur en donnera en dix années. Si votre fils goûte ces auteurs, il aura de l'esprit ; il en faut pour l'apercevoir dans un livre. Cette dépense est modique : pour soixante et quelques livres vous avez l'esprit de Voltaire. L'esprit d'Aristote, qui n'en avait point, a coûté plus cher à vos pères pour rester sots à perpétuité.

A l'âge de dix-huit ans, vous ferez apprendre le catéchisme à votre fils. Vous le mettrez six mois entre les mains d'un ecclésiastique décent et poli qui l'instruira des vérités de sa religion. Votre fils, dont l'esprit sera formé par le monde, concevra plus aisément cette suite de mystères et les secrets de la révélation. Il pourra proposer ses doutes, le prêtre savant éclaircira ses difficultés, votre fils aura une religion épurée des préjugés. de l'enfance, elle ne fera point l'effet des impressions qu'on aurait fait sur ses organes, sa religion sera dans son cœur. Vous autres, vous ne croyez à la religion chrétienne que parce que vous avez peur d'être grillés.

Votre fils ne doit jamais boire de vin ; anciennement il était du bel air de connaître les bouchons où l'on vendait la meilleure bouteille. Nos pères aimaient le cabaret comme leur maîtresse, les plus éclairés avaient de la peine d'arracher leurs enfants de ces lieux de débauche et de crapule. Notre siècle est monté autrement, nous ne parlons point de cabaret, sinon de celui de Ramponeau, dont on a parlé deux jours, et cela pour rire, car nous aimons à rire.

L'histoire, selon vos préjugés, est nécessaire pour orner la mémoire de vos singes. Leurs têtes seront sans doute richement meublées quand elles seront pleines des gazettes sanglantes de vos héros, des noms des bourreaux qui ont massacré l'humanité, et des échafauds où ils ont exercé leur boucherie. C'est ici qu'il faut de la précaution pour conter l'Histoire à

vos singes. Les singes sont naturellement méchants ;
on ne doit leur donner qu'en tremblant les tableaux
du mauvais exemple. Gardez-vous de leur dire, en
parlant d'Alexandre, qu'il fut un grand homme,
parce qu'il a répandu beaucoup de sang ; dites-leur
au contraire que sa mémoire est effroyable, qu'un
boucher est égal à lui, que vous respectez même
davantage la mémoire d'un boucher que celle d'un
souverain qui répand, comme Alexandre, le sang de
ses frères. Quand vous leur parlerez d'Henri IV, pei-
gnez sa bienfaisance, son cœur, surtout les regrets
d'avoir répandu le sang des siens, et la nécessité malheureuse où il s'est trouvé de le faire ; jetez ce sang sur
la face des papes, des moines et des théologiens de son
temps. Répétez mille fois à vos singes que vos pères
aimaient alors les capucins plus que leur roi légitime,
que ces moines montaient la garde à Paris, massa-
craient leurs malheureux frères, à cause qu'un pape
infaillible, toujours éclairé du Saint-Esprit, avait dit,
contre le Saint-Esprit et l'Évangile, qu'il fallait massacrer les hérétiques, désobéir à Dieu et à son souverain, l'image de Dieu. Vous ajouterez que les jésuites
ont fait un quatrième vœu de prêcher, enseigner et
imprimer cette belle morale ; et pour suivre leur doctrine ont tué le bon Henri IV. Terminez votre
instruction en assurant qu'Henri fut le plus grand de
nos rois et Sully le plus grand des ministres.

Vous n'apprendrez point le blason à vos enfants,
les connaissances des chevrons et des couleurs amusaient vos niais de grands-pères. Ne vous piquez
point de leur donner des notions de géographie ;
croyez-vous qu'ils auront l'esprit bien orné lorsqu'ils
connaîtront tous les buissons de l'Empire du Mogol
et les ruisseaux qui arrosent le royaume du prêtre

Jean (1)? Il vaut autant leur donner la carte de Gonesse et de Vaugirard. Au lieu de ces connaissances inutiles, conduisez-les dans les chaumières de vos laboureurs, inspirez-leur de l'amitié et même du respect pour vos pères nourriciers; dites-leur mille et mille fois : « Voici des hommes comme vous, et les gens les plus respectables de l'univers; ces honnêtes paysans, que vos aïeux rouaient de coups, sont dignes de votre estime. Notre maison, toute illustre qu'elle soit, est sortie de ces gens-là. La poussière a commencé leur famille comme la nôtre, car la poussière se charge de commencer et de miner toutes les grandes maisons. Jérôme premier, un de vos grands-pères, menait la charrue; il quitta son métier pour égorger ses semblables, et à cause qu'il massacra beaucoup de monde on l'a décoré d'un bâton. Ce bâton, que nous trouvons plus beau qu'une bêche, nous a grossis à notre imagination; depuis que notre père Jérôme premier a eu ce bâton, nous croyons notre sang d'une autre couleur que celui du genre humain, à cause que les bâtons font changer les couleurs. Nous avons eu beaucoup de rubans dans notre maison, aussitôt que nous avons eu un bâton et des rubans, nous n'avons plus eu de bras.

Les paysans n'ont point de rubans ni de colifichets; ils ont des bras plus utiles que des rubans. Le travail, l'innocence forment leur bonheur, ils n'ont jamais troublé la paix de l'univers pour des bulles et le cimetière de Saint-Médard. S'ils murmurent quelquefois, c'est contre quelques collecteurs sans pitié, ou

---

(1) *Il y avait dans le Royaume des Abyssins un roi nommé* Preter-Cham, *c'est-à-dire prince des Adorateurs*; les ignorants en ont fait un prêtre romain.

le curé de la paroisse qui se donne les grâces
de retarder de deux heures le dernier coup des
vêpres, que sa servante assure être dans la manche
de son maître ou sa cornette, quand M. le curé sonne
en branle.

Ne faites point voyager vos singes pour voir les
singeries étrangères, nos singeries sont les plus jolies
de l'Europe, les gros singes étrangers veulent-vous
copier, ils sont ridicules. Vos grands-pères pen-
saient comme les garçons tailleurs, ils croyaient que
les voyages façonnaient la jeunesse ; c'est une folie.
Qu'iraient faire vos singes à Rome ? Pourquoi courir
quatre cents lieues pour baiser des pantoufles, admirer des chapelets, voir le faste, l'orgueil et la ven-
geance dans le lieu saint, contempler les débris du
palais d'Auguste et les colonnes mutilées du temple
de la Fortune ? L'exposerez-vous à corrompre la
masse de votre beau sang chez les filles de la rue
Maubuée de Rome, où, à l'ombre des clés de Saint-
Pierre, elles vendent, comme à l'opéra, à très bon
compte, des faveurs plus cuisantes. Le Français n'est
plus curieux de voir des étoles : si par hasard il bai-
sait à Rome les pieds du chef visible, il rirait et dirait
en sortant que le Saint-Père sentait le ranci et ses
pieds l'odeur des pieds de messager. Car, vous savez,
nous sommes capables de plaisanter aux pieds du
Pape : nous aimons à rire.

Enverrez-vous votre singe en Angleterre pour
entendre plaisanter notre nation et savoir l'Histoire
de nos ridicules ? Les Anglais ennuient les gens avec
de froids raisonnements ; nous autres nous les amu-
sons en sifflant la raison. En France, nous avons une
grande idée du vieux parchemin et d'un gentilhomme
Bas-Breton ; à Londres, le frère d'une Excellence, le

cadet d'un lord, commerce sans donner des vapeurs à ses sœurs les miladys.

Gardez-vous de faire de la dépense pour envoyer votre fils en Allemagne saluer de vieilles baronnes et de vieux comtes qui assomment les gens de leur grosse politesse autrichienne ; que verront-ils en Westphalie ? Des *thundertentronk*, des *Mlle Cunegonde* avec leurs soixante-deux quartiers, les meilleurs possible, des jésuites allemands qui ne sont point tendres, des docteurs *Pangloss*. Contentez-vous de leur donner *Candide* : ils verront que le précepteur de cet honnête garçon avait raison et avait tort, que le mal et le bien, quoiqu'ennemis, sont réunis dans le monde pour nous donner raison ou tort. Quand on connaît deux hommes et soi-même, on connaît toute l'espèce, et la plus mauvaise connaissance que l'on puisse faire est celle des hommes ou la sienne. Laissez vos enfants chez vous, ils sont charmants dans leur pays ; chez l'étranger ils sont impertinents.

Des arrangements de famille, la figure d'un aîné avertissent un cadet aimable qu'on le destine à l'Église. La voix du père terrestre qui l'appelle à la culture de la vigne du père céleste doit le disposer de bonne heure à cet état. Monsieur l'abbé vivra dans le monde jusqu'à dix-huit ans ; à cet âge on lui apprendra le latin, on l'instruira de la douceur du pain de l'Évangile et de la fortune d'un état qui donne un rang distingué dans le royaume. Ce jeune homme élevé dans le monde en prendra le ton et portera dans le sanctuaire une décence qu'un prêtre irlandais n'attrapera jamais. Vous direz à votre singe : Mon cher, vous êtes cadet, vous n'avez dans le monde qu'une fortune médiocre à attendre ; nos maisons se sont distinguées par les talons rouges comme par les bâtons ; notre religion, dont nous pratiquons les articles qui nous plaisent, prêche la pauvreté, l'humilité aux pauvres et au peuple qui sont humiliés et qui ne sont point riches, pour les tenir tranquilles dans leur misère. Elle leur promet des récompenses à venir que nous ne voyons point. Les ministres des autels sont distingués du peuple, ils peuvent jouir de trois cent mille livres de revenus. L'état ecclésiastique est celui où l'on fait plus aisément fortune. Dans la dernière assemblée du clergé, et dans un temps où la misère et la guerre étaient partout, Nos Seigneurs D... D... avaient des équipages de quinze mille francs, Monseigneur... de... payait à une des veuves de l'Opéra dix mille livres de bénéfice par mois, pour avoir un bénéfice *in partibus* qu'elle lui procura la troisième nuit. Monseigneur D... faisait des enfants et vendait des bénéfices.

La religion de ces seigneurs est bien aisée à suivre, il ne faut point d'effort pour les imiter. Par votre crédit, vous parviendrez à l'épiscopat, vous irez tous les cinq ans passer quinze jours dans votre cure. Tous les ans vous aurez la fatigue de donner la confirmation à quelques milliers de manants qui béniront Votre Grandeur à cause que vous aurez des talons rouges. Le reste de votre vie vous resterez à Versailles ou vous serez bourgeois de Paris comme vos confrères. Vous avez dans les poches de ces billets noirs nommés lettres de cachet. Si un prêtre, un curé, ou de pareilles canailles, vous censuraient, vous leur enverriez de ces petites béatilles de Versailles : Vous abandonnerez le soin de votre diocèse à un grand vicaire : les grands et les petits vicaires sont faits partout pour faire la besogne de leur supérieur. Si vous n'arrivez point à l'épiscopat, vous aurez deux ou trois abbayes en commande, vous n'aurez point la fatigue de donner la confirmation, où l'embarras de faire composer un joli mandement dans la boutique d'un jésuite, vous aurez deux lettres à écrire tous les ans à vos moines, une à la nouvelle année et une quittance comme vous aurez reçu vingt-cinq mille livres, cela n'est point difficile.

Il vous faudra observer à l'extérieur un décorum de continence, vous n'aurez point l'agrément de faire annoncer votre nom au prône, mais vous trouverez des petites filles, des créatures à qui vous ferez un état; vous aurez soin de cacher cela légèrement; les gens d'esprit, instruits de vos intrigues, n'en diront mot, cela n'est pas plus difficile que d'écrire une lettre à vos moines.

De vieux prêtres qui ont le bon sens et la maigreur de l'autre siècle vous diront : Anciennement les Jacques, les Luc, les Mathieu n'étaient point des gens de condition, ils travaillaient de leurs mains. Ne suivez point les Mathieu, ils n'étaient point sur le bon ton. Le Saint-Père et les cardinaux, qui ont peut-être lu les histoires de ces bonnes gens, se donnent bien garde de les imiter; les Jacques, les Mathieu n'approchent point de l'Éminence d'un cardinal; ils préféraient leur pauvreté à cinquante mille écus de bénéfice, cela est effroyable; ne copiez point ces hommes-là. La pauvreté est le premier fléau du siècle et la dernière misère de ce monde; laissez crier les vieux prêtres, ce sont des jansénistes; les jésuites sont plus accommodants, ils savent qu'il faut vivre, ils font le commerce des nations, la contrebande des diamants et le trafic du vert-de-gris. Ce sont d'honnêtes gens que les jésuites! ils ont une conscience pour tous les pays et des indulgences pour les grands.

L'éducation d'un enfant destiné à la robe doit être celle de celui qu'on destine au monde : ce n'est plus le siècle où les tuteurs de nos rois brillaient par une tête chargée d'une grosse perruque et pleine de citations et de lois. Nos conseillers n'ont pas besoin de pâlir sur Cujas, sur Dumoulin et le bonhomme Bartole, pourquoi iraient-ils meubler leur tête des coutumes et des lois de Constantin ? Un jeune magistrat d'esprit se contente d'avoir ces vieux auteurs dans une bibliothèque, pour vérifier au besoin la question d'un avocat et comment il faut prononcer dans une cause française qui regarde les lois de Constantin.

Nous savons par expérience que nos jeunes magistrats jugent presque toujours bien, nous avons des paysans qui décident les difficultés de leur village sans avoir lu les auteurs et les légistes de Constantin. L'homme est né avec un bon sens naturel, il suffit pour discerner le vrai du faux. Nos magistrats, élevés dans le grand nombre, sont plus en état que les paysans de juger de nos contestations. Les théologiens diront que David criait aux juges de la terre : Instruisez-vous, arbitres des hommes. Dites à vos docteurs : Les cris du prophète ne sont point pour nous. Sa mission était bonne pour le peuple ignorant d'Israël, qui raisonnait sur les vieux chapeaux et l'usure. Ces gens, qui trouvaient un homme sans prépuce admirable, croyaient que la science du prépuce suffisait à leur perfection, aussi ne cultivèrent-ils jamais les arts ni les sciences.

Gardez-vous d'envoyer votre fils polissonner trois ans dans une université, pour avoir un morceau de parchemin; croyez qu'on peut éclaircir une question de droit sans la puérile cérémonie de la licence, c'est un préjugé que vos pères vous ont laissé pour payer des gages à des professeurs inutiles. Envoyez votre fils aux audiences, faites-le instruire par un procureur habile, par un avocat entendu : vous en ferez un magistrat éclairé.

On plaisante l'air agréable de nos conseillers modernes, quelle sottise! faut-il qu'une figure soit gauche ou enterrée dans une perruque pour apaiser vos querelles? Peignez-vous Thémis, comme vos anciens druides, ou les rabbins de Bordeaux? Vos grands-pères étaient des enfants, ils aimaient les rabats, les bonnets carrés et la longue robe, ils attachaient du respect à ces guenilles. Que votre fils porte sa robe au palais, l'usage le veut, mais qu'il ne fasse point en bonnet carré de déclaration à sa maîtresse. La robe noire plaisait à vos grand'-mères, elles trouvaient leurs présidents adorables avec le rabat et la grande perruque; leurs petites-filles sont plus gentilles, elles aiment les jolies choses.

Si une belle solliciteuse vient agacer votre fils, c'est une tentation terrible, on n'y tient guère. Les vieux magistrats sentent quelquefois remuer le vieil homme, et cela leur rappelle encore des choses qu'eux et mesdames leurs épouses ont perdu de vue. Votre fils ne manquera point contre l'éducation en disant de jolies choses à la solliciteuse, mais qu'il se garde de ruiner un honnête homme pour le petit plaisir de chiffonner une respectueuse. Si la cause de la belle intimée est bonne, il peut se livrer à la douceur de l'obliger, accepter un peu de sa reconnaissance; il faut vivre de l'autel, dit un directeur de nonnes. Si

le procès est contre des gens d'Église, si la solliciteuse a une ombre de droit, si l'objet contesté est pour
un pouce de terre, pour un lièvre chassé sur leur
bien ou pour quelques autres misères, qu'il fasse
gagner la solliciteuse. Les moines doivent perdre
quand ils plaident pour un lièvre contre une jolie
fille. Il ne faut point perdre une famille pour un
pouce de terre. L'Église n'a pas de bien en propre,
c'est la dîme des fidèles croyants et un abus, un
crime, que l'Église ait des richesses.

Si un bel esprit fait une brochure contre vos
moines ou quelques vers contre les préjugés du
peuple, comme vous méprisez profondément vos
moines et les superstitions populaires, dites à votre
fils : « Ne faites point rôtir par l'officier exécuteur
des chefs-d'œuvre de l'esprit humain. » Cette cérémonie enorgueillit quelquefois vos églises, étonne les
sots; c'est un épouvantail de chènevière. Les gens
d'esprit et les auteurs regardent cette brûlure comme
un encensement glorieux fait à leur réputation au
bas du grand escalier. Si ce feu d'artifice plaît à la
stupidité de quelque archevêque, brûlez le livre,
mais que votre fils se garde d'envoyer légèrement,
comme on fait, les beaux esprits à Bicêtre; qu'il respecte les talents : dans un pays où tout le monde est
enfant, il faut laisser la liberté à ceux qui sont
hommes d'être les précepteurs des enfants. Lorsque
les papes interdisaient le royaume, dispensaient les
sujets du serment de fidélité, vos pères auraient fait
brûler un auteur pour avoir soutenu la cause de
Dieu et celle du roi : prenez garde, vos enfants feront
peut-être de même, et dans deux cents ans vos petits-
fils diront : « On a fait brûler, en 1740, les pensées
philosophiques; en 1740, les magistrats étaient bien

jeunes. Mais, en 1762, ils ont chassé les jésuites; en 1762, les magistrats étaient des hommes. »

Votre fils est destiné à servir la patrie. L'éducation d'un guerrier est fort simple : celle de l'école militaire est la plus propre à son métier. Cette école, que Marmontel a si mal chantée, cet asile de nos gentilshommes bretons qui n'ont point le moyen de se donner des chausses honnêtes, fait extraordinairement d'honneur au roi, créateur de cette invention. Un cadet des environs de Quimpercorentin, qui eût appris chez lui à jouer du bâton, à traîner le dimanche dans les landes de sa paroisse une longue rapière qui a paré avec une corde les côtés droits de ses ancêtres, peut devenir un héros; mais le signe *plus* et le signe *moins* et la perpendiculaire sur la ligne droite ne font pas exactement le guerrier.

La bravoure qui distinguait la nation avant la guerre de Hanovre va être concentrée à l'école militaire. Cette pépinière de Césars va rétablir le crédit de nos guerriers. Nous avons pensé autrefois que les couleurs des seize quartiers donnaient de la valeur aux hommes; que pour être conquérant il fallait avoir des parchemins usés, un banc dans la paroisse, un procès avec son curé et des chiens pour ruiner les paysans.

Les écoles militaires se trouvent dans nos villages. La nature fait les guerriers comme les poltrons. Les principes de l'héroïsme sont l'organisation. Un villageois hardi qui couche à la belle étoile ou dans une chaumière exposée aux premières fureurs des vents est plus propre à la guerre qu'un petit monsieur amidonné que le serein enrhume; Alexandre, Henri IV n'ont point étonné la terre de leurs succès avec des écoliers et de petits messieurs qui portaient des fers

à toupet à l'armée, ils avaient des citoyens robustes
ou des paysans faits à la fatigue (1).

A quinze ans, vous le montrerez six mois ou un an
tout au plus au monde. Un officier n'est pas fait pour
donner des soins aux femmes, il doit les voir comme
les jeunes mariés de Lacédémone, à la dérobée, et le
temps précisément qu'il faut pour faire un cocu ou
tromper une maîtresse. L'infidélité est une vertu de
son état, parce qu'il doit son cœur, sa fidélité et son
temps au service. Les dames ne doivent point exiger
d'un homme d'épée les petits soins d'un élégant. Un
agréable doit soupirer : l'officier doit paraître et
vaincre. La préférence d'instinct que le sexe donne
au militaire est une preuve qu'il est fait pour lui
plaire et triompher au premier coup d'œil.

Les demoiselles ou les singes femelles de condition
ont du tempérament comme les bourgeoises de la rue
Saint-Denis. La nature tient aux couleurs des seize
quartiers, comme à la poussière de la roture ; à treize
ans, le cœur d'une jeune fille est agité par les
plaisirs. Les fameux maîtres d'école, Nature, Jeunesse
et Santé, dit Montaigne, les instruisent de bonne
heure. La lecture de nos comédies, de nos brochures
légères, la conversation et la vue de nos agréables
allument bientôt leur tempérament, les mères tâchent
de les garantir des écueils de l'amour en leur inspi-
rant l'art de plaire ; comme toute l'éducation d'une
fille doit tendre à cet objet, on fait la sottise de la
confiner quelques années dans un cloître pour
apprendre ce qu'elle doit oublier aussitôt qu'elle en
sortira.

(1) Ce qu'on fait de mieux à l'école militaire c'est d'élever dure-
ment la jeunesse.

Nous faisons un crime, les sots un cas réservé aux nonnes, de prendre les manières du siècle, et nous leur abandonnons l'éducation de nos filles destinées à vivre et mourir dans le monde! Nous confions aux morts l'instruction des vivants; que peut apprendre une demoiselle dans un couvent! Des *salve regina*, des *oremus* à sainte Catherine, ou quelques misères vocales aux onze mille vierges; on leur donne dans le couvent des livres qui disent des mots contre le monde, et quand vos filles voient les choses, elles jugent bientôt qu'on les a entretenues de riens qu'elles doivent oublier : Vertvert, élevé chez les Visitandines, est le tableau de l'éducation du cloître.

N'envoyez pas vos filles chez les nonnes. Une fille spirituelle, embéguinée trois ou quatre années, devient bête. Le cercle étroit et perpétuel des petites choses de la vie monastique rétrécit l'esprit : dans une région où tout est petit, on diminue chaque jour. C'est parmi les feux des passions que l'esprit s'élance et s'élargit; en voici un exemple : M. Arnaud, rimeur et conseiller aulique, avait un génie borné; ce singe des mauvais auteurs s'amouracha d'une rôtisseuse de la rue de la Huchette. Arnaud l'aulique connaissait le beau ténébreux et le vrai ton des hurlements élégiaques; curieux de figurer dans la république des lettres comme Cotin dans les hémistiches de Boileau, il s'écria : « Je suis amoureux; le feu de la boutique de ma maîtresse vaut celui d'Apollon; on peut faire de méchants vers sans craindre le glaive de la loi; mon adorable a des yeux, une taille à faire sensation. » En conséquence de ces raisonnements, Arnaud se détermine à écrire et à se faire siffler; il entasse rime sur rime, *lamente* Jérémie, ses jérémiades servent de cotillon et de surtout aux poulardes et aux chapons

de la rôtisseuse : voilà le miracle de l'amour ; un joli
objet élargit l'esprit, la sphère de la rime s'agrandit,
on assomme le public de ses productions, et le saint
père les bénit.

Au lieu d'envoyer vos filles dans les cloîtres, intro-
duisez-les de bonne heure dans le monde ; vous leur
direz, en les lâchant sur ce théâtre glissant : « Vos
grand'mères aimaient à plaire, nous n'avons point
d'autre soin ; la vertu est un mot tiré de l'hébreu, il
fait beaucoup de bruit dans notre bouche. Les hommes
sont bien charmés qu'il n'aille point jusqu'à notre
cœur ; une jolie femme avec de la vertu est à plaindre.
La décence, la modestie ne sont point des vertus dans
la retraite et dans les ténèbres : cela nous donne un
grand éclat dans le monde, où tous les jolis mots
font fortune ; il faut vous remplir constamment des
idées de la décence et de la modestie, cela tient lieu
d'innocence et de mœurs. »

La gorge, le plus bel ornement d'une femme, entre
essentiellement dans l'éducation d'une jeune demoiselle. Vous direz à votre fille : « Notre religion, la
pudeur et les nonnes de votre couvent vous ont
défendu de montrer votre gorge ; cependant il faut
qu'elle paraisse dans les cercles pour accompagner
votre visage ; vous auriez l'air uni, bourgeois et
même nu si votre gorge ne paraissait point à nu. ».
Nos mères chrétiennes n'enterrent jamais la gorge de
leurs filles sous un grand fichu ; une mère accusée
de cette conduite passerait pour donner dans les cas
réservés de l'abbé de Griselle ; aussi les mères savent
trop ce qu'elles doivent à l'usage, et les plus dévotes
ne privent point nos yeux charnels de ce spectacle
séduisant.

La nature, qui aime les femmes plus que les

hommes, s'est chargée elle-même de l'éducation des filles. Vous n'avez point besoin de rien apprendre à vos demoiselles; tout ce qu'il faut qu'elles sachent est dans leurs veines. La nature, plus habile, d'une seule leçon développe leurs talents, et l'habitude du monde les fait briller.

Votre demoiselle a quatorze ans : elle est déjà entourée d'une foule d'adorateurs; une aventure qui cause votre joie vient de consterner ses charmes : il vous est né un singe, les premiers cris de son enfance annoncent un crime que votre ambition vous rend, dites-vous, nécessaire; cette naissance avertit votre fille que quatre murailles l'attendent, ou que, par grâce, on pourrait la laisser moisir dans le fond d'un vieux château à faire des nœuds : l'amour, dans la solitude, se peindra plus aimable à ses yeux, le tableau du mariage bordé des roses d'Amathonte lui paraîtra plus beau, et son cœur, déjà ouvert aux charmes de ses adorateurs, gémira de se fermer. Avant de jeter votre fille dans vos tombeaux sacrés, songez que les saintes retraites ne sont que pour les sots, les *bancales* et les laides. Le cloître n'est point le pays d'une jolie fille; respectez sa beauté où celle de la nature est peinte avec tant de complaisance, ne précipitez rien, il se trouvera peut-être quelques vieux ducs, quelques seigneurs sexagénaires (l'expérience est pourtant fort hasardée) qui s'amouracheront de votre fille, qui l'épouseront et qu'elle fera cocus; *cela est dans le branle des choses,* dit Montaigne, les vieux ducs n'ont pas toujours été à soixante ans; ils ont reçu le chanteau bénit de la paroisse, il faut rendre le pain bénit à son tour, et ce sont toujours les derniers mariés qui ont cet honneur.

Si un vieux duc, qui n'a été cocu qu'une fois dans son premier bail, parce que sa femme n'en pouvait faire qu'un à la fois, ne s'amourachait point de votre fille, il faut la jeter dans le cloître en disant en vous-même : « Pourquoi est-elle cadette? » Cette raison est très solide, et voilà ce que l'on appelle user parfaitement de sa raison. Si votre singe était né avant elle, vous pourriez, pour le bien de la chose, la placer dès l'âge de sept ans dans le cloître, l'accoutumer de bonne heure aux délices de la maison du Seigneur, vous fortifieriez sa vocation en lui fournissant des livres sur la mort et la passion du bon Jésus. Vous prierez quelquefois la mère supérieure de faire prêcher l'enfer à la grille par un capucin. La figure, l'habit, le méchant style d'un capucin donnent un pathétique à l'enfer qui fait trembler. Ces grands épouvantails creuseront profondément sur l'imagination naissante de votre fille; elle croira le diable du plus beau noir du monde; elle en aura peur, car nous sommes assez bêtes pour nous imaginer que le noir est une couleur plus terrible que le jaune, le noir nous fait peur.

Vous irez voir votre fille deux fois l'année, vous ferez taire la nature, cela ne vous coûtera rien; quand les singes sont longtemps sans voir leurs petits, ils ne pensent plus à eux. Dans cette visite vous parlerez des douceurs inaltérables de la maison du Seigneur, vous lui peindrez les misères du monde, vous ferez des présents à une nonne adroite; là raco-leuse, instruite des intentions de la famille, saura envelopper la jeune victime dans son malheur; à seize ans, vous aurez soin de lui faire prononcer le *oui*, et vous sentirez que ce *oui* a débarrassé la famille.

Si votre fille est destinée pour le monde, mettez-la de bonne heure avec les hommes : elle se fera avec eux comme les guenons se font avec leurs mâles. Ces dernières ne font les choses naturelles que vous appelez honteuses que lorsque la nature leur dit de les faire; vos filles sont de la pâte des singes, celui qui a pétri les autres; la même argile doit produire le même effet, vous ne corrigerez point la nature. Écoutez ses cris dans votre fille, veillez à saisir l'instant où elle parlera à son cœur; en voulant corriger ses passions vous ne feriez rien qui vaille, vous n'avez que des mots à opposer aux lois de son tempérament, supérieures à vos idées et à vos livres.

Mariez votre fille aussitôt qu'elle sera *mariable,* autrement votre fille fera comme les femelles des singes. Pourquoi gardez-vous un fruit quand il est mûr? Est-ce pour attendre qu'il se gâte? Les filles sont comme les poires de pucelle, un instant peut les faner; vous veillerez, dites-vous, autour d'elles: c'est un songe, malgré vos soins la pomme s'altère. Votre fille ne fera point un singe du premier jour de sa puberté; timide encore, elle aura peur des singes galants dont vous aurez calomnié les soins en calomniant la nature; votre fille s'attachera au chapelain de la seigneurie s'il est encore frais, ou à quelque abbé; cette petite vérole se fourre aussi dans les châteaux. En connaissant l'amour, elle a connu vos préjugés; elle sait que le chapelain se trouve précisément dans la position où elle est de ne pouvoir fabriquer un singe sans encourir les censures d'un singe mitré qui enverrait M. l'abbé faire d'autres singeries dans un séminaire, pour avoir goûté furtivement un moment de plaisir, tandis que Monseigneur le grand singe en goûte chaque jour de l'année, car les prélats qui n'ont point de femmes sont ordinairement attaqués du priapisme ; nous n'en connaissons qu'un seul qui n'est pas attaqué de cette maladie, encore est-il à l'extrémité du royaume.

Vous avez autour de vous des faquins d'esclaves porteurs de physionomie qui en font porter à maint honnête homme : ces messieurs sont dans les anti-chambres à copier ce que vous croyez faire en grand dans le salon. Vos chastes époux disent des douceurs à vos jolies femmes de chambre, croyez-vous que vos grands laquais ne feront point d'impression sur le cœur des filles de vos époux ? Raisonnable ou non, maître ou valet, tous sont nés altérés et se désaltèrent lorsqu'ils trouvent de quoi boire. Votre fille, héritière de la vieille femme Ève, est près de l'arbre de la science du bien et du mal. Elle parlera au serpent et la bête séduisante la tentera et la belle perdra son innocence. C'est la marche de l'humanité, et cela depuis la fondation du premier homme et des filles.

L'AGRICULTURE

Les gens qui faisaient en 1758 des portraits à la silhouette, qui couraient en 1760 chez Ramponeau, et qui lisaient les méchants barbouillages des enfants de Jeanne d'Arc, Abraham Chaumeix et Martin Fréron, dévorent aujourd'hui les livres d'agriculture. Les dames de la rue Saint-Honoré, du faubourg Saint-Germain, les caillettes du Marais et les filles du monde de la rue Maubuée parlent sillon, soc et molé-cules ; tout le monde met la charrue devant les bœufs.

Ce jargon d'agriculture va-t-il nous faire remonter aux siècles de Rachel et de Rébecca? Sortons-nous de l'enfance? Cette fureur d'agriculture aura l'âge de nos colifichets; nous reviendrons encore à nos tabatières et à nos pantins. Nous sommes trop distraits par la bagatelle pour parler longtemps charrue. Ce grand bruit n'aboutira qu'à faire perdre le temps et la tête de nos paysans.

Les femmes, ces mères nourrices de nos sottises et de nos nouveautés, iront dans leurs terres expliquer ce qu'elles n'entendent point à des paysans qui ne pourront les comprendre. Le rustre, héritier des bras et de l'usage de ses pères, ne voyant point l'utilité prétendue des planches, reviendra toujours à son ancienne méthode qui lui a procuré force grain. Les Flamands, les Artésiens, excellents laboureurs, ont toujours des récoltes supérieures à celles de la France. Les Flamands, cependant, n'ont point la nouvelle charrue, et leur culture paraît toujours préférable à la culture anglaise réchauffée par M. du Hamel.

Ce n'est point en faisant des livres et de froides dissertations sur la culture qu'on améliorera les terres : c'est en travaillant; pour travailler il faut des bras et point de jargon. La Bretagne, sortie d'hier du déluge, est remplie de landes et de terres incultes; pourquoi cette grande province est-elle encore aux premiers jours du monde? C'est que nos Bretons, voisins de l'Océan, sont la plupart matelots ou gardes de côtes. La Bretagne, qui s'épuise à meubler nos vaisseaux, est sujette à tirer la milice comme les environs de Paris et de Meaux; nous arrachons chaque année les bras nourriciers du peuple. Le fils d'un métayer a tiré un billet noir, en conséquence il

quitte sa charrue et un vieillard de père pour aller
faire, malgré lui, le métier de bourreau en Allemagne.

Au lieu de disserter sur la culture des terres, il faut
travailler, nous avons besoin de bras pour les défricher; vous en manquez, dites-vous; attendez, je vais
vous en trouver. Depuis la révocation de l'édit de
Nantes, depuis les stations et les prédications de vos
dragons, dans les Cévennes, par l'attention charitable
des jésuites, vous avez perdu cent mille familles qui
soupirent après leur patrie : ces gens seraient utiles
en Bretagne, dans les landes de Bordeaux. Vous avez
cruellement chassé vos concitoyens, à cause qu'ils
lisaient la bible de Genève, et vous lisez celle du
P. Berruyer, qui est assurément plus mauvaise; laissez-leur la simplicité de leur culte qui ne sort point
de la simplicité de l'Évangile; ne pendez point leurs
ministres à cause qu'ils n'ont point de rochets, de
croix d'or, de carrosses, cinq à six bénéfices et cinquante écus de revenu; laissez-leur la liberté de venir
respirer leur air natal, ils vous ont rendu des services. Le P. La Chaise les fit oublier à Louis XIV;
ayez de la mémoire pour le bien, n'écoutez plus vos
jésuites, leurs livres sont les preuves de leur méchanceté; vous avez été souvent leurs dupes, vous devez
les connaître, songez qu'il est injuste d'exiler les
gens parce qu'ils ne sont pas Français Romains. La
Romanité n'est point un morceau de l'Évangile. Vous
le savez, le bon sens vous le dit, suivez le bon sens,
il était avant votre Sorbonne.

Rappelez vos anciens amis, ou les alliés de vos
maisons; si vous paraissez si sensibles à leur salut,
pour leur assurer la vie éternelle, ne leur donnez
point vos évêchés et vos abbayes en commande, mais

laissez-leur la liberté de lire la Bible et les psaumes en vers français, ils aiment les vers et cela ne gâte point les mœurs, quoi qu'en dise votre sauvage Jean-Jacques, qui ne vous estime guère.

Les circoncis, qui sont vos frères par vos beaux-pères Abraham, Isaac et Jacob, et ennemis par Jésus-Christ, pourraient aimer Dieu et le prochain en Bretagne aussi bien qu'à Constantinople; appelez-les chez vous, mêlez-les avec les vôtres, vous les décrasserez de l'ordure d'Israël... vous avez plus d'esprit et de figure que les gens de Béthanie; votre bon ton, vos belles manières donneront l'air du beau monde aux riches et les pauvres défricheront vos terres; vos cadettes se marieront avec les premiers; par ces unions vous deviendrez plus cher à Abraham, vous aurez part aux promesses de l'un et de l'autre Testament. Unis avec vous, ils connaîtront celui que les Romains ont crucifié, vous en convertirez quelques-uns. Cette marche de conversion vaut mieux que celle de courir au Paraguay faire de mauvais chrétiens pour avoir de l'or.

Cette pépinière de cultivateurs vous indemnisera de vos pertes en Amérique, où vous dépensez des sommes immenses. Si cette multitude ne suffit point à vos terres, parlez, vous êtes riches. Je vais vous montrer d'excellents biens, faites sortir la fainéantise, que la voix du prince soit ici la trompette du jugement, il n'a qu'à parler, il réveillera les morts. Mais étendons cette matière, démontrons la nécessité et l'obligation chrétienne de faire sonner la trompette.

Les anciens moines travaillaient, les apôtres gagnaient leur vie du travail de leurs mains. Saint Paul dit clairement : *qui ne travaille point ne doit point manger.* Il ne faut point de commentateurs pour entendre ce passage. Si l'Église a dispensé ses ministres du travail des mains, c'est une erreur, elle ne pouvait altérer l'Écriture, l'autorité de vingt Conciles ne fait rien contre un passage formel des livres saints. Depuis six siècles on crève de mangeaille, on assomme d'oisiveté des millions de moines ; que de pain perdu ! Quoi ! les moines chanteront tandis que les autres travailleront ? Est-ce là entendre l'intérêt de l'État, le bien de la société et l'esprit de l'Évangile ?

Les bénédictins ont défriché la France et les lettres : ils en ont été fatigués ; ils ont été récompensés de leurs peines par les richesses immenses que le défrichement leur a values, depuis qu'ils se reposent ils doivent être délassés de leurs travaux ; ôtons-les de leurs vastes bâtiments, où ils ne s'occupent qu'à se remplir, à se vider, à tenir des Loges de Francs-Maçons ; c'est ce qu'ils font encore de mieux.

Les bernardins, qui ont transporté de si bonne heure leur bibliothèque à la cave, n'ont fait aucun fruit ni aucun bruit dans l'Église : la plupart de ces moines sont dans les bois, désœuvrés du matin au soir. Les biens qu'ils ont sont très mal acquis et nous appartiennent. Leur Bernard, qui prêchait la fin du monde, l'a escamotée à nos vieux seigneurs assez bêtes pour croire à ses almanachs. Les bernardins, par la loi de Dieu, sont obligés de rendre les biens à qui ils appartiennent ; par leurs règles, ils sont contraints de travailler, il faut leur faire observer la loi de Dieu et les constitutions de leur ordre.

Les capucins, *indignes* d'être capucins, seront peut-être dignes d'être laboureurs. Ces grands et vigoureux cordeliers, qui font des enfants à nos servantes et à nos lingères, seront bons à la charrue. Les carmes déchaussés, qui sont riches et vont nu-pieds, ne sont pas douillets à ce qu'ils disent, tant mieux, ces gens seront propres à exposer aux injures de l'air.

Que ces saints personnages, devenus plus saints par leur utilité, soient répandus dans les landes, laissez-leur le dimanche chanter les louanges de Dieu. Si les six jours ouvrables ils ne chantent plus leur *Legem pone mihi Domine,* ils mériteront davantage en travaillant, s'ils croient l'Évangile qui leur dit : *Qui travaille, prie.* Otez vos abbés commendataires, dont les revenus s'usent à entretenir des filles ou l'ambition, qui est un péché mortel; réunissez ces biens au trésor royal et la France est riche à jamais.

Vos moines ont fait vœu de pauvreté, il faut peu de chose pour nourrir et vêtir des pauvres. Le scapulaire était anciennement l'habit des ouvriers et le rochet le sarreau des paysans; donnez de ces habits à vos moines, ils seront vêtus selon leur état.

Aussitôt que les moines sortiront d'un côté, faites sortir les nonnes de l'autre. Ces pauvres innocentes seront aises de prendre le grand air. Le monde auquel elles ont renoncé vit encore dans leurs cœurs. C'est un terrible ami que le monde. Il a des côtés et un vis-à-vis si aimable, qu'on fait aisément la paix avec lui. Mariez vos moines et vos nonnes, vous ne pécherez point contre la nature; par ce moyen, vous épargnerez vos voyages au Paraguay, où vous allez faire de mauvais chrétiens qui retournent six mois après à leurs idoles. En suivant ce système vous aurez cinquante mille bons chrétiens tous les neuf mois et l'État cinquante mille sujets. Le lendemain des noces vos vierges se sentiront animées d'un nouvel être; avouez que vous aurez fait des heureux à bon marché.

N'allez point opposer à mes idées le vœu que vos célibataires ont fait ; ce vœu est contre la nature et l'Évangile. L'Écriture dit formellement : il vaut mieux se marier que de brûler, pour suivre vos fantaisies humaines ; vous brûlez vos moines plutôt que de les marier : sans doute pour désobéir à la nature et à votre Évangile.

S'il se trouvait des nonnes difficiles à suivre vos volontés, faites prêcher vos missionnaires, obtenez de Rome sept années d'indulgences plénières pour les moines et les nonnes qui s'engageront dans le mariage, sacrement préférable aux vœux monastiques. Rome, pour une poignée d'argent, vous ouvrira ses trésors. Léon X et ses successeurs ont vendu autrefois les indulgences. Cette ville de Rome a toujours été fort trafiquante. Juvénal disait déjà de son temps :

Omnia sunt venalia Romæ.

Si le pape faisait quelques difficultés, vous lui diriez avec la confiance des fils aînés de l'Église : vos prédécesseurs ont accordé deux cents années d'indulgence à ceux qui allaient contre la loi de Dieu égorger leurs semblables en Syrie ; accordez seulement vingt jours d'indulgence à ceux qui ne tueront point, mais qui feront tout au contraire des hommes à l'image de Dieu. Vous savez, très Saint-Père, que nous n'avons pas reçu la vie animale pour nous-mêmes, mais en faveur de l'espèce ; c'est un dépôt, voyez-vous, qu'il nous faut rendre à d'autres : le Saint-Père, qui est infaillible, ne peut être déraisonnable.

Les moines, qui ont, dit-on, précisément autant de religion qu'il leur en faut pour se haïr, mais point assez pour s'aimer, deviendront sensibles aux charmes des nonnes ; vous allumerez le feu de l'amitié, vous éteindrez celui de l'amour, et vous remplirez dès ce siècle un des derniers articles de votre *credo*, la résurrection de la chair, ainsi soit-il.

Si vous avez encore la fureur de conserver vos célibataires, que cela vous paraisse charmant, vous le pouvez, mais faites-les travailler le jour ensemble; séparez-les la nuit. Si vous craignez que ce commerce occasionne des sottises naturelles, vous doutez bien de la grâce et de la chasteté de vos moines. Les paysans et paysannes travaillent tous les jours ensemble et ne *s'échaudent* point. Dans le Hainaut on voit des filles, des garçons travailler en chemises dans les fosses au charbon, et quoiqu'enterrés à deux cents pieds dans la terre, on observe qu'il ne s'y passe rien contre la décence. Vous vous méfiez un peu trop des épouses de l'agneau sans tache et des serviteurs de Dieu, vous avez tort; vous offensez le ciel : comment! vous appréhendez pour des gens qui ont dit des paroles. Feront-ils plus de mal au grand air que dans le fond d'un cloître? Vos célibataires n'ont donc de la vertu qu'entre quatre murailles? Ne doivent-ils leur sagesse qu'aux grilles et aux verrous? Fallait-il les faire renoncer à la loi de la nature pour leur donner une vertu factice? Pensez mieux des hommes choisis et appelés du ciel. Pouvez-vous croire que les saints puissent pécher si aisément? Il n'y a point de moine en France qui n'ait quelque habitude chez des femmes à qui il donne des soins, direz-vous que ces gens qui n'ont point de besoins avec les femmes font le mal avec elles? Croyez-vous qu'un homme mort au monde puisse ressusciter dans les bras d'une jolie femme? Vous connaissez bien peu les morts. C'est l'usage que vous avez de fréquenter les vivants qui vous donne ces mauvaises pensées.

Vos moines et vos nonnes seront occupés, le travail distrait les passions; si vos moines sont chastes et continents dans l'oisiveté et que l'oisiveté soit la source de vos vices, ne serez-vous point assurés de leur continence dans l'occupation?

Avez-vous encore besoin de bras? J'en ai encore à vous donner. Ce sont à la vérité des bras prodigieusement rouillés par l'oisiveté. Vos chanoines crèvent de santé, l'inaction, l'embonpoint et l'apoplexie les assomment de bonne heure, conservez-les à l'État en les faisant sortir du néant où ils végètent depuis tant de siècles. Vous ménagez à propos de rien des gens payés pour chanter les louanges de Dieu et qui gagnent d'autres personnes pour faire cette besogne, pourquoi ce ménagement? A quoi vous servent des êtres qui se lèvent à six heures du matin, crainte d'être *piqués,* pour faire la partie de vos femmes, pour doubler votre personnage, qui remplissent vos promenades et qui viennent réciter chez eux au quart de minuit *jam lucis orto sidere,* lorsque le soleil est couché il y a cinq heures? En vérité, y pensez-vous, vous tirez bien peu de services des hommes; allons, il faut sonner la trompette et dire : Monsieur l'abbé, sortez de votre chœur où vous bâillez, nous avons des terres à défricher ; prenez la bêche, cela vous dégraissera, vous vivrez dix années de plus, nous allons mettre dans le trésor public les produits de vos canonicats.

Si vous manquez encore de bras, la sainte Église est une bonne mère, elle nourrit beaucoup de fainéants. Vos théologiens, qui ne servent à rien, si vous avez la parole de Dieu et s'il n'est pas nécessaire de mettre l'Évangile en *Barbara* et en *Baroco,* vous présentent leurs bras. A quoi servent votre Sor-

bonne, vos vénérables maîtres et vos Universités?
Les gages que vous leur payez est une dépense étour-
die. Vous avez l'Évangile, avez-vous besoin des théologiens? Ils ont embrouillé l'univers, troublé les
consciences; anéantissez leurs écoles, si vous voulez
la paix dans l'Église. Tenez-vous à l'Évangile, vous
n'avez besoin que de ce livre, c'est votre Dieu qui le
dit. « Méditez ma loi, je serai avec vous, je vous ensei-
« gnerai, vous n'avez pas besoin de casuistes pour
« être sauvés, vous avez besoin de mon Évangile. Je
« savais ce qui était nécessaire à l'homme mieux que
« vos théologiens, vous n'avez besoin que du testa-
« ment que je vous ai laissé. C'est moi qui suis et
« serai votre professeur en théologie, qui vous éclai-
« rerai si vous méditez ma parole, je l'ai promis et
« suis fidèle dans mes promesses. Ne vous embarras-
« sez point si l'on vous dit que ceux qui méditeront
« ma loi l'expliqueront à leur mode, c'est du jargon
« d'école. Mon ouvrage est celui de la vérité; c'est
« moi qui vous aiderai à l'entendre. Je n'ai pas
« besoin d'interprète, je savais ce que je faisais en
« donnant ma parole aux hommes et mieux que ceux
« qui veulent l'expliquer. Abandonnez-vous à mes
« soins, lisez mon écriture, croyez-vous que je vous
« donne un scorpion, lorsque vous me demandez du
« pain? J'ai prévu à tout, assurez-vous que tout
« homme qui lira mon Écriture pour s'instruire ne
« pourra jamais errer. »
Après des promesses aussi formelles avons-nous
besoin des faibles lumières des hommes et du secours
des théologiens? Si l'Évangile est l'ouvrage de Dieu,
Dieu aurait-il donné aux hommes des préceptes de
conduite et une loi qu'ils ne pourraient remplir qu'ai-
dés du secours des théologiens? Si les docteurs con-

viennent de ces vérités, leur sort est décidé, il faut
qu'ils aillent à la charrue. La théologie est contraire
à l'esprit de Dieu, les hommes l'ont peut-être imaginée parce qu'ils se méfiaient des soins de la Providence.

Depuis dix-huit cents ans, que l'on dispute dans les
écoles de théologie, quel-fruit a-t-on tiré des disputes
scholastiques? Hélas! du scandale, des guerres et des
persécutions. L'ouvrage de la vérité est devenu entre
les mains des sages maîtres un instrument de car-
nage et de persécution.

Un philosophe de Berlin a décidé le ridicule de la
théologie en deux mots. L'Écriture Sainte, dit-il, est
un bâton que Dieu a mis entre les mains des
aveugles pour les conduire; au lieu de se servir du
bâton pour marcher, les théologiens ont disputé sur
sa longueur, sa grosseur, et ont fini par se battre
avec.

La ressource des bras dans un royaume de gens oisifs
est infinie. Tous les journalistes, à l'exception de ceux
de Trévoux, paraissent destinés, par la nature de leur
ouvrage, à la nouvelle charrue. Martin Fréron, qui
gagne quinze mille livres à débiter des ordures périodiques, à nous prendre deux fois le mois pour des
sots, en nous annonçant que tel livre est mal écrit,
comme si nous avions besoin de ses courtes lumières
pour l'apercevoir, cet écriturier ignare qui offense
notre bon goût, en attaquant nos meilleurs auteurs,
n'est bon que pour remuer la boue de la terre. Nous
dévorons les ouvrages de M. de Voltaire; ce grand
homme ne cesse de nous créer des pièces immortelles.
Fréron l'injurie deux fois le mois, et nous respectons
si peu l'Homère de notre siècle, que plusieurs sots
parmi nous conservent encore leurs abonnements

pour l'âne littéraire. Cessons d'envoyer de l'argent à
la cuisine de Fréron, forçons-le à venir bêcher la
terre, il y a dix écus à gagner légitimement pour lui ;
nous ferons germer un vrai talent dans le compère
Martin. Il sera dans l'état où sa naissance et la Providence le demandent. Il écrit un peu mieux que le
gazetier d'Utrecht, il fait filtrer au papier gris quelques grosses injures contre les grands talents. Cet
homme n'était-il pas propre pour la charrue ?

J'ai refusé aux jésuites l'honneur de la charrue.
Ces hommes porteraient sans doute le trouble parmi
nos cultivateurs et s'approprieraient, par le moyen de
quelques restrictions mentales, les fruits de nos travaux : il faut laisser périr cet ordre que nous regardons aujourd'hui comme un corps digne de mort et
du dernier supplice. Les jésuites ont été assez longtemps les fins de la terre, *fines terræ*, qu'ils en
soient aujourd'hui le fumier ; que leurs reliques por-
tées dans nos champs incultes engraissent la terre. Si
elles nous rapportent la moitié de ce qu'ils nous ont
pris, la France deviendra un pays de Cocagne et le
second tome du paradis terrestre.

LES NÈGRES

Nous avons tort, mais il faut du sucre.

Y a-t-il une différence entre les dindons et les
nègres ? Lorsque les jésuites nous apportèrent les
premiers, on les envoya au collège de Clermont, im-
proprement appelé le collège de Louis-le-Grand. Nos

docteurs agitaient alors la question de l'animal *hoc a parte rei,* c'est-à-dire l'animal de leur côté ou du côté de la chausse (1). Avant de leur fixer une place dans les catégories d'Aristote, on examina leur physionomie, on chercha dans leur air champenois des preuves de *raisonnabilité.* Les dindons n'ayant donné aucun signe de raison, on les mit dans le calcul des dix-neuf moutons et un bourgeois de Troyes, et de là est venu le proverbe *bête comme un dindon.* La question décidée pour les dindons l'est-elle aussi pour les nègres? Cette espèce d'animaux à deux pieds est-elle comprise dans la classe des hommes? Des êtres qui ont la physionomie aussi barbouillée que les nègres peuvent-ils raisonner?

Jacques Massé, dans ses voyages, assure qu'en disséquant un nègre on aperçoit au-dessous de l'épiderme une membrane extraordinairement déliée et délicate, on croit que cette membrane est la véritable cause de la noirceur des nègres, que cette tunique émoussée absorbe les rayons de la lumière. Cette découverte prouve que les Éthiopiens ont une origine toute différente des autres hommes.

Certains théologiens ont prétendu que les nègres étaient descendus de Caïn, à qui le Seigneur avait imprimé un signe, et ce signe était la noirceur. Ce raisonnement est un raisonnement de sacristain. Sans m'écarter de la question ni disputer sur les goûts et couleurs, voyons si les nègres sont raisonnables.

Les nègres sont raisonnables et appartiennent peut-être plus à l'humanité que nous autres, assez barbares pour les arracher à leur patrie, eux assez

____

(1) *Chausse* ou *Domino,* colifichet puéril qui décore l'insuffisance de nos grands et savants docteurs.

humains pour nous laisser en paix sur nos côtes. La rage d'avoir du sucre, la loi du plus fort, sont les principes de notre conduite cruelle et les tisons de notre avarice. Les nègres raisonneront mieux lorsqu'ils ne croiront point à la religion bienfaisante que nous leur prêchons. Ces esclaves peuvent dire avec raison aux pères jacobins de la Martinique qui retiennent quinze cents des leurs dans leurs prisons : — Vous êtes, mes Pères, les prédicateurs de l'Évangile, vous voulez que j'embrasse votre religion qui nous rend frères, et vous me rouez de coups. Il faut des dispenses de votre pape pour épouser vos nièces, vous brûlez les gens à Lisbonne pour avoir couché avec leurs commères, et vous nous mariez avec nos propres sœurs ou nos tantes. — Mais, répond le Père jacobin, selon nos vieilles Écritures, vous ne pouvez sortir d'Adam. Notre premier père était blanc ou était noir : vous voyez qu'il faut que la porte soit ouverte ou fermée. Monsieur de la Négrerie, vous avez de la laine sur la tête et moi j'ai du poil. Assurément nous avons beau faire des enfants aux Françaises qui viennent ici, depuis le R. P. Barnabas Trétin, très saint homme qui en faisait très saintement, sa génération n'a pas changé de couleur et a toujours le poil français ; vous voyez bien que vous n'appartenez point de bon droit à l'espèce humaine. — Vous me prêchez cependant votre religion, dit le nègre. — Oui, sans doute, à cause que l'Évangile dit : *batisantes omnes gentes*, baptisez tout le monde. — Mais, mon révérend, le baptême est un caractère de charité ; comment remplissez-vous cette obligation vis-à-vis de nous ? — Comment ! Monsieur le noir animal ! vous faites des arguments ? Allons, mes gens, écrasez ce raisonneur sous les coups de bâton. Voyez ce noir, il veut en savoir plus que notre saint Thomas, à qui un crucifix de bois a fait un beau compliment académique. — Mais, mon Père, sans recourir aux coups de bâton, ne peut-on point proposer ses doutes? Battez-vous un aveugle à cause qu'il ne voit pas les rayons du soleil? dans votre Écriture est-il marqué d'assommer les gens pour leur persuader la vérité? — Oui, monsieur le noir, le docteur Angélique, le docteur Séraphique, le docteur Subtilis-Emeto-Cathartique et tous les docteurs en *ique* et en *ot* disent qu'on doit forcer les gens d'entrer à cause de ce passage : *compelle intrare, forces-les d'entrer*. Cela est si connu dans le christianisme que le roi très chrétien a envoyé des dragons dans les Cévennes à cause que les jésuites avaient assuré à Sa Majesté qu'elle était obligée en conscience de faire mal.

La charité, dit l'animal noir à l'animal pie, la base de votre religion, vous permet-elle de m'arracher à ma patrie et à mes parents, ou de m'acheter de mes ennemis à cause qu'ils étaient les plus forts? — Oui, sans doute : je dois de la charité à nos belles dames françaises qui prennent du café, j'en dois à ceux qui bavardent dans le café de Procope; il faut du sucre à tous ces gens-là. — Mais ne pourriez-vous point vous servir de vos bras, et de ceux de votre nation, plus obligés à remplir vos besoins? — Voilà une plaisante raison, nous avons besoin de nos bras dans les cloîtres pour faire des signes de croix; nos chanoines en ont besoin pour s'appuyer plus commodément dans leurs stalles; et comment nos évêques monteraient-ils dans leurs brillants équipages, s'ils n'avaient point de bras? Vous voyez que nos bras servent à beaucoup de choses et sont bien employés. — Cette

dernière raison, dit l'animal à laine, est très suffi-
sante. Votre religion vous ordonne de payer les
ouvriers, de ne point retenir leurs salaires : vous
retenez les miens, je ne connais d'autre payement
que les coups... — Ne voyez-vous pas que vous êtes
esclave ? — Mais j'étais libre, pourquoi m'avez-vous
fait un état si dur ? — C'est que vous étiez noir, que
nous étions les plus forts et qu'il nous fallait du
sucre. — En France, il n'y a point d'esclaves, vos
lois sont formelles sur cet article ; ainsi, pour du
sucre, vous êtes contraires à votre Dieu et à vos lois ?
— Nos lois, dit le révérend père, voilà de plaisantes
choses, nous les violons aux yeux du souverain, il
sait que nous avons des nègres, que nous assommons
de coups, il a besoin de sucre comme les autres ; le
sucre apporte de l'argent à ses domaines et à des fripons que les lois laissent s'engraisser ; vous voyez
que le sucre est une grande raison. En outre, nous
avons des docteurs qui expliquent les lois. Les
jésuites nous dispensent de faire le bien et d'obéir
aux rois, leurs livres sont pleins de cette morale : on
a porté deux fois des plaintes au souverain de leur
mauvaise doctrine, on n'a jamais osé leur rien dire
qu'en 1762.

— Votre Dieu vous ordonne de l'imiter et de porter
sa croix ; dans la Martinique, je ne vois que mes
frères qui la portent ; ils sont soumis, méprisés,
meurent comme lui sous les coups ; vous autres vous
ne pouvez souffrir la moindre égratignure ; vous
voyez que nous sommes seuls ses imitateurs. —
Voilà une belle comparaison d'un nègre au bon Dieu,
et nous qui portons le scapulaire, qui sommes les
enfants de saint Dominique et de Notre-Dame du
Rosaire !... Avez-vous dit tant de chapelets que j'en

ai dits ? — Ah ! mon Père, je dirais plus volontiers le chapelet que de recevoir des coups de bâton. — Êtes-vous dans ce monde pour avoir toutes vos aises ? Pendant que nous parlons, vous faites tort à la communauté, vous faites un péché mortel, vous ne travaillez point, vous êtes obligé à restituer : voyez Pontas à l'article des manufactures de sucre. — Mais si notre nation était la plus forte et que nous vinssions vous prendre pour avoir du marbre, ne ferions-nous pas bien de vous faire travailler ? — Non, assurément, vous offenseriez l'Église, le Saint-Père vous excommunierait à cause que le Concile de Trente a défendu aux prêtres de travailler. — Mais votre Concile, en vous défendant de travailler, vous permet-il d'avoir des manufactures ? — Le Concile s'explique ; c'est-à-dire que nous ne faisons rien de nos deux bras, mais que nous nous servons des deux vôtres. Le commerce est honorable, il n'avilit personne. L'abbé Coyer a dit que la noblesse pouvait commencer. La noblesse et le clergé vont ensemble.

LA RÉFORME DES ÉGLISES

Le roi a fait des écus et des pièces de six sols avec les lampes et les chandeliers de nos églises. La Majesté de nos rois n'aurait osé, il y a cinq cents ans, toucher à cette argenterie, que les préjugés rendaient respectable. Nos sots grands-pères se seraient égorgés pour conserver les lumières de l'Être qui a fait le soleil et le jour. L'aisance qu'on a trouvée à lever cette argenterie est due aux belles-lettres, à la

philosophie qui commencent à guider notre enfance.
Nous avons encore bien des choses à ôter de nos
églises et des temples à renverser. On bâtit actuelle-
ment à grands frais une église à sainte Geneviève;
pour concourir à la construction de cet édifice inutile,
on a permis une friponnerie, c'est-à-dire une loterie
qui ruine le petit peuple et la livrée de Paris.

On pourrait épargner l'argent du peuple en plaçant
tout naturellement sainte Geneviève dans l'église de
Notre-Dame. La patronne des badauds eût été fort
honorée d'avoir la gauche ou le bas du pavé sur la
mère de Jésus, à qui elle doit au ciel et sur la terre
tous les hommages : mais les moines de Sainte-Gene-
viève ont de l'ambition, ils veulent avoir un temple
magnifique. Les moines doivent-ils vous embarras-
ser? Vous les regardez à peu près comme des fiacres ;
ils sont moins utiles et vous avez encore le préjugé
de ruiner le peuple pour des gens que vous méprisez.
En plaçant sainte Geneviève à Notre-Dame, vous
gagnez un bâtiment, vous soulagez votre peuple et
vous occupez vos ouvriers à des travaux plus nécessaires.

Paris contient au moins cent temples inutiles, sans
compter les chapelles qui ne disent rien. Ces églises,
élevées aux saints par un abus coupable, méritent
d'être abattues; vous savez que c'est à Dieu seul que
vous devez votre adoration et lui seul est digne
d'avoir des temples. Ces édifices vous coûtent de
l'entretien, démolissez-les, portez vos saints à Notre-
Dame, placez-les dans les stalles de vos chanoines,
les niches sont toutes faites. Ces bienheureux de bois
tiendront aussi bien leur coin que vos porteurs
d'aumusse. Il ne vous coûtera plus d'argent pour
avoir des machines qui honorent Dieu par formalité,

vos saints ne seront point *piqués*. Appliquez les revenus de vos canonicats aux besoins de la nation : par cet arrangement, vos saints seront logés sans frais, vous épargnerez l'entretien de vos somptueux édifices, vous élèverez à leur place des manufactures et vous aurez de l'argent. Notre-Dame deviendra l'église de tous les saints ; dans vos calamités vous trouverez tous vos intercesseurs sous la main, ils augmenteront la cour de la Vierge, ils se joindront à elle pour obtenir ce que vous demanderez :

Vis unita fortior.

Vous usez beaucoup de cire dans vos églises pour honorer, fêter, éclairer en plein jour le Créateur de la lumière : la flamme de votre charité est préférable à la lueur de vos bougies ; quelle petitesse ! cette dépense serait mieux employée à la subsistance de vos pauvres. Dieu serait plus honoré de voir ses membres vêtus que flatté de l'odeur de vos mèches puantes ; deux ou trois cent mille livres dépensées tous les ans en luminaire seraient un bien-être aux pauvres de Paris. Six cent mille malheureux de moins feraient plus de bien à la société que vos chandelles. Les enfants, qui ont souvent tout perdu en perdant leur père, sont obligés, à cause de votre sot usage, de payer les lumières d'un enterrement. En jetant un coup d'œil sur les objets, on trouve de l'argent partout dans un royaume où la guerre le dissipe si souvent ; il faut le ménager et ne point brûler la chandelle par les deux bouts.

Vous avez dans vos églises des grands saints d'argent : que font-ils là ? Dans ses besoins, l'État les a respectés, eh ! pourquoi ? Notre-Dame de la *vieille Vaisselle* était un bon titre pour faire des écus : en vérité vous êtes de grands enfants; il faut qu'un saint soit d'argent pour échauffer votre dévotion? Sa représentation en plâtre de Montmartre n'est-elle pas aussi bienfaisante qu'en lingot du Pérou? mesurez-vous le mérite de vos saints sur le prix de vos étoffes? Songez que vous avez des pauvres : tant que vous en aurez, il faut que vos saints, les modèles de la pauvreté, soient de plâtre. Les bienheureux sont plus touchés de la misère des mendiants que de leur figure enrichie de bijoux.

Vous avez des préjugés sur vos saints d'argent qui sont terribles. Un artisan sans travail, sans secours, entre à Saint-Sulpice, demande pendant deux heures son pain quotidien à la Sainte-Vierge; il presse, parce qu'il est pressé par une femme et six enfants qui n'ont point mangé depuis deux jours, le pain quotidien ne vient point; sensible aux besoins de sa famille, il arrache un doigt à Notre-Dame d'argent. Le Ciel lui fait trouver le bonheur de le vendre à un fripon de juif, il achète du pain, court avec joie rendre la vie à sa femme et à ses enfants. Cet homme, qui avait trouvé, par le secours du Ciel, le fripon de juif, par un châtiment de la Providence, est saisi par MM. Durocher et d'Emeri, deux coquins plus fripons que le fripon de juif, qui le conduisent en prison. On le brûle comme sacrilège pour avoir conservé sept personnes à l'État et à la religion. Votre Vierge d'argent est la cause de son malheur : si votre bonne protectrice avait été de plâtre de Montmartre, la Société n'eût point perdu un sujet, et six enfants n'eussent point été exposés à la honte et à la mendicité.

Vous avez dans vos églises des trésors que l'État a encore respectés. Saint-Denis est rempli de couronnes d'or, de bijoux et de colifichets de prix, pourquoi, par exemple, conservez-vous le fauteuil de vermeil du vieux roi Dagobert? Il faut faire des écus de cette chaise percée ; si vous êtes curieux de conserver cette relique du roi Dagobert, faites-la dessiner, pendez-la en effigie avec vos tableaux au Luxembourg. Les cruches de Cana, qui sont venues de Galilée à Paris à califourchon sur les cheveux de la Vierge peuvent rester où elles sont : ces brimborions ne sont point d'argent, ils font gagner vos fiacres qui mènent à Saint-Denis les innocents qui vont voir des cruches.

Les os de vos saints, renfermés dans des caisses d'argent, doivent être mis dans des caisses de bois. Croyez-moi, ils feront autant de miracles dans un coffre de sapin que dans un coffre d'or, ou vos saints auraient de l'humeur. Les saints n'ont point d'humeur dès qu'ils ont quitté la terre, le séjour des humeurs.

Les ornements, les dentelles, les chapes, les tuniques qui servent à vos cérémonies religieuses et qui vous font judaïser, vous occasionnent des dépenses, forment une bigarrure qui charmait vos grands-pères et font lever les épaules à leurs petits-fils qui ne sont point du tout Visigots. Ces décorations du paganisme que vos théologiens et vos rubricaires croient nécessaires à cause que le prêtre Aaron avait des vêtements à peu près pareils le jour que les femmes d'Israël changeaient de chemise. Vos vénérables maîtres ignoraient-ils que la loi nouvelle a jeté par terre le bonnet du grand prêtre, brisé les pierres des douze tribus, et déchiré le voile du Temple? Ces petites cérémonies, ces vêtements que saint Paul appelle des niaiseries, des puérilités, sont inutiles dans vos églises. Les apôtres n'avaient point ces brimborions.

Pierre, Jacques Matthieu ne portaient point la mitre (1). Un évêque de la primitive Église bénissait le peuple sans rochet, cela n'était point une indécence ni un péché contre la rubrique. La bénédiction de vos prélats à croix d'or aurait-elle plus de vertu à cause que vous les nommez monseigneur et que sa grandeur a la flamme aux talons? Ces talons enflammés le font-ils atteindre plus tôt au ciel que les sandales de Jacques ou de Matthieu?

Les prêtres de Jupiter portaient sur leurs épaules la peau des moutons et des bœufs qu'ils avaient sacrifiés au mari de Junon; c'est peut-être en mémoire des sacrifices faits anciennement à Jupiter que vos chanoines, même les plus réguliers, portent des peaux sur leurs épaules ou sur leurs bras. Car la nouvelle loi n'a pas présenté en holocauste au Dieu des nations des veaux, des moutons, des cochons, que ceux qui sont dans vos cloîtres ou dans vos chapitres. Trêve sur ces petites misères dont le détail doit vous ennuyer : songez que vos ornements d'église couvriraient mieux la nudité de J.-C. dans les personnes sacrées et misérables de vos pauvres; oui, vous auriez plus de mérites de vêtir ses membres terrestres que d'entretenir un faste étranger à ses lois et à la charité de son cœur.

L'Église, l'épouse d'un Dieu pauvre et humilié, a toujours eu une crainte terrible de la pauvreté. Elle s'est conservé sagement et de bonne heure des ressources contre ce péché affreux. Les biens immenses qu'elle a amassés en prêchant la pauvreté, les misères et le désintéressement, l'ont mise à son aise jusqu'à

(1) *La mitre, ancienne coiffure des demoiselles romaines qui vendaient leurs faveurs du bal au temple de la Fortune, aux partis de Cicéron et de Catilina.*

la consommation des siècles. Cette bonne mère fait une dépense qui paraît singulière quoique très petite; elle consiste dans l'encens qu'elle distribue aussi mal que l'Académie française en le partageant à l'amiable entre Dieu et des faquins de marguilliers. Non contente de cette générosité elle devient prodigue en faveur des cadavres puants étalés dans les temples. Un gueux, un vil atome retourné dans son néant, devient l'objet de ses encensements; cette cérémonie païenne soulève les gens d'esprit. Les frères romains, disent les frères réformés, ont beaucoup de petitesses dans leur culte. Les **chers** frères romains qui ont battu, chassé leurs **frères réformés**, disent que ces derniers sont des hérétiques qui ont décharné le culte, que leur charité romaine ordonne d'envoyer à tous les diables. Les frères *damnés* répondent : l'Évangile n'a pas besoin du secours de la chair, nous avons ôté ce qui était de l'homme, nous n'avons plus d'encensoir dont le balancement nous éblouissait, nous n'allumons point de chandelles quand il fait jour, nous chantons les louanges de Dieu dans notre langue, parce que nous n'entendons pas le grec. Nos ministres nous prêchent l'Évangile sans étole et nous profitons autant que s'ils avaient des bonnets carrés; au lieu de ces colifichets nous faisons des aumônes aux pauvres. Les frères réformés ne méritent point l'anathème de Rome. Conservons notre croyance de la Transubstantiation et encore quelques années notre Purgatoire. Imitons nos frères réformés, faisons des aumônes et moquons-nous des talons rouges des évêques.

Vous avez des clochers trop hauts et des cloches qui vous coûtent, vous n'avez besoin que d'une cloche dans chaque église. Cette grosse sonnerie

trouble le repos de la société et le sommeil de vos
malades : il faut ôter vos cloches, les mettre dans vos
arsenaux, et en faire des canons qui vous serviront
mieux que des cloches quand les Anglais viendront
prendre Belle-Isle, ou que vous irez prendre leur
Port-Mahon.

LA BARBE ET LES CHEVEUX

> *Venerabilis Barbaca...*
> *Venerabilis Barbapu...*
> *Venerabilis Barbaca. pu...*
> *Venerabilis Barba* Capucinorum.

Motet à grand chœur chanté à Nantes, en l'honneur
du révérend très révérend Père (1) Pic, Marc, Roch,
Luc Keroenoxale Guissegrife de Lanfoudras, Cucufa
de Conflans de Cordolaomor, premier capucin de
France et second capucin du monde chrétien.

La barbe, le sale et le saint habit d'un capucin est
le préjugé d'habillement que nos pères admiraient
prodigieusement, tant ils se piquaient de belle passion pour les capucins. Nos yeux modernes ne sont
point encore privés avec ce ridicule qui fait des
impressions singulières sur les étrangers. J'ai vu des
enfants pousser des cris horribles à l'aspect d'un
capucin. Je pense que l'on pourrait combattre dans
l'Église militante sous une banière plus honnête que
celle de saint François. Nous sommes chargés du soin
de nourrir son ordre à ne rien faire. Les capucins
devraient, pour notre argent, ne point épouvanter

(1) Un Capucin d'une famille noble de Bretagne.

nos enfants ni donner des vapeurs aux femmes. Nous ne sommes pas sots comme nos pères qui aimaient les grimaces religieuses et les capucins jusqu'au point de tirer leurs rapières pour s'égorger dans la cause des capuchons ronds et pointus, que quatre souverains pontifes ont appuyée de leurs bulles et de leurs exorcismes.

Ces hommes vivants, morts au monde à ce qu'ils disent, n'ont rien à démêler avec nous et encore moins avec les femmes... Il faut donc que les PP. Pancraces restent chez eux, s'ils veulent conserver leur puant habit, ou changer de camisole s'ils veulent venir avec nous. Que signifie cette barbe, ce capuchon pointu? Otons de notre religion ces laids colifichets; ne peut-on pas aller au Ciel sans être vêtu en Pantalon? La police manque bien d'attention pour les femmes enceintes, de laisser courir dans les rues de Paris les capucins. Dieu n'a pas besoin de mascarade, et dans notre siècle nous n'aimons point les bigarrures qui ne sont pas de la bonne faiseuse.

La barbe chez les capucins est, comme la pièce de bœuf dans nos repas, un morceau de résistance et est l'objet le plus sacré de leurs soins. Les anciens la portaient, et les femmes ont été dans le temps fort curieuses d'avoir la barbe au menton; car l'Église a fait exprès un canon pour obliger le dévot sexe à raser leurs barbes. Les cheveux et la barbe ont occasionné des guerres et des sottises. Saint Paul a trouvé les cheveux répréhensibles. La raison ne peut concevoir pourquoi cet apôtre se fâchait contre les cheveux que la nature nous a donnés. Les cheveux ne seraient-ils venus à notre père Adam qu'après son péché, comme saint Thomas et quelques docteurs de l'Église l'ont pensé des ustensiles de la génération?

Les fondateurs d'ordre se sont tellement grippés aux cheveux que la plupart les ont arrachés. Saint Bruno s'imagina qu'une pelée faisait infiniment d'honneur à Dieu. Saint François a cru qu'une tête à demi dépouillée de ses cheveux et une longue barbe remplie de vermine intéressaient le ciel et les anges, la terre et les femmes; a-t-il réussi à plaire aux uns et aux autres? Un joli capucin offre à l'imagination quelque chose de grotesque et de ridicule, les grâces n'ont jamais pris l'uniforme d'un capucin indigne. Le clergé a coupé ses cheveux et l'Église a toujours pensé que les cheveux étaient une superfluité mondaine. La multitude des cheveux est l'étiquette de la gravité dans nos magistrats, pourquoi couper aux prêtres ce qui rendait leur état plus grave?

Dans le temps que nos pères se battaient pour couper un cheveu en quatre, les cheveux dérangèrent toutes les bonnes têtes de France : l'an 1096, un archevêque de Rouen, assisté de plusieurs évêques, s'avisa d'excommunier dans un Concile national « ceux qui porteraient de long cheveux. Louis VII fit « couper ses cheveux et se fit raser la barbe ; sa « femme, Léonore d'Aquitaine, le railla sur ses che- « veux courts et s'en laissa conter par le prince d'An- « tioche, qui avait de longs cheveux et qui n'était « point rasé. Louis VII le trouva mauvais, ils « finirent par faire casser leur mariage. Léonore « épousa ensuite Henri, duc de Normandie, qui « devint roi d'Angleterre, et à qui elle apporta en « dot le Poitou et la Guienne. De là vinrent ces « guerres qui ravagèrent la France pendant trois « cents ans : il périt, dit M. de Sainte-Foix, plus de « trois millions de Français, parce qu'un archevêque

« s'était fâché contre les longues chevelures, parce
« qu'un roi avait raccourci la sienne et s'était fait
« raser la barbe, et parce que sa femme l'avait trouvé
« ridicule avec des cheveux courts et un menton
« rasé. »

Quand Louis VII se fut fait couper les cheveux et
la barbe, le Parlement suivit son exemple ; mais ce
prince ayant repris sa longue barbe, le Parlement
crut sans doute qu'il ne devait pas se conformer à
cette nouvelle mode : ce devait être, dit l'abbé de
Saint-Réal, une assez plaisante chose de voir toute la
galante et guerrière jeunesse de la Cour de France
chacun avec la plus grande barbe qu'il pouvait avoir,
tandis que messieurs de la grande chambre étaient
rasés.

Les cheveux étaient autrefois en grande vénération,
continue M. de Sainte-Foix ; on jurait sur ses cheveux
comme on jure aujourd'hui sur son honneur ; en
saluant quelqu'un rien n'était plus poli que de s'arracher un cheveu et de le lui présenter. Clovis s'arracha
un cheveu et le donna à saint Germier pour lui marquer à quel point il l'honorait. Ses courtisans ou les
singes de Clovis en firent de même, et le vertueux
évêque s'en retourna dans son diocèse les mains
pleines de cheveux et enchanté de la cour.

Les prêtres, dans toutes les nations, ont porté les
cheveux longs et se sont distingués par leur cheve-
lure. Rangonis, dans son traité de la *Perruque*, dit
que les cornes de Moïse n'étaient autre chose que deux
petites touffes de cheveux frisés qui s'élevaient des
deux côtés de la tête en la manière que les portent
encore les prêtres lydiens. Le législateur des Hébreux
avait pris cette mode des prêtres égyptiens, parmi
lesquels il avait été élevé.

Les poils de la barbe servent de billet et de scrutin aux magistrats allemands pour choisir leur chef. Les échevins d'Hardenbergen, en Westphalie, s'assemblent autour d'une table ronde, et chaque échevin se place de manière que l'extrémité de sa barbe touche le dessus de la table, au milieu de laquelle on met un pou que l'on charge de faire le choix du nouveau chef. Cet électeur, après avoir erré quelque temps, ne manque point de s'arrêter à une des barbes, et cette barbe, dans le moment même, devient barbe de Consul.

Les cheveux ont occasionné du scandale à nos crânes tondus. Nos prédicateurs et nos moines ignorants glapissent tous les jours en chaire contre la frisure ; à les croire, les cheveux des belles dames sont les filets du démon où les pécheurs s'accrochent. Ah ! filles de Babylone, s'écrient-ils en s'échauffant un peu de trop, vous tortillez vos cheveux, vous les crêpez, vous les *chignonnez* sans songer que Notre Seigneur a souffert mort et passion pour votre frisure et le fer à toupet ; si vous cherchiez à plaire au ciel, vous ne tortilleriez point vos cheveux. Laissez-les aller leur droit chemin, l'Écriture le dit, *ambulate in vita recta ;* si le Seigneur les a faits droits, *gaudeant bene nati.* Dans ce monde il ne faut point se friser, il faut s'occuper sans cesse du dernier moment de la vie. Dans ce monde, révérend père casuiste, il faut vivre, être utile à la société ; il vaut mieux ajuster ses cheveux que d'être crasseux et ne rien faire comme vous faites dans vos cloîtres.

MON PÈLERINAGE

Ne violons point les droits de l'Hospitalité

J'avais un voyage à faire en Touraine : mes finances étaient au niveau de celles de mes confrères qui barbouillent du papier à Paris. J'avais neuf livres dix sols et le privilège des Savoyards de suivre de mon pied le carrosse de Paris à Tours. Je profitai de l'occasion de la première voiture, je partis à cinq heures du matin, j'arrivai à la dînée à Arpajon, deux heures après la voiture. Je me fixai dans la cuisine de l'auberge, n'ayant pas le moyen de passer dans la chambre à manger. Je trouvai un paysan de la paroisse d'Avon, près de Fontainebleau, que les circonstances légères de ses fonds obligeaient à l'économie. Pour épargner notre argent, nous nous mîmes autour de la même chopine et du même morceau de pain que nous fîmes venir à frais communs : nous commençâmes à jaser. La table est un lien qui serre les hommes et le dessert le moment qu'on attend avec impatience pour avoir de l'esprit ou pour dire des sottises. Nous étions tous deux pleins d'esprit ce jour-là ; il y a des jours comme ça, je plus à mon compagnon ; il me fit l'honneur de me dire que j'avais l'air d'un honnête homme pour une personne de l'écritoire, et le rustre achevant de me croire un clerc de procureur, il me dit : « Monsieur, vous paraissez entendre la *Chique*, je vous crois capable de porter le sac d'un procureur aussi proprement qu'un autre. » Je saluai profondément M. Jacau en lui disant : « Vous me faites bien de l'honneur. »

Jacau voulait se marier et *concubinait,* à ce qu'il disait, le pour et le contre du mariage : sa conversation m'a paru originale ; dût-elle ennuyer le lecteur, je succombe au plaisir de la raconter, charmé si je puis rendre dans son baragouin la force de ses idées. Voici à peu près comme il m'ouvrit son cœur :

« Je suis amoureux de Margau et Margau est amoureuse de moi, vous voyez bien que je sommes amoureux l'un de l'autre, que ça nous conduira tout fin près du sacrement, si nous n'allons point tomber dedans. Margau est gentille et n'est point du taffetas, c'est une étoffe moelleuse, une fille appétissante ; chaque fois que je la relucons, l'iau nous viant à la bouche comme du crachat, cela nous tourmentions bien pis que des cousins. M. notre curé, révérence parlé, nous a donné des remèdes afin que cela ne nous tourmentions pas tant, tant y a qué c'est de l'onguent miton mitaine ; je disons bian des *oramus* et tous ces ingrédiens-là n'empêchiont pas les cousins de nous trabucher ; cet amour, en vérité de Dieu, est pis qu'un enfar. On dit que pour ça alle bien, il faut prendre du *conjungau.* Je voulons nous marier, car on dit que le conjungau signifie cela, c'est-à-dire que cela nous unit comme dans le ménage, où le conjungau ne va pas trop bian pour l'union ; mais dame pour faire le mariage, il faut du pain pour nourrir les amours, or nous avons l'envie de tenir bouchon, notre future est capable de l'achalander, mais je craignons pour la tête. Jerni, nous sommes délicats là-dessus plus que les gros seigneurs, qui ne s'embarrassiont point de ce qu'il y a au-dessus d'eux ; je craignons le bon Dieu, je ne disons pas comme ces firlosophes : *supra nau nil nau ;* je ne savons pas bian vous rendre ça en latin, ça veut dire apparamment que les seigneurs se fichent de l'honneur et que nous ça nous fait beaucoup : les gros seigneurs ont du bien, des richesses, nous autres je n'ons que l'honneur.

» Si note femme prend un bouchon, ceux qui viendront chez nous la trouveront aussi jolie que je la trouvons ; car j'ons du goût en fait de cette drogue de bieauté, l'un lui prendra la main, l'autre glissera la sienne sous son fichu, l'autre l'embrassera. Dans les commencements Margau se tiendra fiare, mais à la fin elle s'ennuira de se battre ; c'est un méchant métier pour une femme de toujours batailler : elle a dans son caractère tant d'humilité qu'à la fin elle cède, fait sa paix avec ceux qui se battent et voilà tout juste le *hic*. Je voudrions bian savoir avant de nous encornailler pourquoi tous les hommes en contions à toutes les jolies cabaretières à cause qu'elles vendiont chopine. Quand j'allons à Paris dans la rue Saint-Denis acheter de la sarge, je voyons des messieurs qui en achetiont itou, ils font beaucoup de révérences, ne passiont pas la main sur la gorge de madame, quoiquc madame la marchande la montriont en vente comme sa marchandise. Dites-nous, monsieur, pourquoi on caresserait note femme à cause qu'elle vendrait chopine auprès d'un grand chemin et qu'on ne la cajolerait point si elle vendait de la sarge dans la rue Saint-Denis. Si vous répondez bian, je vous promettons un lièvre, je mettons quelquefois des colets ; si j'étions attrapé, j'irions du côté de la Bretagne dans la galère, car dans un pays où il n'y a point de la République, pour un lièvre de huit sols on vous ôtiont la liberté à un homme, comme si la liberté apparteniont à d'autres qu'à lui. Si je prenions un lièvre, entre nous, c'est pour nous tirer un petit d'affaires. Les demandeux de Sa Majesté ont toujours les mains dans nos poches; si note bon roi que j'aimions beaucoup, avait note argent dans sa bourse, je ne serions point fâchés; mais noté bon roi a autour de lui tant de fripons et de farmiers généraux que ça fait honte. »

La question de Jacau m'a paru curieuse, elle attaquait l'usage indécent d'en conter aux femmes. L'état de ces femmes attachées à l'hospitalité était sacré pour les anciens; nous respectons un marchand, nous avons du mépris pour un aubergiste qui, pour un intérêt modique, tient une grande maison garnie de lits commodes, fait des provisions qui se gâtent souvent, et se prive quelquefois de son dîner pour des hôtes qui lui surviennent. Le repos de l'aubergiste est interrompu, chaque jour il obéit avec complaisance aux caprices d'un hôte incommode, lui rend des services : plusieurs en ont reçu de très essentiels. Des gens si nécessaires méritent-ils que l'on insulte leurs femmes, nous est-il permis de corrompre leurs filles ou leurs servantes? Un jeune Français, avec la confiance de sa figure et l'étourderie de la nation, descend-il dans une auberge, il commence par tenir des propos aux filles, les embarrasse dans le service qu'elles lui rendent. Cet homme, insolent dans un cabaret, sera respectueux dans la rue Saint-Denis vis-à-vis d'une marchande à qui il donne plus d'argent et qui a moins de peine à le gagner. Il éveillera toute une auberge à minuit et n'oserait éveiller la moindre petite marchande à cinq heures du matin dans la rue Saint-Denis pour lui montrer son échantillon.

Ce désordre vient de l'idée du mépris stupide que nous faisons d'un homme utile à la société : il est bas de profiter de la circonstance de son état pour violer chez lui les droits de l'hospitalité. Si les femmes d'auberge sont faites à ce style, pourquoi donc nos étourdis sont-ils encore assez sots d'en conter à ces sortes de femmes? Quel cas une fille fera-t-elle d'un homme qu'elle n'a jamais vu, qu'elle ne voit qu'un moment et qu'elle ne verra peut-être de la vie? Que nos agréables s'imaginent que leur figure, leurs propos ne font pas plus d'impression sur le cœur de ces sortes de femmes, que le bruit des voitures qui descendent à leur porte.

Je conseillai à mon compagnon de voyage de se marier, je l'assurai que le mariage tuait les cousins, qu'il pouvait arborer son bouchon, compter sur la fidélité de sa femme, s'il continuait à l'estimer autant qu'il avait fait dans la durée de ses amours. C'est toujours la faute des hommes, lui dis-je, mon ami, qui occasionne le désordre des femmes : si vous oubliez d'avoir de bonnes façons pour la ménagère, Margau fera des confidences aux chalans de son bouchon, elle trouvera des âmes sensibles à ses peines; les consolateurs sont à craindre, et lorsqu'une femme a confié ses chagrins à un homme aimable, elle lui confie bientôt le reste; c'est alors que la tête fait mal et que le *supra nau* touche un mari sensible. Le cocher annonça à grands coups de fouet qu'on allait partir; pour jouir de mon privilège j'embrassai Jacau, et je suivis le carrosse.

LE BRÉVIAIRE ROMAIN

*Des marchands pour les vendre et des sots
pour les lire.*

Le bréviaire romain, disait M. Guérin, curé de
Châteaubriand en Bretagne, est un meuble ecclésiastique que la plupart des gens de ma robe portent
sans le dire. Si la gouvernante, qui est une dévote du
tiers-ordre de Saint-François, ne m'avertissait d'en
réciter quelques bribes, cela s'oublierait comme autre
chose. Le bréviaire est un recueil de contes de ma
mère l'Oye, de peaux d'ânes, et digne de toute correction. Le combat héroïque que les chevaliers
Morabique et Romain ont donné à son occasion,
et la confirmation du feu, n'ont point augmenté son
mérite, ni empêché l'usage d'un livre aussi ignorant.

L'*Ave Maria* est une des premières prières du
bréviaire, elle renferme deux parties. L'usage de
réciter la première, dit le P. Mabillon, n'eut point lieu
avant le onzième siècle. La seconde partie, qui commence par ces mots: *Sancta Maria*, etc., était inconnue avant l'an 1500. C'est une addition qu'on a faite
à la salutation angélique qui finissait par ces paroles :
Benedictus fructus ventris tui, Amen. Ave Maria
est un cri de guerre, ou le mot du guet chez les
nonnes. Lorsqu'on sonne à la grille, une tourière
vous dit d'un air niais, *Ave Maria*. Ceux qui savent
le bon ton des nonnes répondent *gratia plena*. Ce
compliment est un peu bête. Il annonce la petitesse
des génies renfermés dans le cloître où l'esprit toujours replié sur lui-même ne peut apprendre ou retenir que des petites choses, ou des *Ave Maria*.

Le *Credo*, appelé le symbole des apôtres, comme si les apôtres avaient composé un symbole, marche après l'*Ave Maria :* cette formule est, dit-on, un précis de la doctrine des apôtres, mais les disciples de Jésus n'ont point fait de symbole : s'ils avaient eu une formule de foi, nous l'eussions exactement conservée. L'ancien symbole de Rome était différent de celui d'aujourd'hui ; dans ce vieux symbole romain et dans celui d'Aquilée et dans l'Oriental, la vie éternelle ne se trouve point à la fin. On ne pense point d'abord à tout, le temps perfectionne toutes choses, et les choses de ce monde sont sujettes aux variations. Le symbole des philosophes, qui n'a jamais changé, est chargé de peu d'articles. Je crois en Dieu, j'aime le prochain : ce symbole est court, mais il est bon.

Les hymnes du bréviaire, plates comme l'épée de la pucelle d'Orléans, ne sont propres qu'à chanter le Dieu Vulcain. L'hymne de l'Avent fait pitié, la seconde strophe est inintelligible, il faudrait un magicien pour l'expliquer ; que veulent dire ces mots :

> *Qui condolens intervitu*
> *Mortis perire seculum.*

Que signifie *intervitus mortis ? Fiat lux.* La strophe suivante renferme un sens qui blesse l'honnêteté, dit un auteur :

> *Virgente mundi vespere*
> *Uti sponsus de Thalamo*
> *Egressus honestissimâ*
> *Virgini matris clausutâ.*

L'hymne que l'on chante dans le temps pascal, qui commence par ces mots : *Ad cœnam agni providi,* est, depuis le commencement jusqu'à la fin, un chef-d'œuvre de galimatias. Les deux premières strophes n'ont ni bon sens ni construction. Celle du commun des confesseurs a l'air d'un extrait du *Gradus ad Parnassum*. Cette rapsodie d'épithètes, *pius, castus, quietus, prudens*, donne une grande idée des poètes ecclésiastiques et de l'ignorance des rubricaires.

L'hymne du *Vexilla Regis* est contre la vérité, ces paroles fabuleuses en sont les preuves :

> *Impleat sunt quœ concinis*
> *David fideli carmine,*
> *Dicens in nationibus*
> *Regnavit a ligno Deus.*

L'Église, en chantant cette strophe, donne le mauvais exemple aux hérétiques et aux Berruyer d'altérer l'écriture. David n'a jamais dit *a ligno Deus*, mais il a bien dit *Dominus regnavit, decorem induit ;* ainsi l'Église a tort de mentir. Dans la prose de la messe de *Requiem*, elle donne encore un soufflet au prophète royale quand elle chante : *Teste David cum Sibilla.* Les Sibilles n'ont jamais parlé de Jésus-Christ. Cette croyance stupide des premiers chrétiens est le triomphe de l'ignorance. Ces vierges, forcées de l'être, auraient donc eu des notions plus claires de Jésus que les prophètes. Dieu, disent ces pères, a inspiré les vestales. Dieu parlait donc par la bouche des prêtresses du démon? Ces filles avaient donc lu l'Écriture et l'expliquaient mieux que les pères? Et leurs révélation se trouvaient dans les livres de l'aveuglement et de la superstition, et les pères admiraient et prêchaient ces ouvrages; cela n'est point étonnant puisqu'ils appliquaient à Jésus-Christ l'Eglogue de Virgile à Pollion.

Pour chanter des hymnes au Seigneur il faut qu'elles soient bien faites. La belle poésie doit être

consacrée au culte divin ; il ne faut pas que les dévots
nous disent que le zèle suffit pour plaire au Seigneur ;
ce n'est point par la stupidité qu'on plaît à Dieu ;
l'horreur naturelle qu'il nous inspire pour la sottise
est une preuve qu'il n'aime point les sots, parce que
les sots ne lui ressemblent point et ne ressemblent à
rien. Lorsqu'on ne sait pas faire de beaux vers on
doit se contenter de prose. Les psaumes, pour de la
vieille poésie, ne sont pas si vilains, il y en a quelques-uns où l'on trouve de bonnes choses et des
choses plaisantes.

Le bréviaire a un mot chéri nommé *Alleluia*, qui
signifie *Blictri, Cacomaco, Barocochicopa*, dont on
fait un cas admirable. Ce mot orne prodigieusement
les bréviaires, les antiphonaires et les missels dans le
temps de Pâques ; dès la veille de ce jour on le met à
toute sauce : il semble que le monde chrétien, enthou-
siasmé de manger un morceau de rôti, extravague.
Le premier *Alleluia* du samedi saint réjouit les curés
et leurs servantes. Le lendemain, le vieux morceau
de lard flanqué de gros pois doit décorer la table du
pasteur. M. le curé mangera le soir des œufs durs
dans la salade ; ces œufs lui occasionneront des rapports dont Margau se sentira ; cela met la joie dans
la famille.

L'Office du dimanche à *Laudes* est orné de la symé-
trie de neuf *Alleluia* qui représentent l'image d'un
jeu de quilles : cela est fort divertissant. Les servantes
des curés et les jeunes filles jouent aux quilles dans
les Pays-Bas, dans la Picardie et le savant pays de
l'Oise.

L'*Alleluia*, pour obéir à la rubrique, termine
comme il peut dans le temps de Pâques les antiennes
et les versets du bréviaire. Les beaux génies *rubri-*

quaires les ont placés à tort et à travers le plus pitoyablement qu'il soit possible; en voici quelques-uns : *Mitte in dexteram navigii et invenietis* Alleluia; jetez vos filets du côté droit de la barque et vous prendrez *Alleluia*. Ne semble-t-il pas qu'*Alleluia* soit un saumon frais... *et ceperunt* Alleluia ! Ils ont pris *Alleluia;* pour le coup, *Alleluia* est pris. Cela ne semble-t-il pas annoncer une bonne prise, cependant *Alleluia* n'est que du vent.

Le samedi avant la Septuagésime on chante aux vêpres, après le *Benedicamus Domino* et le *Deo gratias,* deux *Alleluia.* Cette cérémonie annonce, dit-on, aux fidèles croyants, qu'on ne parlera plus d'*Alleluia* jusqu'aux Pâques. Dans certains chapitres, quatre enfants de chœur sortent de l'église portant sur leurs épaules une corporence couverte d'un poêle noir, et vont enterrer, au bruit des cloches, le pauvre défunt *Alleluia;* dans d'autres, un enfant de chœur prend une toupie autour de laquelle est écrit en lettres d'or *Alleluia,* et la chasse du chœur à coups de fouet. Cette dernière rubrique est insolente, c'est manquer furieusement de respect à l'*Alleluia;* mais les rubriques manquent bien souvent au bon sens.

Dans le chapitre de Verdun, en place du *Benedicamus Domino,* la veille de la Septuagésime, deux chantres entonnent : *Vade vias tuas, Alleluia, Alleluia.* Le chœur répond : *Noli reverti nisi post pascha, Alleluia, Alleluia;* cela veut dire en bon français et dans le vrai sens de la rubrique : Allez vous-en faire sucre, *Alleluia;* ne revenez chez nous qu'aux Pâques, *Alleluia.*

Nos pères, ces gens du bon temps qui avaient beaucoup de religion, parce qu'ils n'avaient pas de sens commun, étaient attachés à ces petites misères, ils les regardaient comme des choses essentielles à leur salut. Dans le diocèse d'Auch, à l'introït de la messe des épousailles, l'*Alleluia* était placé à ravir. Voici ce célèbre introït : *Gaudebit sponsus super sponsam et in medio erit, Alleluia.* L'époux se réjouira sur son épouse et *Alleluia* sera au milieu. Un *Alleluia* aussi bien placé devait faire venir la salive à la bouche des filles, ou tout au moins les faire rire. Nos pères étaient des enfants, leurs docteurs des sots qui les amusaient avec des *Alleluia.* La fureur de mettre des *Alleluia* partout, donna l'idée aux rubricaires d'en fourrer dans les cérémonies funèbres. Saint Jérôme, qui eut plus de réputation que d'habileté, assure qu'on chantait *Alleluia* aux enterrements, à Rome.

Le bréviaire est rempli d'antiennes tirées de l'Écriture qu'on a rendues ridicules en les appropriant aux vertus des saints qu'on n'a jamais connues parfaitement. Celles de sainte Agnès présentent à l'imagination un tableau indécent, voici l'image : *Ingressa Agnes turpitudidis locum Angelum Domini præparatum invenit.* Agnès étant entrée dans un lieu de débauche, trouva l'ange du Seigneur tout préparé. Sainte Agathe crie à chaque antienne de sa fête après ses tétons. Ces antiennes sont si impertinentes que la décence m'empêche de les traduire.

Le concours des antiennes avec les psaumes occasionne quelquefois des équivoques divertissantes. Au chœur des chanoinesses de Nivelle, chapitre célèbre où les chanoines chantent dans le même chœur avec les nonnes, un chantre vint annoncer un jour de semi-double cette antienne : *Quæ est ista? Qui est celle-là?* La chanoinesse entonna dans l'instant la psaume *Domine probasti me, et cognovisti me : Mon-*

sieur, vous me connaissez, vous m'avez éprouvée. Dans un couvent de nonnes une religieuse entonna cette antienne : *Ecce concipies et paries : voilà que vous concevrez et que vous enfanterez ;* l'autre lui répondit : *Lœtatus sum in his quœ dicta sunt mihi : je suis réjouie de ce qu'on vient de me dire.* Si ces antiennes sont arrangées pour faire rire, cela est bien ; mais l'on ne va point à l'opéra (1) des servantes pour y rire.

Les homélies des pères que les dévots regardent comme les oracles du Christianisme surchargent le bréviaire et rendent ce livre encore plus mauvais : dans le choix de ces homélies il semble qu'on ait cherché à choquer la raison et le savoir, les personnes un peu lettrées ne peuvent supporter la plupart des mauvais raisonnements qu'on trouve dans ces ouvrages ; un seul morceau, que je prends au hasard dans la foule, fera juger de la platitude des autres.

Dans l'avent on assure que Jésus devant naître d'une vierge, elle fut mariée à Joseph, pour cacher au démon sa grossesse et la naissance du fils de Dieu. Dans ce raisonnement on fait deux injures à Dieu, on le rend aussi petit que les pères, en lui prêtant une si affreuse conduite.

Le prophète qui avait annoncé le Messie dit expressément qu'il naîtra d'une vierge : c'était un caractère qui devait marquer plus singulièrement sa naissance et sa mission. Or si le diable, qui a tant de pouvoir, et pour qui Dieu prend tant de précaution, ne pouvait deviner que Jésus était le Messie, les juifs pou-

---

(1) Les gens de la cour et les honnêtes gens appellent les vêpres de ce nom.

vaient-ils le reconnaître, dit un Anglais, dans le fils de Marie, qu'ils savaient être l'épouse légitime de Joseph ?

Un peuple qui avait la stérilité en horreur, allait-il s'imaginer que Joseph, vivant avec Marie, se privait des douceurs du mariage ? Cette conduite rendait les prophéties obscures : le diable n'y voyait goutte à la vérité, mais les juifs, moins fins que le diable, y voyaient-ils plus clair ? Quelle faiblesse et quelle ignorance a saint Ignace, martyr, de croire que Dieu ait des ménagements pour un ange rebelle, et que ces ménagements soient faits exprès pour jeter l'aveuglement dans un temple que le Rédempteur venait éclairer. Quand les pères disent des sottises, il faut les laisser pourrir dans leurs livres et ne point s'aviser de les chanter sur les lutrins.

La petitesse du génie rubricaire paraît dans tout son éclat dans la semaine sainte. Le samedi, le diable, vêtu de blanc, vient offrir un sacrifice judaïque au législateur qui a aboli les cérémonies de Moïse. Ce prêtre présente une chandelle en chantant dans un latin fort plat la plus stupide de toutes les prières. La voici : « Reçois, ô Père Éternel, *le Sacrifice du soir,* « ce cierge, l'ouvrage des mouches ; mais déjà nous « reconnaissons les louanges de cette colonne que le « feu brillant allume en l'honneur de Dieu, lequel com- « bien qu'il soit divisé en parties, ne reconnaît point « le détriment de la lumière empruntée. Car il est « nourri par des cires liquides, lesquelles la mère « abeille a produites en la substance de ce flambeau « précieux. Oh ! vraiment heureuse nuit ! qui a « dépouillé les Égyptiens et enrichi les Hébreux ! — « Nous te prions, Seigneur, que ce cierge se mêle « aux lumières du firmament, que Lucifer matinal, ce

« Lucifer, dis-je, qui ne se découche point. » Quel galimatias, que de paroles et de notes de plain-chant perdues ! Cette prière fait pitié et cette cérémonie est bien puérile. Faisons-en l'analyse.

Que veut dire le diacre avec ces paroles : « *Nous reconnaissons les louanges de cette colonne* » ? — Il entend, sans doute, celle qui guida le peuple d'Israël dans le désert. Cette colonne, si l'on croit les savants, n'était ni miraculeuse ni extraordinaire ; on peut démontrer par les meilleurs auteurs anciens et modernes, que ce fut toujours la coutume dans ces sortes de déserts de se servir du feu pour diriger la marche des armées ou des multitudes, en les faisant porter devant elles, de manière que la troupe en pût voir la fumée pendant le jour et la flamme pendant la nuit ; il est probable que celui qui a eu direction de ce feu dans le désert était Hobab, beau-père de Moïse : c'est ce qu'on peut prouver par les versets 29 et 3o du chapitre X des Nombres et par plusieurs autres passages de l'Écriture. L'homme sage ne doit jamais recourir au miracle quand les choses peuvent se faire naturellement. Dieu ne prodigue point les miracles comme les dévots se l'imaginent. La nature les a en horreur, et le maître de la nature en fait très rarement.

Quelle fureur de trouver admirable que les Juifs, toujours fripons, aient volé les Égyptiens ? Pourquoi rappeler ce larcin, chanter la gloire de ce vol au Dieu de toute justice ? La raison, la religion ne peuvent croire que Dieu ait ordonné aux Hébreux de voler l'Égypte. Dieu ne peut, sans choquer sa sainteté, commander le vol ni donner la moindre idée de ce crime. Les gens fourrés d'arguments auront beau dire : « Dieu est le maître de nos biens ; il pouvait

donner les richesses de Memphis aux enfants de
Jacob. » On convient avec les docteurs que Dieu le
pouvait, mais un être aussi parfait, aussi saint, n'en
fera rien. Il avait des moyens d'enrichir Israël, d'ap-
pauvrir ses ennemis sans recourir au crime. Moïse,
en qualité de législateur d'un peuple à qui il voulait
permettre l'usure, pouvait leur commander le larcin
et cela pour leur donner l'esprit de rapine nécessaire
pour voler et conquérir les Chananéens. Ce vol, qui
fut l'ouvrage de la politique de Moïse, a été mis dans
les décrets de Dieu par nos docteurs et nos rubricaires ignorants.

Le diacre continue son *exultet* et termine cette
belle oraison en s'écriant au sujet de la désobéissance
d'Adam : « *O Felix culpa! quæ meruit habere
magnum ac tantum Mediatorem, o necessarium
Adæ peccatum;* ô crime heureux! qui a mérité un
si grand médiateur! ô péché nécessaire d'Adam! »
Dans ces expressions, l'Église dit une sottise à Dieu :
il fallait, selon les rubricaires, que le péché d'Adam
fût nécessaire pour un grand bien; c'est faire
dépendre Dieu, dit un auteur anglais, d'autre chose
que de lui-même; puisque la faute d'Adam a mérité
un si grand Rédempteur, Dieu a donc remédié à la
nature, Dieu avait donc mal fait la nature, puisqu'il
fallait des remèdes; les rubricaires, les docteurs, les
casuistes *réservés* ne raisonnent point, voilà pourquoi ils sont si amis des petites choses, si ennemis
des grandes, de la vérité et des philosophes.

La bénédiction des fonts baptismaux est aussi
ridicule et aussi inutile que l'oblation du cierge.
Dieu a dit : « Baptisez les hommes avec de l'eau »;
les apôtres conféraient ce sacrement avec celle qu'ils
trouvaient sous leurs mains : ils ne mettaient ni

crème ni fromage dans cet élément, crainte d'altérer sa nature. Les rubricaires qui ne suivent point la nature, les apôtres, ni le bon sens, vont toujours leur train, et pour offenser les traditions et les usages, ils ont tout changé. Le prêtre crie auprès des fonts baptismaux à l'eau qui est devant lui : « *Je te bénis par le Dieu qui l'a séparée du sec* »; il souffle sur l'eau, y trempe un bout de cierge et semble faire de la magie; ces cérémonies furent sans doute imaginées par quelques profanes qui voulaient se moquer de Dieu.

Dans la kyrielle des oraisons de ce jour, l'Église chante la dispersion des Juifs, comme une preuve victorieuse de sa vocation; ce triomphe ne paraît pas si grand aux vrais enfants d'Israël. L'unité de foi de ce peuple dispersé leur fait honneur; la variété des climats n'a jamais altéré la pureté de leur culte; cette fermeté inébranlable dans leur religion paraît un signe visible, un miracle perpétuel de la vérité de leur loi. La confusion, le désordre, le schisme et les changements sont le partage des inventions humaines; les Juifs pourraient répondre à nos docteurs : « Nous sommes dispersés dans toutes les nations par un effet admirable de la bonté de Dieu, pour prêcher sa loi à tous les hommes. Vous autres qui ne voyez pas le doigt de Dieu dans notre dispersion, vous prenez pour un châtiment ce que nous regardons comme une bénédiction; le ciel n'attache pas ses grâces aux murs de Jérusalem; confondu avec les nations, sa main puissante a toujours conservé son peuple chéri des erreurs de l'étranger; si nous étions sans culte, sans religion, vous pourriez dire que nous sommes punis et rejetés de Dieu; mais nous conservons encore la morale et la religion qu'il donna lui-même à Moïse. »

« Hélas! quel blasphème! dirait un docteur de Sorbonne; Juifs aveugles, ignorez-vous que Jésus, après sa résurrection, ouvrit l'esprit de ses apôtres pour leur donner la clef et l'intelligence de vos écritures, de vos prophéties? — Vous déraisonnez, monsieur le docteur, dirait le Juif; s'il fallait un tel miracle pour entendre les prophéties, elles n'étaient donc pas bien claires ou d'aucune utilité. Puisque la raison naturelle ne pouvait les comprendre, pourquoi nous faites-vous un crime de ne les pas entendre : nous avouons que nous sommes, comme vos apôtres, des cœurs durs, des esprits bornés et tardifs à croire. »

Le bréviaire a une hymne appelée *Te Deum* qu'on trouve belle à cause qu'il y a beaucoup de mots; c'est une très bonne chose de rendre des grâces à Dieu : mais c'est une sottise de le remercier d'avoir égorgé trente mille hommes faits à son image. Lorsque les Espagnols, qui sont des frères romains, ont massacré dix mille Savoyards romains, le Saint-Père accorde des indulgences à ceux qui ont assisté au *Te Deum* des Espagnols; quand les Savoyards ont égorgé les Espagnols, les mêmes indulgences passent au camp ennemi. L'Être divin, au nom duquel les indulgences sont données, doit trouver le distributeur ridicule. Un capucin endosse-t-il le sale habit de François d'Assise, les cordons bleus, les grandes cordes de l'Ordre séraphique chantent le *Te Deum*. Comme si un mortel vêtu d'un méchant habit de bure faisait beaucoup d'honneur à Dieu le Père tout-puissant.

Les œuvres des pères de l'Église ont servi à grossir le bréviaire. Ces hommes, qu'on croyait remplis des lumières de l'Esprit-Saint, n'ont point marqué dans leurs ouvrages ce caractère d'inspiration. On n'y distingue aucune connaissance supérieure à celle des hommes ordinaires; la plupart écrivent pitoyablement et presque tous ont dérogé aux lumières du sens commun. Un homme qui déraisonne ne peut avoir le Saint-Esprit, parce que le Saint-Esprit ne déraisonne point. Sans chercher à flétrir la mémoire de ces grands hommes, il suffira de faire un précis des erreurs et des blasphèmes qu'ils nous ont laissés dans leurs écrits pour nous garantir des pièges que l'authenticité et leur crédit leur ont donnés depuis longtemps.

Saint Augustin avait de l'esprit, mais il n'avait pas, dit Scaliger, les talents convenables à un interprète de l'Écriture; ce père nous a laissé mille erreurs dans ses écrits. Cette lumière de l'Église nous a fait rire encore aujourd'hui parce qu'il riait des antipodes et des connaissances physiques. Saint Augustin était calviniste et janséniste dans toute la force des mots. Ce saint père ne croyait pas aux chimères de Rome ni aux limbes, il disait avec raison que le monde avait été créé dans un instant et non pas en six jours comme le croyait Moïse; il condamnait les images et les reliques, il n'attribuait point à Pierre le *super hanc petram,* encore moins au pape, mais à la foi. Saint Justin, martyr, et Clément d'Alexandrie ont dit que Dieu avait donné aux païens le soleil, la lune et les astres pour les adorer, afin que, par l'adoration des astres, ils allassent à lui. Justin a cru que les âmes des Pères de l'Ancien Testament étaient en la puissance du diable; que la gloire du Père était plus grande que celle du Fils; que Jésus-Christ, en tant que Dieu, n'était point de la même nature du Père; que les chrétiens passeront mille ans à Jérusalem. Saint Clément prétend que les Grecs ont été justifiés avant la loi par la philosophie; que Dieu est corporel; que les âmes ont des corps; que Jésus-Christ est descendu aux enfers pour prêcher aux Gentils; que les femmes doivent être en commun parmi les fidèles. Saint Irénée dit qu'on boira d'excellent vin dans le paradis. La description qu'il fait de ce séjour est celle du paradis de Mahomet. Saint Cyprien a soutenu que les hérétiques devaient être rebaptisés; il appelle le pape l'oracle des hérétiques. Saint Athanase assure que lorsque Jésus-Christ était sur la croix il s'écriait : « *Mon Dieu, pourquoi m'avez-vous abandonné?* » c'était une finesse de Jésus pour faire accourir le diable et le combattre de sa croix. Grégoire de Nazianze condamne les secondes noces, rejette tous les conciles, proteste qu'il n'y en a pas un bon et conclut qu'ils n'ont produit aucun bien. Saint Basile ne distingue pas les péchés mortels des véniels, il les trouve égaux; il permet aux hommes la fornication, crainte qu'ils ne fassent un plus grand mal. Saint Hilaire assure que Jésus-Christ n'a souffert aucune douleur à sa mort. Saint Ambroise dit que les apôtres seront purgés de leurs péchés au jour du jugement; que tous les hommes ne ressusciteront point en même temps; que ceux qui auront péché plus que les autres ne ressusciteront qu'après les autres et ne profiteront que très tard du feu du jugement dernier. Saint Jean Chrysostome dit qu'on ne baptise point les enfants pour la rémission du péché originel, mais pour ajouter à leur sainteté; que les âmes des saints n'ont point encore reçu leur salaire, qu'elles n'iront au ciel qu'après la résurrection. Saint Théodoret dit que l'antéchrist sera un diable revêtu d'une chair humaine; il assure que la loi ne défend pas les mauvaises pensées, ni les désirs criminels, et la femme, selon lui, n'a point été créée à l'image de Dieu. Grégoire de Nice soutient que les âmes ne peuvent être tourmentées sans le corps. Épiphanius croyait que Dieu avait une forme humaine ; il traite de superstition le culte de la sainte Vierge, il le prouve en disant que si l'apôtre défend d'adorer les anges, il défend bien davantage d'adorer celle qui fut engendrée d'Anne ; il déchirait partout les images de Marie et des saints. Cassien loue l'hypocrisie et les mensonges quand ils profitent au salut du prochain. Saint Jérôme condamne l'histoire de Suzanne, de Judith, de Tobie, des Machabées ; il assure que saint Paul a donné de mauvais préceptes en permettant aux veuves de se marier ; que l'orgueil est venu de l'Église de Rome. Dactance dit que Dieu a partagé le monde à l'amiable entre lui et le diable : Dieu s'est conservé l'Orient et a laissé l'Occident au démon. Arnode assure que les âmes des méchants sont mortelles.

Par ce léger extrait des erreurs des Pères, on peut conclure que ces saints personnages n'étaient pas au-dessus de l'Écriture, comme les papes l'ont prétendu. Si quelqu'un s'avisait de prêcher pareille doctrine, l'auteur, orné d'un *Sanbetino,* serait rôti à la plus grande gloire de Dieu.

Le missel, le pendant du bréviaire, est aussi chargé de ridicules et d'âneries. Dans celui imprimé à Venise en 1515, on lit à l'article du mois de janvier qu'il doit être consacré à la joie et aux festins ; en mars, qu'il faut acheter des bœufs et faire couvrir des juments. Dans le missel de Clugny, en 1525 et 1550, on eut grand soin de placer les jours périlleux de chaque mois, comme si les jours étaient plus dangereux les uns que les autres. Dans celui des Mathurins on avertit, au mois de mai, de faire saigner les ânes ;

sans doute que ces moines, qui sont les frères aux
ânes, se faisaient saigner de compagnie avec leurs
camarades. Au mois d'août, les mêmes rubriques
avertissent qu'il ne faut pas rendre le devoir fréquemment à sa femme à cause des humeurs. Voilà de très
belles choses pour figurer à la tête des missels et des
bréviaires. Ces deux ouvrages sont un asile d'âneries
et de sottises : les gens d'Église qui ne le disent point
font mieux que ceux qui le disent.

CONCLUSION

O sages Français! ô nation aimable, peuple charmant
fait pour enseigner les hommes, serez-vous toujours
Égyptiens, croirez-vous éternellement que les oignons
sont vos dieux? la divinité peut-elle se changer en
oignon? Un soldat romain fut écorché vif par les
Égyptiens pour avoir donné des coups de fouet à un
chat; vous avez répandu le sang de vos frères, vos
docteurs voudraient voir encore couler celui de vos
philosophes, parce qu'ils veulent vous éclairer. Hélas!
songez à la journée de la Saint-Barthélemy, vous
avez massacré vos concitoyens à cause qu'ils vous
disaient que c'était une platitude de mettre sur vos
autels le chien de saint Roch et le cochon de saint
Antoine.

LES ENFANTS

En vérité je vous le dis : si vous ne devenez semblables à ces enfants, vous n'entrerez pas dans le royaume de mon père.

Que cet oracle de la vérité est consolant pour la France ! Nos docteurs de Sorbonne, nos vicaires de paroisse, nos casuistes, les vieillards de Jérusalem, les grands hommes de Béthanie, le déraisonnable Abraham Chaumeix, ce bonhomme de l'Apocalypse, le P. Berthier, le scorpion de la vallée de Josaphat ; enfin tous les hommes mûrs et formés dans la maturité dont parle l'apôtre crient dans les carrefours, sur les toits : *Abomination de la désolation,* il n'y a plus de religion en France ; il a paru un livre excellent intitulé *de l'Esprit des Lois ;* M. de Voltaire ne cesse de produire des ouvrages immortels ; Diderot, d'Alembert ont donné *l'Encyclopédie,* livre abominable qui ne vaut point le Busembaum et le mauvais mandement de M. l'archevêque de Paris sur le livre de l'Esprit.

Quel temps ont choisi ces vieillards pour aboyer après nous ? Les Français n'ont jamais été plus dignes du royaume du Père Céleste que dans ce siècle. Ce siècle n'est-il point celui de la puérilité ? n'avons-nous pas dévoré les *Bagatelles Morales,* les *Petits Contes* du petit, petit, petit Marmontel ? n'avons-nous point admiré avec confiance les *Tableaux à la Silhouette* ? ne nous sommes-nous point laissés attraper comme des innocents par un fripon, nommé l'abbé de la Coste, qui nous a donné pour notre argent des leçons de géographie les meilleures possibles ? Nos magistrats ont fait danser Pantin; nous avons couru comme des étourdis dans la rue Quincampoix et chez Ramponeau; ces puérilités ne nous ont-elles point rendus dignes du royaume du Père Céleste?

Nos pères s'égorgeaient pour leurs docteurs, leurs casuites et les arguments qu'ils n'entendaient pas. Nous qui sommes des jeunes gens, nous avons méprisé les querelles scholastiques, chansonné Clément, Quenel et la bulle; les tuteurs de nos rois, qui sont des enfants sages, ont imposé silence aux vieillards radoteurs, ont anéanti la mauvaise compagnie de Jésus, que nos pères, qui aimaient la mauvaise compagnie, ont admiré si longtemps. Nos aïeux, ces hommes faits, ont invoqué saint Jacques Clément. Leurs directeurs l'ont préconisé et mis dans le ciel. Nos pères se passionnaient, se battaient pour les Guise et les Mayenne, s'amusaient à des Saint-Barthélemy, tout cela n'était point des jeux d'enfants; nous autres, jeunes gens, nous aimons notre bon roi, nous avons ri de M. Silhouette, nous nous sommes passionnés pour des bouffons, nous avons pendu Jean-Jacques en effigie sur la toile de l'Opéra, cela est bien de notre âge.

La vérité, disent les vieux livres, est dans la bouche des enfants; si la vérité est dans notre bouche, elle ne peut être dans celle des vieillards, car la vérité n'est point double. Nos pères se saoulaient comme des fiacres, leurs enfants ne s'enivrent point. Nos pères juraient, blasphémaient, prenaient Dieu de cent côtés. Un vieux baron n'assurait sa tendresse à sa baronne qu'en lui disant : « Jerni Dieu, madame, je vous adore, que la double peste m'étouffe, que les saints, que les cinq cent mille diables et dix-sept cent millions de poils m'étranglent à la fois, si je ne reste fidèle à vos charmes. » Les enfants ne mêlent plus le nom de Dieu à leurs sottises. Les rois feraient bien d'ôter la croix de leurs drapeaux, parce que Dieu ne se mêle point de leurs querelles, quoi qu'en disent les saints mandements de nos vieillards les archevêques.

Nos pères se confessaient, communiaient avant que de se battre. L'Église, remplie de charité, avait une messe et des oraisons pour le duel. La cour de M. l'archevêque était le théâtre des champions. Sa grandeur et ses grands vicaires, les témoins des héros et les juges des coups. Les enfants ne sont point assez indécents de choisir pour parrain de leur combat singulier M. de Beaumont ou l'abbé de Griselle. Nos pères se battaient pour leurs putains et pour leurs moines. L'homicide venait offrir d'une main meurtrière son épée sanglante au Dieu des miséricordes, nous autres nous ne portons point sur son autel les instruments de notre rage.

Les prédicateurs de nos pères disaient de grosses bêtises en chaire. Un docteur de la maison de Sorbonne, curé de Paris, prêchant de l'abjuration de notre grand roi Henri IV, disait, en appelant son chien : *Mon chien ne fus-tu pas à la messe dimanche dernier ? bien fait à toi : approche, qu'on te donne une couronne.* Un autre docteur de la même faculté disait en chaire : Mes frères, vous n'avez point de religion, vous n'apprenez que des fadaises à vos perroquets, vous feriez mieux de leur apprendre le *De profundis,* cela servirait au moins au soulagement des trépassés. Les enfants prêchent bien mieux. M. l'abbé de la Tour du Pin, qui est un enfant mignon, nous prêche des jolies choses ; le petit bavard de la Neuville est un joli garçon qui a pensé convertir avec des mots Versailles et la capitale. L'ami Pompignan est tout charmant : cet enfant fait des discours académiques que le roi lit, à ce qu'il fait mettre dans les affiches pour la province et dans les gazettes de Montauban.

Les anciens prélats restaient dans leur diocèse, s'amusaient avec de vieux prêtres et des jansénistes à faire des rubriques. Les prélats d'aujourd'hui sont des enfants à manger dont les jésuites gouvernent l'enfance; ils n'aiment pas l'air épais du diocèse, ils préfèrent de rire avec nous, parce qu'ils sont des enfants comme nous. Les vieux prélats se damnaient avec trois péchés capitaux : l'Orgueil, l'Avarice et la Gourmandise; nos jeunes prélats n'ont que deux péchés capitaux : l'Orgueil et nos jeunes femmes. Un homme qui n'a que deux péchés mortels est plus digne du Père Céleste qu'un homme qui a trois péchés mortels.

Nos vieilles baronnes, nos vieilles duchesses étaient fort cérémonieuses. Dans tous les châteaux il y avait un fauteuil à bras, dont on faisait les honneurs aux baronnes et aux vicomtesses du voisinage; si par malheur on oubliait de présenter à l'épouse d'un vieux baron le fauteuil à bras, son cher époux devait s'égorger ou porter ses plaintes à la table de marbre ou à la grande chambre. Les filles de vieilles baronnes ont vingt fauteuils à bras dans leurs appartements et des bergères pour la commodité des Greluchons. Les vieilles gens étaient durs, les jeunes gens sont plus doux, on ne s'égorge plus pour des fauteuils à bras, on n'endort plus de ces misères les messieurs des trois chambres, et cela fâche le P. Berthier, le P. Haïer et Abraham Chaumeix; ils crient partout qu'il n'y a plus de religion dans ce siècle à cause qu'il n'a plus de fauteuils à bras.

Du temps passé, nos bonnes grand'mères avaient des bénitiers auprès de leur lit et n'avaient point de cuvette ovale. Ce dernier meuble était plus nécessaire qu'un bénitier. La propreté extérieure, disent les saints, est le type de la propreté intérieure; si les saints disent vrai, nos bonnes femmes de grand'-mères étaient bien sales intérieurement. Nos femmes ont plus de religion que leurs mères, elles préfèrent la propreté intérieure et la cuvette ovale.

Nos pères avaient beaucoup d'admiration pour les différents ordres de l'Église, pour les quatre moindres et surtout pour l'exorciste. Leur imagination était remplie de possédés et de revenants; ils réclamaient sans cesse ce dernier ordre. Les exorcistes ont aujourd'hui les bras croisés en attendant que l'igno-rance ramène encore les revenants et les possédés. Nous autres, enfants, nous ne voyons plus de diables, et à cause que nous sommes privés de cette douceur, le P. Berthier dit que nous n'avons plus de religion.

Anciennement on admirait les moines, nos pères s'extasiaient d'aise à l'aspect d'un scapulaire. Un vieux duc eût fait arrêter son équipage pour saluer un capu-cin indigne. Nous autres nous sommes des enfants un peu étourdis, pressés de courir à un spectacle ou à un rendez-vous, nous ne ferions pas arrêter un moment nos équipages, nous marcherions sur le ventre de tous les capucins du monde.

Les vieillards, qui croient avoir la sagesse de l'autre monde, disent que les enfants n'ont que la sagesse de ce monde-ci, les vieillards ont de l'hu-meur; nous sommes dans ce monde, nous ne pou-vons avoir que la sagesse de ce monde; quand nous serons dans l'autre monde, nous prendrons la sagesse de l'autre monde. Je pense que l'autre monde sera autant embelli de nous autres jeunes gens que de tous les capucins du monde, fagotés à désembellir toutes les meilleures modes possibles.

Les enfants s'aiment les uns les autres, les vieillards ont des cœurs comme Hérodes ; si le gouvernement les laissait faire, ils égorgeraient encore les innocents en prêchant la charité et l'amour de Dieu ; car les vieillards aiment d'aller à Dieu sur les cadavres de leurs frères. Ils croiraient gagner l'héritage du Père Céleste, s'ils égorgeaient les enfants du Père Céleste. Les papes anciens, ces vieillards admirables, avaient toujours le glaive à la main, en jouaient plus dextrement que saint Pierre ; heureusement que les enfants et la philosophie ont fait rengainer le couteau au Saint-Père. Il a encore malheureusement, pour les menus plaisirs, les divertissements de l'auto-da-fé, mais, dit le rabbin de Genève Kabi, élevons nos cœurs à l'Éternel.

Les seigneurs gaulois se croyaient les élus du Père Céleste, parce qu'ils ne portaient point de chemise, ne savaient pas signer leur nom. Leurs moines les trouvaient dévots parce qu'ils ne savaient point lire, qu'ils croyaient bonnement ce qu'ils leur disaient et donnaient leurs biens aux églises et aux prêtres. Les moines nous traitent d'impies à cause que nous portons du linge propre, nous savons signer notre nom, nous préférons la vérité à leurs fables, et au lieu de leur donner notre bien, nous faisons un sort heureux à de jolies femmes qui nous font plus de plaisirs que les moines.

M. de Voltaire est un enfant sublime, disent les vieillards ; ses beaux vers ont gâté la France. Les paysans de la Basse-Bretagne, les matelots, les soldats aux gardes et les cent Suisses n'ont plus de reli-

gion parce qu'ils n'ont point lu ses ouvrages. Ses vers
ont fortifié dans la foi les évêques, les prêtres et les
moines parce qu'ils les ont lus. Les vieillards ne sont
point conséquents, les jeunes gens raisonnent mieux,
ils disent hardiment que toute doctrine, tout culte,
toute religion d'où la raison est bannie, ne peut être
véritable. La raison est le rapport essentiel des
choses entre elles, ou la faculté de connaître et
d'approfondir ce rapport ; refuser de consulter la
raison sur la religion, c'est être indifférent, dit Pilpai,
pour le vrai et pour le faux. Tout ce qui est conforme
à la raison est à tous égards plus parfait que ce qui
est contraire ; ainsi une religion qui ne répugne en
rien à la raison est supérieure à celles qui ont des
mystères que la raison ne peut concevoir. Notre raison est corrompue, disent les vieillards. La raison est
immuable, disent les enfants, elle ne se peut corrompre. Les enfants ont plus de raison que les
vieilles gens et sont plus dignes du Père Céleste,
parce que le Père Céleste est l'auteur de la raison, et
sa demeure le séjour des gens raisonnables.

HISTOIRE DE MAITRE PIERRE

Extrait du livre qui paraîtra après ma mort.
Ami lecteur, vous avez quelquefois
Ouï conter qu'on nouait l'aiguillette.
C'est une étrange et terrible recette.

P. d'O. Ch. XIII, 153.

Un fossoyeur de la paroisse de Saint-Pierre-aux-
Bœufs, nommé maître Pierre, assistait aux enterrements et inhumait les trépassés pour une pièce de

dix-huit deniers. Un jour qu'il avait enterré la charretée des morts de l'Hôtel-Dieu, où les médecins font plus de morts qu'ailleurs, sentant ses habits imprégnés de l'odeur puante des cadavres qu'il avait enfouis, il n'osait coucher avec sa femme qui aimait mieux le baume d'un vivant que l'odeur de cent trépassés. Pierre, plein d'attention pour sa moitié, alla dans une écurie se coucher proprement sur le fumier. Comme le bonhomme avait l'habitude de se mettre sur le dos comme les vierges de l'Opéra, des moineaux qui avaient leur nid au-dessus de lui fientèrent sur ses yeux. La fiente des moineaux est fort chaude à cause qu'ils sont fort amoureux. La cataracte se déclara dans l'instant et Pierre ne vit plus ni la nuit ni le jour. Dans ce malheur il consulta les médecins de ce temps-là, aussi ignorants que ceux de ce temps-ci. Ces messieurs consultèrent Hippocrate; malheureusement Hippocrate, à l'article du pot-de-chambre, n'avait point parlé de la fiente des moineaux. Les médecins lui dirent : « Votre aveuglement met notre science à bout, nous ne voyons point clair dans votre maladie parce qu'Hippocrate n'en a point parlé : la matière louable des moineaux n'était point connue de son temps. »

Maître Pierre ne pouvant plus rien gagner dans la paroisse, était fort à plaindre, heureusement sa femme, qui ravaudait des bas au coin de la rue des Deux-Anges, avait toutes les bonnes pratiques des fiacres de la rue Saint-Benoît et quelques auteurs de la petite rue Taranne, qui restaient au lit, lorsque Mme Pierre raccommodait leurs vieilles chausses.

Un jour, Manon, c'était le nom de l'épouse du fossoyeur, avait raccommodé les bas d'un porteur d'eau. Le porteur lui avait donné un sansonnet pour payement. Aussitôt que l'animal fut au logis, il commença à chanter. Pierre, qui avait étudié son P. Bougeant, comprit aux chants de l'oiseau qu'on l'avait dérobé, il fit un mauvais ménage et dit à sa femme : « Je vois bien, Manon, que vous avez été revendeuse à la toilette, vous vous sentez encore de votre métier de crieuse de vieux chapeaux ; tôt ou tard vous déshonorerez ma couche en vous faisant pendre au carrefour de Bussy. Je n'aime point les friponneries, je vous rosserai ; ne faites point comme saint Bernard et les jésuites, songez à votre conscience ; on ne va point en Paradis avec le bien d'autrui et un sansonnet. »

Il y avais dans ce temps-là à Pantin une marchande de pâtés, très jolie ; elle avait eu six maris sans compter les greluchons. La place était difficile à assiéger et son honneur avait tous les malheurs possibles, à cause que le diable ou les bergers de la Villette avaient noué l'aiguillette à ses amoureux. Jeanneton désirait convoler aux huitièmes noces. Le bonhomme maître Pierre savait que ce parti convenait à son fils ; il s'informa de sa parenté, il apprit que la famille n'était point tachée, que Jeanneton était la fille unique de l'ancien marmiton d'une belle dame de Pantin, qui tuait les gens dans ses bras pour se conserver le plaisir de les tuer encore. Dans le même village, un porteur d'eau de ses amis lui devait quatre livres dix sols parisis. Pierre, charmé de marier son fils et d'être payé en même temps de sa lettre de change, disait : « Mon fils fera l'amour, il se mariera, on lui payera les quatre livres dix sols parisis ; ces quatre livres dix sols parisis serviront aux frais de ses noces, je ne débourserai rien. » En conséquence il appela son fils et lui dit : « Mon enfant, vous êtes déjà dru comme père et mère ;

vous avez dans les gras des jambes bien des enfants
qui crient après le baptême, il est temps de songer à
faire la douce affaire et à me donner des petits-fils.
J'ai couché en vue, quand je voyais clair, une fille de
Pantin qui me paraît votre fait, allez lui faire
l'amour et la demander en mariage, en tout bien tout
honneur. Vous profiterez de l'occasion pour voir le
pays ; préparez-vous donc à partir ; mais comme vous
n'êtes point encore sorti de Paris, qu'on ne sait le
moment de la mort dans un songe si court que la
vie, mettez-vous en bon état, faites une bonne confession générale, vos adieux à toute la parenté, et
tâchez surtout de trouver un honnête Savoyard pour
vous conduire et porter votre paquet. »

La Nigaudière, qui était le nom du fils de maître
Pierre, trouva à la porte du café de Malthe, vis-à-vis
des Cordeliers, un Savoyard qui avait bon pied et bon
œil ; il l'aborda et lui dit : « Monsieur de la Savoie,
voudriez-vous voyager avec moi dans les pays loin-
tains ? — Très volontiers, répondit le ramoneur de
cheminées, je serai aise de gagner un sol. Depuis
l'établissement des petites postes nous ne faisons plus
rien, les claquettes nous coupent la gorge. — Allons,
venez parler à mon papa. » Il le conduisit à son père.
Pierre ne pouvant voir le garçon, tâta ses hauts-de-
chausses, et sentant qu'ils étaient ébréchés en plus
d'un endroit, il prit le Savoyard pour un écrivain. —
N'êtes-vous pas l'auteur d'un mauvais journal, l'ami
Baurieu, ou quelque enfant trouvé ? — Non, lui dit
le Savoyard, je suis fils de père et mère qui avaient
le saint sacrement de mariage sur le corps ; j'ai porté
la marmotte, fait danser la belle Magdelon, et
décrotté trois ans au coin de la rue aux Ours, vis-à-
vis Notre-Dame du Suisse. — Comment t'appelles-tu,

mon ami? — Je m'appelle Amédée-Judas-Pierre-Iscariote, mon père était le ramoneur et l'écorcheur de sa paroisse, et ma mère blanchisseuse en gros. — Je vois, mon cher, que vous portez un beau nom, vous êtes sans doute de la bonne espèce des ramoneurs et des Iscariotes. Mais avant de conclure notre marché, il faut, s'il vous plaît, renier votre roi de Sardaigne, cela me donnera une preuve de votre probité. — Non, morbleu, dit le Savoyard, le diable m'emporterait plutôt que de renier mon bon Souverain. — Je suis charmé, dit Pierre, vous avez des sentiments. Je vois que vous êtes fidèle à votre roi, car vous aimeriez mieux que le diable vous emportât que de le renier, tous les Iscariotes n'ont pas fait de même, les mêmes noms ne produisent point les mêmes effets et la médecine a raison quand elle dit *Contraria contrariis curantur*. Ah çà! comme vous convenez à mon fils pour l'accompagner dans sa route, je vous donnerai une pièce de dix-huit deniers par jour ; le Savoyard agréa le marché.

Lorsque le portemanteau de la Nigaudière fut fait, le chien épucé, ils partirent avec le chien, la plus belle pièce du portemanteau. Maître Pierre, sa femme et la parenté, conduisirent les voyageurs jusqu'à la grille de Saint-Laurent. La bonne mère pleurait à chaudes larmes et s'écriait : Quel voyage! mon garçon se perdra, je ne le verrai plus! — Console-toi, disait Pierre, notre chien est avec eux, il marchera toujours devant ; tant qu'ils verront sa queue, ils ne verront point autre chose et ne se perdront pas.

Avant de quitter son fils, Pierre lui donna des instructions. Écoutez, lui dit-il, vous avez encore votre pucelage, prenez garde à vous, d'ici à Pantin,

on trouve des lurones qui vont lestement à cause
qu'elles n'ont plus de pucelage, elles pourraient bien
attraper le vôtre. — N'ayez point peur, mon papa,
dit la Nigaudière, je le tiendrai à deux mains. —
Cela est prudent, dit le père, agissez toujours de
même, ne faites aucune action en route qui puisse
flétrir mon précieux sang, ne volez personne, quoique
vous eussiez le mauvais exemple des aubergistes qui
vous friponneront. Ménagez votre argent. Le roi fait
beaucoup de demandes, je paye comme vous savez
l'industrie des enterrements, songez à l'économie,
priez la Sainte Vierge, votre ange gardien ; recom-
mandez-vous à saint Charlemagne et à saint Julien,
patron des voyageurs ; mettez-vous à genoux. Nigaudière s'agenouilla, Pierre lui donna sa bénédiction de
la main gauche : depuis la perte de sa vue il ne connaissait plus la droite de la gauche ; l'aveuglement
est un terrible malheur.

Les adieux avaient été fort longs. Le soleil commençait à tomber. Nos voyageurs s'arrêtèrent au
dernier cabaret du faubourg Saint-Laurent. Comme
la Nigaudière aimait la propreté, il alla laver ses
mains dans un baquet où l'aubergiste avait mis une
anguille : le reptile se mit à frétiller ; le Parisien, qui
croyait que les anguilles venaient comme les feuilles
sur les arbres du Palais-Royal, eut une peur hor-
rible ; il vint tout effrayé dire au Savoyard qu'une
baleine de la mer voulait le dévorer. Le Mentor de la
cheminée lui dit : Mon ami, n'ayez point de peur,
prenez hardiment la baleine, elle ne vous fera point
de mal, elle servira pour notre souper ; nous avons
encore du chemin à faire, il vous faut des forces ;
fendez la baleine en deux, prenez le foie et le fiel,
enveloppez-les dans un morceau de papier gris,

mettez-les chaudement dans le gousset de votre culotte.

Nigaudière obéit au Savoyard : ils mangèrent la baleine. Au dessert, la Nigaudière demanda à son conducteur à quoi pouvaient servir le fiel et le foie qu'il avait dans son gousset, empaqueté dans du papier gris. — Cela est bon, lui dit le ramoneur, contre les sorciers et les revenants ; en le faisant brûler devant le diable, on se moque de lui, ces drogues l'épouvantent davantage que les signes de croix, l'*Agnus Dei* et les trente oraisons de sainte Brigitte.

Le lendemain, vers le soir, le Savoyard découvrit le clocher de Pantin et sentit le premier la fumée des pâtés. « Nous voilà bientôt rendus, dit-il à la Nigaudière ; vous verrez aujourd'hui la belle Jeanneton, c'est une fille unique, riche de soixante-trois livres de rente. — Cela fait-il plus d'un écu de trois livres, lui dit le garçon ? — Assurément répondit le conducteur. — Elle est donc bien riche ! Ce qui m'afflige, c'est que Jeannette a eu sept maris qui sont enterrés ; si j'étais enterré, dame ! j'aurais fait comme les enfants de Paris, j'aurais mangé mon pain blanc devant mon pain bis ; cette Jeannette a un diable qui la protège, il est jaloux d'elle comme mon parrain de ma marraine ; cela fait de la peine aux amoureux. — Ne t'embarrasse point, lui dit le Savoyard, tu as dans le gousset de ta culotte de quoi te moquer de l'esprit malin. Aussitôt que tu seras dans la chambre de la mariée, tu tireras les pièces de ton gousset, tu mettras un morceau de fiel et de foie sur la braise : le diable, qui n'a point de foi et qui a beaucoup de fiel, aura peur et n'osera te nouer l'aiguillette.

La Nigaudière et son pucelage arrivèrent sans encombre à Pantin, où le pâtissier les reçut parfaitement. Son air niais fit bien voir qu'il chassait de race, qu'il était, Parisien et le fils de maître Pierre ; on le régala d'un pâté de mouton mariné qu'on assura être un pâté de chevreuil ; au dessert, on parla de l'objet du voyage, on régla les affaires, l'on fit appeler Jeannette. La Nigaudière fut étonné de la voir faite comme les filles de la capitale ; il s'imaginait, selon le rite parisien, que les filles de la province et celles de Pantin étaient autrement que les filles du quartier Saint-Germain. Jeannette fut contente du fils de Pierre, quoiqu'il eût l'air d'être de la paroisse de Saint-Pierre-aux-Bœufs ; elle craignit qu'on ne lui nouât l'aiguillette.

Après le souper, les nouveaux époux montèrent dans la chambre nuptiale. Nigaudière ferma la porte, alluma de la braise, tira les ingrédients de sa culotte et brûla, comme le Savoyard le lui avait dit, le foie de la baleine en faisant cette prière à Cremistic : « Tu « m'as donné une fille pour paillarder en paix et en « honneur avec elle, je vais le faire. » Ma fille, dit-il à sa nouvelle épouse, élevez votre cœur à l'Éternel, dites : *Amen*. La fille répondit : Ainsi soit-il. Cette sainte oraison et la fumée du foie firent tant de peur au diable qu'il s'en alla en Flandre nouer l'aiguillette à quelques bons rouchis qui croyaient encore aux prodiges de l'aiguillette.

Le lendemain, le pâtissier et la cohue nuptiale ne sachant point que la colle ou le foie de poisson dénouait l'aiguillette, frappèrent en tremblant à la porte des jeunes mariés. La fille l'ouvrit et chanta d'un air gai ce couplet :

> Que Pantin est amusant,
> Qu'il a bien l'air de me plaire !

Que Pantin est amusant
Ah ! qu'il est drôle en dansant !
Il vient, il frappe en poussant,
Il grossit en remuant ;
Dix fois pour me satisfaire,
Il se mit en mouvement.
Que Pantin est amusant,
Qu'il a bien l'air de me plaire !
Que Pantin est amusant,
Ah ! qu'il est drôle en dansant !

La mère de Jeannette, enchantée du couplet, s'écria : Dieu soit loué, les pantins de Paris valent ceux de la Villette. La Nigaudière, pour s'assurer de la guérison de l'aiguillette, fit encore danser Pantin deux ou trois fois dans la matinée, et cela fit rire toute la famille.

Les jeunes époux, après avoir rempli les devoirs de l'aiguillette, et cela sans le consentement du curé, car dans ce temps-là on ne se servait point du goupillon de la paroisse pour coucher avec une fille, le jeune époux alla présenter la lettre de change qui fut protestée. Le lendemain, le créateur de la lettre, crainte de perdre son crédit dans la banlieue de Paris, vendit la garde-robe de sa femme et son habit des dimanches pour acquitter les quatre livres parisis.

Les honneurs et les cérémonies du protêt avaient retardé le mariage de La Nigaudière. La femme de maître Pierre voyant ce retardement, croyait que son fils avait été rôti sous la ligne, et répandait un torrent de larmes. Le quatrième jour, Manon, appuyée sur sa porte, aperçut la queue du chien qui frétillait d'allégresse. Se rappelant alors les belles paroles du proverbe qui dit que quand on voit la queue on peut juger de l'homme, elle éprouva ces sentiments de tendresse et de joie que la nature a toujours applaudis. Les voyageurs parurent à l'instant. Je ne pourrais rendre le contentement de Pierre et de Manon, il faut avoir été longtemps père et mère pour rendre ces transports, malheureusement je n'ai été ni l'un ni l'autre.

Après les premières sensations de l'amitié, Pierre, qui n'était pas ingrat comme les grands, dit à sa femme : Manon, il faut un peu songer à M. Iscariote, toute peine demande son salaire : « Ah çà ! mon ami, dit-il au Savoyard, vous m'avez ramené mon fils avec ses deux oreilles et notre chien avec sa queue, ces bienfaits sont trop grands pour les oublier, agréez un peu de notre reconnaissance ; voilà quatre pièces de dix-huit deniers pour vos quatre journées ; j'ai six vieilles chemises là-haut qui pourrissent, vous pouvez en tirer quelques bonnes paires de chaussons ; j'ai une vieille culotte, en mettant les goussets dans les plis vous en tireriez une bonne veste, et si le tailleur n'est point fripon vous aurez encore des pièces pour raccommoder vos bas. Dame, vous aurez l'air faraud, mais ne courez pas après les filles. Paris est rempli de coquines qui vous gâtent une jeunesse que ça fait pitié à M. de Kaisair. »

Le Savoyard, content de la bonne volonté de Pierre, lui dit d'un ton majestueux : « Bonhomme, garde tes vieilles chemises et tes haut-de-chausses, je ne porte ni chemise, ni brayette, je ne veux rien de toi ; tu as enterré les morts pour dix-huit deniers, les prêtres ne le feraient point pour dix-huit livres, ta générosité couvre de honte le sacerdoce et fait plaisir à Cremistic, je viens te faire l'opération de la cataracte. » A l'instant il dit au fils de Pierre : « Mon ami, donne-moi l'onguent de ta culotte : il est bon pour les yeux et pour l'aiguillette. » La Nigaudière lui donna le reste de la colle de poisson, le Savoyard en frotta les yeux de Pierre et dans l'instant il vit la lumière et reconnut la queue de son chien. L'opération faite, le Savoyard s'en alla par la cheminée, quand il fut en haut, il chanta, suivant l'usage des ramoneurs, la chanson suivante :

Sur l'Air : *Ramonez ci, ramonez là,* etc.

Pour dénouer l'aiguillette,
Les charmes d'une fillette
Aisément feront cela.
Ramonez ci, ramonez là,
La cheminée du haut en bas.

Dans sa main douce et charmante,
L'herbe toujours renaissante,
Dans le moment grossira.
Ramonez ci, etc.

Le neveu d'une éminence,
Autrefois par excellence
Adroitement en joua.
Ramonez ci, etc.

Aujourd'hui sur sa chaussure
Il fait tomber son eau pure,
Il enrage de cela.
Ramonez ci, etc.

Un Prélat sous sa jaquette
Remua tant l'aiguillette
Qu'l —— en perora.
Ramonez ci, etc.

Pour conserver l'aiguillette,
Ne prenez point la recette
Des vierges de l'Opéra.
Ramonez ci, ramonez là, etc.

LES PETITES NIAISERIES

DU CULTE ROMAIN

Des riens sacrés nous sommes les esclaves.

Les petites cérémonies du culte romain, dit sagement le grand Érasme, nous font reculer en nous ramenant de Jésus-Christ à Moïse. La religion chrétienne, si belle dans sa morale puisée dans le sein de l'ordre et de la nature, n'avait pas besoin de petites choses pour se soutenir. Les docteurs et les rubricaires, enfants de cette religion, ont à cœur ces petites choses, les ont pillées chez les païens, et en font encore aujourd'hui le triomphe et l'échafaudage de leur culte. Le sang des chrétiens n'a rien coûté à Rome pour maintenir ces bagatelles. Les champs d'Ivry furent rougis pour une messe basse; le Poitou fut trempé de sang humain pour le purgatoire; les murs de La Rochelle détruits pour des *Agnus Dei*, des goupillons, et toute la France fut massacrée pour n'avoir pas cru que la confession auriculaire inconnue douze cents ans dans l'Église, devenait nécessaire au salut en douze cent un.

Un scélérat, le P. Tellier, un monstre, le P. Lachaise, ont profité des frayeurs d'un grand roi pour remplir les Cévennes et la France d'horreurs. Une chétive bulle, ouvrage de la stupidité et de la cabale, a rempli le royaume de malheureux : le Saint-Père, ce portrait de Dieu, ce vicaire de la charité, trouve plus chrétien de donner à tous les diables les Anglais, les Hollandais et la plus grande partie de l'Allemagne, que de renoncer aux niaiseries du culte romain.

L'eau lustrale des païens a paru merveilleuse à l'Église pour laver les péchés véniels et chasser le diable, qui emporta sur le pinacle d'un lieu sacré celui qui était plus saint que l'eau bénite. « L'eau « lustrale chez les païens était », dit leur histoire, « une eau commune, dans laquelle on éteignait un « tison ardent tiré du foyer des sacrifices; cette eau « était mise dans des vases placés à la porte ou dans « les vestibules des temples; ceux qui entraient se « purifiaient le cœur et préparaient leurs âmes à être « dignes des dieux. Dans certains temps il y avait « des officiers préposés pour en asperger le peuple, « les empereurs en faisaient jeter quelques gouttes « sur leurs viandes. » Et dans toutes les maisons curieuses de leur salut on trouvait des vases pleins d'eau lustrale; ceux qui manquaient de cette provision passaient pour des impies, des athées ou des philosophes; car les philosophes ont toujours préféré la vertu et l'amour du prochain à l'eau lustrale.

L'eau bénite est sortie de la même source que l'eau lustrale : celle que le Créateur a bénie en bénissant la terre est très honorée dans notre culte. Pour faire cette eau merveilleuse, un prêtre commence par apostropher l'eau commune, lui parle comme si elle entendait ses paroles : Je t'exorcise, dit-il, créature de l'eau. Il fait le même compliment à la créature du sel, tant il a peur que le diable ne se trouve dans les créatures. Après ces puérilités, il unit le sel avec l'eau, trempe son goupillon dans ce composé et va gravement tacher les robes et les habits qui se trouvent sous sa main. Les pères jésuites, auteurs du méchant dictionnaire de Trévoux, assurent dans cet énorme livre rempli de fatras que l'eau bénite écarte le tonnerre : cependant le tonnerre tombe plus souvent sur les clochers que sur les écritoires des philosophes.

Des moines toujours prodigues de ce qui ne leur coûte rien, pour avoir bouche en Cour, ou se donner un ton chez nos rois des premières races, assez petits pour craindre ou aimer les moines, assurèrent nos Majestés chrétiennes qu'elles avaient le pouvoir de guérir les écrouelles. Des papes, qui se mêlaient de disposer des couronnes, dispensaient les sujets du serment de fidélité, confirmèrent par des bulles ornées d'*Agnus Dei*, que leurs fils aînés très chrétiens et très pécheurs avaient de père en fils, depuis Clovis, le pouvoir de guérir les maux du col. Les docteurs de ce temps-là, aussi savants que les maîtres d'école de nos villages, avaient lu que Pyrrhus guérissait les rateleux. Ces sages maîtres, croyant que ce roi était allié à la maison de David, trouvèrent dans les livres de Moïse un passage de la Gonorrhée qu'ils approprièrent aux écrouelles; voilà le pouvoir de guérir cette maladie, déclaré par le souverain pontife, confirmé par l'Écriture, et toujours démenti par l'expérience. Si les rois de ces premiers âges avaient voulu faire insérer dans le symbole le pouvoir de guérir les écrouelles, la chose était faite en donnant un peu de patrimoine au Saint-Siège; les papes ont beaucoup aimé le patrimoine. Cet article incrusté dans le symbole eût fait un article de foi; dans ce temps-là on insérait tout, on croyait tout. L'Église, comme une bonne mère, pour sauver plus facilement ses enfants, a toujours très multiplié les articles de foi. De nos jours la bulle *Unigenitus* est devenue un objet de crédibilité. M. de Beaumont, le P. Patouillet.

9

ne voulaient-ils point, en 1755, augmenter le *Credo*
du refus des sacrements?

La sainte ampoule, nom comique de la bouteille
qui contient l'huile avec laquelle on sacre nos rois,
fut apportée dans les siècles merveilleux par une
colombe céleste. Cette huile est de la même pâte que
le suif de la chandelle d'Arras, qui brûle toujours et
ne s'éteint point. Les bénédictins, possesseurs de
cette fiole, la font suivre dans les cérémonies du
sacre par six barons, nommés les barons de la sainte
ampoule. Les barons de la sainte bouteille garan-
tissent par des serments inutiles, prononcés sur
l'Évangile, qu'ils la rapporteront aux moines dès que
la cérémonie inutile du sacre sera achevée : il est
plaisant de jurer le nom de Dieu en vain pour conserver une bouteille. La majesté de nos rois, où Dieu
a marqué le caractère sacré de sa divinité, n'a pas
besoin de la graisse de la sainte ampoule pour être
respectable à nos yeux ; nos cœurs valent mieux que
la bouteille des bénédictins et les oraisons de l'archevêque de Reims.

L'Église distribue certaines galanteries appelées
excommunications : ces drogues dangereuses avaient
beaucoup de vertu sur l'esprit ignorant de nos pères.
Anciennement un curé qui n'avait point été invité à
un repas chez son seigneur s'imaginait qu'on insul-
tait son caractère, et s'appuyant du passage de l'Écriture, *honora medicum*, il disait : Les médecins ont
des rabats, ils sont habillés de noir, le seigneur
devait m'honorer, j'ai un rabat, ma soutane est
noire, il ne m'a point invité à ma part de son dur
gigot, *ergo* il a manqué à l'Écriture, il ne m'a point
honoré, c'est un hérétique. En conséquence de cette
logique, le bon pasteur prenait de l'humeur, il

éteignait les cierges aux vêpres et excommuniait son seigneur, au nom du Père, du Fils et du Saint-Esprit.

Rome, toujours industrieuse et commerçante, ne s'est point contentée de nous vendre les indulgences, elle nous a encore vendu ses excommunications, les monitoires s'achètent par quiconque en veut pour découvrir les choses volées ou égarées; un particulier a-t-il perdu une montre à répétition, a-t-on volé un cheval à quelqu'un, on donne le voleur à tous les diables. Le Saint-Père s'imagine sans doute que l'âme d'un chrétien ne vaut point le corps d'un cheval dans l'autre monde, puisqu'il donne au diable le chrétien pour recouvrer le cheval.

La doctrine de l'excommunication est détestable, ces peines extérieures privent les excommuniés des prières salutaires de l'Église, c'est faire injure à Dieu et à la raison; une mère tendre a le malheur d'avoir un de ses enfants excommunié, elle prie et fait prier pour son fils; le pape oserait-il dire que les prières de cette mère seraient inutiles, quelle absurdité! Le jeudi saint, jour où l'Église ouvre ses trésors de miséricorde, le pape excommunie les rois, le Parlement de Paris, Mme Favart, Mlle Gogo, et généralement quiconque mettra des impôts sur les peuples sans une permission de Sa Sainteté. Cette cérémonie impertinente se fait avec pompe par reconnaissance des bienfaits que les souverains et surtout les souverains de la France ont fait aux souverains de Rome; nous admirons avec un saint respect ces politesses ultramontaines. Les jésuites nous les prêchent avec un attachement et un zèle admirables pour les papes. Notre nation, où il y a tant d'esprit, sera-t-elle encore assez stupide d'envoyer des sommes immenses en Italie, pour avoir des excommunications, des permissions pour coucher avec nos commères et des *Agnus Dei?* Troquerons-nous toujours de bon argent contre du papier? Le papier de M. Law nous a fait crier. Si la postérité ne peut jamais croire aux prodiges de la rue Quinquempoix, nos neveux s'étonneront bien davantage, quand ils sauront que nous avons fait passer tant de sommes immenses à Rome.

Nous avons un Concordat, dit-on, avec cette cour qui nous oblige à donner notre argent; un Concordat fait au détriment d'une nation ne doit point subsister. Le Pape, imitateur de la pauvreté de Pierre, de Jacques et de Mathieu, n'a pas besoin de tant d'argent pour être éclairé des lumières du saint Esprit; le feu de son purgatoire, que nous n'avons point encore eu le génie d'éteindre, lui rapporte assez sans encore lui donner notre argent pour des brimborions. L'argent a gâté les mœurs de Rome, le royaume du Pape ne doit point être de ce monde, parce que le royaume de Jésus-Christ n'est point de ce monde. En envoyant notre argent au delà des monts, il ne revient plus : nous entretenons le roi de ce monde, et les péchés mortels, l'orgueil, l'avarice, la paresse, la gourmandise et peut-être la luxure de ce monde. Nous avons renoncé aux péchés mortels, nous ne devons point entretenir et nourrir les péchés mortels, il vaut mieux nourrir des femmes agréables.

L'Église a des assemblées bruyantes appelées Conciles; ces cohues, où les Papes priment toujours, ne sont point estimées des Papes qui se croient supérieurs aux Conciles. Le dernier a eu la destinée des autres, il a fait du bruit dans le monde sans produire aucun fruit, l'enfantement de la montagne est l'image du Concile de Trente.

L'ouverture de cette assemblée, où présidait le Saint-Esprit, fut faite par un discours fort admiré, où l'orateur prouva que lui et ses auditeurs n'avaient point de sens commun. Ce plat orateur était l'évêque de Bistonto (1). Fra Paolo dit qu'il commença son discours en prouvant que les Conciles étaient nécessaires pour trois raisons : la première, *à cause que plusieurs Conciles avaient déposé les rois,* la seconde *que dans l'Énéide Jupiter assembla le Concile des Dieux* (cette idée de Jupiter venait sans doute du Saint-Esprit) ; et la troisième, *parce que dans la création de l'homme et dans l'aventure de Babel, Dieu s'y était pris en forme de Concile.* Il assura ensuite *que tous les prélats devaient se rendre à Trente, comme dans le cheval de Troie, que la porte du Paradis et celle du Concile étaient la même, que l'eau vive en découlait, et que les Pères devaient en arroser leurs cœurs, comme des terres sèches ; faute de quoi le Saint-Esprit leur ouvrirait la bouche comme à Balaam et à Caïphe.*

Il est probable que le Saint-Esprit ouvrit la bouche à Monseigneur de Bistonto pour le faire parler comme la monture de Balaam ; son discours annonce ce miracle ou tout au moins le jargon d'un âne et donne une très mauvaise idée du Concile. Philippe II, roi d'Espagne, vint à Trente écouter l'éloquence des Pères. En conséquence de l'honneur que Sa Majesté leur faisait, les Pères ordonnèrent un bal où les dames de Trente et des environs accoururent. Le bal fut donné

(1) Cet évêque passait dans son temps pour le Chrysostome des Italiens : ce prélat avait une grande idée de la vie de la sainte Vierge. Il l'appelait *Diane* et *Lucine ;* il assure que l'ange Gabriel la salua à genoux, quand il fut lui annoncer le mystère de l'incarnation.

dans la salle même du Concile. Le cardinal de Mantoue en fit l'ouverture avec une jolie femme, et les Pères y dansèrent avec la gravité de leur état : le lendemain, ils firent un Canon pour excommunier ceux qui danseraient à Paris sur des planches auprès de la rue Dauphine.

Le joug de la religion doit être doux, les fers de l'Évangile, dit le législateur des chrétiens, sont légers. Nos lecteurs les ont bien appesantis, à croire ce qu'ils ont écrit avec tremblement. La religion est semblable à la tête de Méduse, elle métamorphose les hommes en pierre : ce qui devait être la joie, la consolation des hommes est devenu, par l'imagination des théologiens, un état pénible. Les contorsions de la Trappe, le désert des Chartreux, la bêtise de l'habillement des Capucins, la tristesse, l'abattement, les sécheresses des dévots n'annoncent point la douceur de la joie de l'Évangile. Ce désordre ne peut venir que de la méfiance des hommes ou de la politique de l'Église ; car la divinité ne veut point que nous soyons craintifs ni inquiets. Dieu n'est point la chaîne des consciences, il est la vie et le mouvement de l'âme.

Le mariage, cette planche précieuse pour les filles après le naufrage, est un sacrement connu avant la naissance de Jésus, puisque Jean-Baptiste accusait Hérode d'adultère ; ce sacrement donc, ancien et nouveau, semblait moins honnête autrefois à l'Église que l'homicide, « car les ecclésiastiques permettaient « le duel entre cousins germains, tandis qu'ils ana- « thématisaient et cassaient les mariages entre « parents, même au septième degré ; on donnait la « communion à deux hommes qui allaient se battre, « et deux époux ne pouvaient s'approcher des sacre-

« ments qu'après s'être abstenus de travailler au bien
« de la société. Les évêques affranchissaient un
« champion qui s'était battu trois fois pour eux avec
« succès, ils tachaient de notes d'infamie ceux qui se
« mariaient en troisièmes noces. » Toutes ces belles
choses étaient, à ce qu'ils disaient, des révélations du
Saint-Esprit.

L'Église a cru prodigieusement aux miracles et les
fidèles les plus ignorants ont été les plus fréquents
en prodiges. Depuis que nous avons de l'esprit, nous
n'en voyons plus : sont-ils par hasard envolés avec
nos revenants, nos possédés et nos sorciers? L'Église,
toujours infaillible, reçoit depuis longtemps deux
miracles de l'Évangile qui ne sont, dans le fond,
que deux paraboles des prodiges qu'il est impossible d'entendre à la lettre : l'un parce qu'il
répugne à la bonté d'un être infiniment bon, et
l'autre à l'esprit de Jésus. Le premier est le miracle
des démons qu'il chassa au pays des Gadareniens
en leur ordonnant d'entrer dans une troupe de
pourceaux. Comment les cochons se trouvaient-ils
par troupeaux dans un pays où le cochon était
défendu? Pourquoi précipiter les cochons dans la
mer? Un miracle qui fait tort au prochain peut-il
être l'ouvrage d'un Dieu bienfaisant? Les possédés
étaient des pêcheurs, les pourceaux des Gadareniens,
d'autres pêcheurs, et la mer, la mère nourricière des
pêcheurs (1); car il n'est point possible que Jésus ait
fait tort à son prochain.

Le second miracle est lorsqu'il chassa les vendeurs
du Temple qui fournissaient des choses utiles aux
Sacrifices, maintenus dans ce lieu par les Pères, sou-

(1) Voilà l'allégorie et comment il faut entendre ce passage.

tenus par l'État. Jésus, en faisant ce miracle, ne changea point de figure ; il ne prit ni la puissance de son Père, ni l'éclat de sa divinité. Sa main n'était armée que d'un fouet : le zèle qu'il marqua dans ce moment pour le Temple était presque inutile, puisqu'il venait le détruire, et qu'il ne voulait point y laisser pierre sur pierre. Les Juifs, en l'accusant devant Pilate, pouvaient lui reprocher d'avoir offensé le lieu saint en chassant sans autorité les vendeurs publics autorisés par l'État, et d'avoir précipité dans la mer un troupeau de cochons. Il ne paraît point qu'on lui ait fait ces accusations qu'on pouvait faire naturellement.

Les livres de l'Église et les tonsurés ont écrit longtemps contre l'empereur Julien, le plus grand homme de l'antiquité. Ce philosophe, qui ne disait pas de bréviaire, a été calomnié par les diseurs de bréviaire, à cause que la religion leur défendait la calomnie. Saint Grégoire de Nazianze assure que cet empereur a rempli Antioche de sang, Théodoret qu'il a jeté le sien en l'air en s'écriant : « Tu as vaincu, Galiléen. » Grégoire et Théodoret avaient la fureur de mal parler de leur prochain ; ignoraient-ils que la bataille où Julien périt était contre les Persans qui croient au mouton noir et point du tout à l'agneau sans tache, et que Julien était incapable de se battre pour des images ou des marmousets. Théodoret dit qu'il sacrifia une femme à la lune pour avoir le plaisir cruel de déchirer de ses mains royales les entrailles de cette malheureuse et consulter ses dieux. Julien était ennemi de la cruauté et de la calomnie, il pardonna à dix chrétiens conjurés contre lui. Son âme, grande et éclairée, était incapable de s'abreuver de sang innocent. Théodoret ajoute qu'il voulut relever les murs de Jérusalem, qu'il en sortit des globes de feu qui consumèrent l'ouvrage et les ouvriers. Saint Théodoret écrivait des mensonges et calomniait un souverain que sa religion ordonnait de respecter. Tâchons d'aller au ciel comme les saints, mais ne calomnions pas les rois ; respectons ceux que la Providence a placés sur nous, songeons que la calomnie est défendue par la loi et par la philosophie qui était avant la loi.

Anciennement on ne mettait sur les autels ni croix ni pile. Les chandeliers et les gradins ne sont inventés que depuis deux cents ans. Les nappes, les serviettes, les essuie-mains ne sont guère plus anciens. Les tabernacles étaient aussi inconnus. On laissait sans aucun soin dans des paniers le pain de l'Eucharistie. Plus tard, on fit des pigeons d'argent où l'on renfermait ces restes ; plus souvent on les donnait à des enfants qu'on appelait en allant ou en venant de leurs écoles. Ensuite on fit des ciboires du pain d'autel, et l'Eucharistie, perfectionnée par la rubrique, prit un air décent et de présence réelle, qu'on avait négligé par ignorance.

Selon les rubriques, il faut qu'il y ait nécessairement des reliques sur les autels ; pourquoi sacrifier à l'Éternel sur des os de morts ? Ces os peuvent-ils réchauffer le mérite du sacrifice ? quelle gloire peut-on faire à Dieu en mettant à côté de lui la poussière de ses serviteurs ? Ce sont leurs vertus qui les ont rendus agréables au ciel, leurs os ne sont point des vertus et n'ont point de vertu.

Il faut que le cœur de nos catholiques soit bien froid ou bien stupide, dit Pilpai, « puisqu'il leur faut tant « de cérémonies pour entretenir la dévotion qu'ils « doivent naturellement à l'Être suprême. Les hommes

« peuvent-ils oublier qu'ils tiennent tout d'une cause
« bienfaisante, oublieraient-ils aussi qu'ils respirent?
« pourquoi n'a-t-on point imaginé des cérémonies
« pour leur rappeler qu'ils ont du mouvement et de
« la respiration? L'Église répond à ces questions
« que ces cérémonies et ces prières sont pour mériter
« de nouvelles faveurs, comme si la bonté suprême
« pouvait cesser ou diminuer ses faveurs? L'Église,
« qui sait tout, a pensé que Dieu interrompait ses
« libéralités parce que l'Église était susceptible de
« colère et de sentiment. »

Pour rendre la France heureuse et tranquille, il
faut ramasser nos livres de morale, nos casuistes
réservés, nos controversistes, nos bans théologiques,
nos rubriques, les mitres de nos évêques, les habits
des capucins, et mettre le feu à toutes ces belles
choses, en chantant une hymne à la raison.

LES FILLES DU MONDE

Leur bonté fait les premiers pas
Et leur pudeur apprivoisée,
Dès le début humanisée,
Loin de résister tend les bras.

Nous élevons jusqu'aux nues les airs de Rameau.
L'éloge de ce célèbre artiste est celui de notre bon
goût. Jean-Jacques, que je respecte infiniment, parce
qu'il a le malheur d'être sage, ne veut pas absolument que nous ayons de la musique. Cette idée originale n'a pas étonné la France. Un homme à paradoxe,
un homme qui assure que notre allure est celle de

Palissot, c'est-à-dire de marcher à quatre pattes, peut avancer tout ce qu'il veut pour nous faire rire. Je me suis un peu réconcilié avec le sauvage de Montmorency depuis que j'ai lu en m'ennuyant à mourir son *Héloïse*. Cet ouvrage m'a fait plaisir et m'a fait pitié : j'ai été charmé de voir un philosophe amoureux, cela m'a fait pitié de voir tant de dépense de style, de soupirs pour faire un échantillon d'enfant; on voit dans cette façon de faire les jolies choses un homme qui n'aime point la nature, qui ménage l'espèce humaine pour lui prodiguer les paradoxes.

Cet exorde annonce que la Julie de Rousseau avait les talents d'une fille du monde plus amusants que le sophisme d'une philosophie sauvage. Les honnêtes gens crient contre les filles du monde. Le lieutenant de police les fait mettre à Saint-Martin, à la Salpêtrière, quand elles ont étalé trop effrontément le fond de leur boutique sur la rue. A Rome, on excommunie les honnêtes gens qui ne font point leurs Pâques; les filles qui vendent leurs faveurs et des memento au clergé et aux profanes ne sont point tracassées par l'Inquisition, et leurs charmes épicés ne sont point mis à l'index par la sacrée Congrégation des rites. Il faut avouer que Rome est le théâtre des indulgences pour les Madelons.

Nous méprisons une fille charmante qui pour un rien nous donne des sensations plus délicieuses que celles d'un violon du devin de village ou d'une flûte. Il n'est personne en France qui ne soit sensible, en lisant la Sainte-Ecriture ou l'histoire des faiblesses de Jacob; les maîtresses de Salomon et le haras du grand seigneur font venir la salive à la bouche des lecteurs. Nous envions le bonheur de ces hommes heureux, nous disons en nous-mêmes : Nous ren-

drions des grâces au ciel s'il nous donnait les faiblesses de Jacob, la sagesse de Salomon et les femmes
de tous ces patriarches; n'envions point leur bonheur : nous pouvons, à moins de frais, avoir un
sérail aussi meublé que les leurs. Paris est rempli de
favorites qui tendent les mains à tous les mouchoirs.

Les filles du monde ne doivent leur faiblesse qu'à
la bonté de leur âme et à la plus parfaite organisation. C'est dans le tempérament ou dans la structure
des fibres de leur cœur et de leur cerveau qu'un
habile anatomiste trouverait cette cause que le
casuiste cherche dans sa conscience. La nature a
imbibé de passions et de faiblesse l'argile fragile dont
nous sommes pétris, et ce que nos docteurs appellent
la nature corrompue n'est autre chose que la nature
fort sage qui tend plus violemment dans une fille du
monde à la conservation que dans une mijaurée qui
ne sent que rarement ces impressions. Le vice naturel
des filles du monde échauffe nos prédicateurs : c'est
un trésor d'iniquité, s'écrient-ils en chaire, qu'une
fille qui vend à un prix raisonnable des faveurs fort
naturelles; c'est un serpent, un monstre, un crime
sale, infâme, qui fait trembler le ciel et la terre. Lorsqu'un orateur dévot s'échauffe à peindre avec de la
boue et du crachat la décente faiblesse de l'amour,
l'auditeur, s'il n'est point un dindon, doit dire en lui-
même, en lorgnant à son côté une jeune fille : Le
prêcheur bat la campagne : cette fille a l'air très
propre, je ne suis point dégoûté, je ferais assurément
bien proprement avec elle les saletés dont l'orateur
décore son discours. *En vérité je vous le dis,* il est
comique d'appeler cela des instructions, nous sommes
bien généreux de les écouter.

Si nos prédicateurs, au lieu de ces déclamations, nous disaient simplement : La loi, qui est très dure, vous défend de tracasser les filles qui sont très tendres, on s'instruirait, on ne bâillerait pas au sermon. Mais dire à des êtres raisonnables que les plaisirs que nous procure une belle fille sont honteux, sales et infâmes, on n'en croit rien ; il faut régler ses figures de rhétorique, mettre plus de vérité dans ses périodes, ne point suer et vétiller à les arrondir et surtout ne pas déraisonner dans un sermon. La raison fait tant d'honneur au genre humain qu'elle mérite assez qu'on s'occupe d'elle dans un sermon ; mais les dévots n'aiment pas la raison, ce qui est raisonnable, ni les philosophes.

La sagesse, cette belle chose, dont on trouve quelques énigmes dans nos vieux livres, n'a point encore profité à un seul homme, en comptant Salomon ; elle est admirée chez les femmes, à ce que disent les bonnes gens. La sagesse d'une femme grossit les plaisirs d'un homme qui croit aux rêves de la sagesse, et ce plaisir imaginaire est d'autant plus sensible que c'est dans le temps qu'il jouit de cette sagesse qu'il sent plus de plaisir, parce que la faiblesse de cette femme est la honte de la sagesse qu'il trouve si belle. Si les hommes revenaient de leurs erreurs, ils admireraient les filles du monde, ils verraient que les femmes ne sont point faites pour donner la sagesse. La nature les a faites pour nous donner des plaisirs et des enfants : sans ces deux fins à quoi nous serviraient-elles ?

Rien n'est plus grand, plus majestueux pour l'imagination que la conduite qu'on tient vis-à-vis d'une fille du monde qui vend ses faveurs pour un écu. Venez, lui dit-on, ma reine, embrassez-moi ; la reine obéit. Venez que je vous chiffonne : Comme il vous plaira, répond la reine. On trouve chez elle mille plaisirs que la sagesse ne connaît point. Les délicats diront : Mais cette fille vendra ses sagesses à quelques autres. Votre délicatesse me paraît stupide : vous aimez les fleurs, leur baume vous enchante ; ces fleurs vous paraissent cependant honnêtes quoique vous les achetiez, et qu'elles prodiguent aux autres leurs odeurs; pourquoi n'en peut-il être de même des filles qui valent mieux que les fleurs, quoiqu'elles se fanent de même ?

Les filles du monde, que les charitables dévots déshonorent sans pitié, sont peut-être plus dignes de leur charité et de leur soin que les rosaires, les scapulaires et les oraisons jaculatoires. Un instant de faiblesse secondé par une occasion dangereuse fait leur état. Une grossesse les rend la fable de leur patrie; pour avoir fait un enfant sans la permission de leur curé, elles perdent l'occasion d'en faire désormais avec son consentement, très nécessaire pour faire un enfant, à ce que nous croyons. Cette fille, devenue la honte de ses concitoyens, ne pouvant plus réparer sa faute, se jette dans le libertinage, nos préjugés deviennent la source de ses désordres. Nous croyons qu'une fille qui a fait un enfant n'est point capable de conserver le feu sacré du mariage : détrompons-nous, en Hollande, en Flandre, où l'on trouve l'heure du berger à chaque instant, on s'aperçoit que les filles qui ont eu des faiblesses sont les femmes les plus sages ; elles ont manqué étant filles à cause que la nature leur disait qu'il leur manquait quelque chose, elles se bornent à leur mari. *Jocqué, monsieur,* dit une Flamande le lendemain de ses noces, *ne touchez mi là, j'ai m'n homme.* La veille,

la même fille aurait dit : Monsieur, faites comme il
vous plaira.

Les Grisons ont coutume d'attacher à une chaîne,
dans leur temple, les filles qui ont eu des faiblesses;
dans certaines provinces, on les met sur un âne, en
les tournant du côté de la queue, dans d'autres on les
met dans un tonneau ridicule; à Paris, on les châtie
à la Salpêtrière et partout l'on fait des sottises; en
voici la preuve : quand votre cheval voit passer une
jument et sent remuer le démon de la chair de cheval, lui donnez-vous des coups de bâton ? Si votre fermier rouait son âne de coups parce que l'animal
aurait fait quelques simagrées près d'une ânesse, ne
diriez-vous point : Lourdaud, veux-tu empêcher les
effets de la nature? Vous riez de la comparaison,
cependant votre lieutenant de police enferme les filles,
vos évêques envoient au séminaire un tonsuré parce
qu'il a fait comme le cheval vis-à-vis de sa servante.
Vous ne savez ce que vous faites, vos évêques sont
des ânes et vos lieutenants de police des chevaux.

Le roi de Prusse a fondé une maison à Berlin où
l'on reçoit les filles enceintes; avant que leur grossesse paraisse, on les tient séparées, on leur garde un
secret inviolable; si elles font un garçon, on leur
donne cinquante écus, et dix si elles font une mor-
veuse. Louis XIV a fondé l'Hôtel-Dieu pour le même
objet, mais les intentions du souverain sont mal rem-
plies, on ne garde aucun secret aux filles, on ne les
reçoit que huit à dix heures avant leurs couches;
plusieurs de ces malheureuses arrivent à Paris de
bonne heure, dans l'espoir de mieux cacher leur faiblesse à leur patrie, elles se présentent à l'Hôtel, on
les renvoie cruellement sous les apparences qu'elles
ont encore un mois ou six semaines pour attendre

leurs couches. Ces créatures, épuisées par les frais de
la route, sont obligées de retourner ou d'attendre
dans la misère l'instant d'entrer à l'Hôtel-Dieu. Les
Montigni, les Varennes, les Dubuisson, les Hecquette
leur offrent quelquefois des secours, dans l'espoir
qu'elles meubleront leur communauté. Elles ont des
pourvoyeuses qui vont à la rencontre des voitures
publiques et à la quête de ces filles. Celles qui
reviennent de l'Hôtel se plaignent fortement. Les
bonnes religieuses s'imaginant que le ciel et la terre
leur doivent des égards à cause qu'elles n'ont point
fait d'enfants et que dans leurs confessions elles
avouent qu'elles ont eu cent fois le désir déshonnête
d'en faire, les maltraitent de mauvais sermons et de
paroles.

On se plaint de la multitude des filles du monde,
c'est peut-être la faute des prêtres : on prêche quelquefois de bonnes choses, mais rarement le besoin
de se marier, l'obligation de le faire quand la chair
nous sollicite. Nous savons, par le dénombrement
des mariages et des hommes, que de cent quatre personnes il ne s'en marie qu'une chaque année ; restent
cent trois personnes exposées à manquer à la loi.
Après ce calcul doit-on s'étonner de la population
des filles du monde? Ne doit-on point être surpris
qu'il y en ait encore si peu? Il y en aurait effective-
ment davantage si beaucoup d'honnêtes femmes ne
se mêlaient de leur métier.

La grande population des filles du monde doit sa
source à la création du mot *sagesse*. Les sottises que
nous faisons avec ce mot sont originales. Nous admirons les sages, nous les louons et nous n'en récom-
pensons aucun ; tout ce qui n'est point marqué du
vice ne tient point à nous ; pour deux ou trois sages

qu'on a récompensés, nous en avons des millions que l'on a méprisés. Les filles remarquent que la vertu ne leur sert à rien, elles quittent la vertu qui ne produit rien pour le vice qui les enrichit. Un équipage galant, un appartement, des nippes de prix, voilà la récompense du vice; la faim, la soif, l'oubli ou la tentation, voilà le fruit de la sagesse. A peine une fille a-t-elle renoncé à la vertu qu'elle se persuade de plus en plus, par l'usage des hommes, que la sagesse est une chimère, et pensant avec Laïs, elle s'écrie : « Que veulent dire les sages avec leur sagesse? Ces gens-là frappent aussi souvent à ma porte que les autres. » Admirons le bien et le mal et les filles du monde.

L'ÉPOUSE DE SUSE

Le livre de Julie et de Jean-Jacques,

ou

la parodie des deux histoires,

Extraite du livre qui paraîtra après ma mort.

Rendez à vos époux le devoir conjugal.

Les plats enfants du bonhomme Jacau avaient offensé Cremistic, ils étaient captifs en Suisse. M. de Volmar, bourgmestre ou bailli de Vevay, fit célébrer l'anniversaire de sa dignité; il invita les treize cantons à la cérémonie où il étala toute sa magnificence aux yeux de ses patriotes. On mangea dans cette fête de la soupe aux choux prodiguée comme à des noces.

La bonne chère fut prodigieusement arrosée de vin. Une troupe de comédiens vint s'offrir à l'hôtel de ville pour représenter *Pourceaugnac*. Un citoyen de Genève, qui faisait le métier de faux prophète en France, s'opposa à la représentation de la pièce, démontra par d'excellents sophismes qu'il valait mieux, pour la décence et les mœurs du pays, que les Suissesses allassent cueillir avec leurs amoureux des noisettes dans les bois que de courir à ces spectacles. « La comédie, disait-il, est un rendez-vous public, plus dangereux qu'un tête-à-tête; au lieu d'introduire la comédie dans l'État, faites danser les dimanches les filles dans leurs paroisses, et apprendre, aux dépens de la république, à jouer du violon aux ministres de votre diocèse : le son du violon fortifie les bonnes mœurs et vos ministres feront danser leurs paroissiennes. Vous savez, monseigneur, que les beaux vers d'une tragédie gâtent les mœurs. M. de Voltaire, votre nouveau voisin, l'assure à tout le monde. Mérope est un mauvais exemple; le *Misanthrope*, le *Tartuffe*, *George Dandin*, qui est un peu Suisse, sont pleins d'ordures. Une servante, dans le *Tartuffe*, tient des propos sur sa gorge qui font frémir la vertu. » Dancourt, l'Arlequin de Berlin, voulut riposter au philosophe sauvage. Les Suisses, qui n'entendent guère raison, ne l'écoutèrent point. Le bourgmestre, croyant que son citoyen était l'unique oracle de la raison, parce qu'il avait de l'humeur, renvoya les comédiens en leur défendant de donner des leçons de vertu et de sobriété aux Suisses : il fit venir des violons et des chopines.

Cette fête, qui commençait à se troubler par un philosophe qui voulait avoir raison avec des paradoxes, fut entièrement rompue par madame la bourgmestresse Véronique. M. de Volmar envoya chercher sa femme. Madame, fatiguée, anéantie d'avoir médit avec les Suissesses, ne voulut point paraître devant les marguilliers de sa paroisse ; elle s'excusa sur une maladie de commande, sur des vapeurs qui prennent aux femmes chaque fois qu'elles en ont envie. Le fond de ces grandes raisons pour une femme du lac de Genève est comme à Paris dans le fond d'un miroir. Quand une glace dit à une femme : « Madame, votre visage a l'air battu, il faut vous replier dans votre négligé, rester toute la journée en chenille », il faut obéir. Le miroir est une raison pour désobéir à un mari.

M. de Volmar se fâcha contre madame Véronique et se mit à jurer : « Jerni Dieu, que diront les treize cantons? Un bailli de Vevay est-il un Miché? Les femmes vont prendre le ton de Véronique, les mœurs seront bientôt corrompues en Suisse. » Le bourgmestre fit un placard par lequel il manifestait à toutes les femmes que la sienne lui ayant refusé le devoir conjugal si recommandé par l'apôtre saint Paul, il la répudiait. Ce placard fit du bien à la Suisse et remit les mœurs dans la nation. Depuis ce temps aucune Suissesse n'a refusé le devoir à son mari, et les filles du Valais ont été obéissantes au placard.

Le bourgmestre ne pouvant se passer de donner le devoir conjugal à une femme, il fit chercher une fille obéissante. Il s'adressa à une certaine madame d'Orbe, qui connaissait les filles obéissantes ; elle lui amena Julie d'Étange. Le bailli, qui ne l'avait jamais vue, fut charmé que la vérole ne l'eût point gâtée, il lui demanda si elle se souvenait d'avoir été vierge ; la jeune fille, qui était du Valais où il y avait beaucoup de mœurs, avoua qu'elle l'avait été autrefois, mais que sa virginité était une histoire. « Diable, dit M. de Volmar, voyons l'histoire de votre virginité; elle ne doit pas être longue.

« Il y avait autrefois, dit Julie, un savant qui m'enseignait à lire, à écrire et l'orthographe. Cet homme m'avait aussi appris à peindre la vertu avec un vernis dont il avait seul la composition. Le mot de vertu était toujours dans sa bouche ou dans la mienne; nous nous écrivions à l'insu de mes parents des lettres longues et ennuyantes qui ont fait bâiller toute la France, où nous disions : « La vertu *bleue* est plus jolie que la vertu *choux;* quel plaisir, ô mon âme! ô mon cœur! d'aimer la vertu bleue! Préférons-la, ma chère Julie, à la vertu choux : cette dernière trompe les hommes.

« Mon précepteur, l'esprit plein de la vertu bleue, sentait pourtant de temps en temps la vertu choux; la dernière faisait un peu tort à la première. Un jour mon fichu se dérangea; sa vertu bleue reçut un terrible échec; mon amant, entêté de ses paradoxes, mit la main sur ma gorge en m'assurant que la vertu bleue était l'objet de ses sentiments; à force de me parler de son système, je le fis coucher avec moi; il trouva d'abord la vertu choux très bonne; après l'avoir savourée, ne se sentant plus de force pour elle, il s'avisa de parler dans mon lit de la vertu bleue. Dès qu'il m'eut attrapée avec sa vertu, il alla à Paris, où, toujours rempli d'idées bleues, il trouvait tous les objets à la *vertu* choux. Il m'écrivait que les décorations de l'Opéra étaient des chiffons de blanchisseuse, des bribes de bouchons, la musique une vache et la mesure une oie; pour confirmer son système, il fit un opéra sur l'air d'un ancien cantique, *Venez, Marie,* fort estimé de maître Aliboron Fréron. »

Le bourgmestre bâillait d'assez bon cœur au propos de la vertu que lui faisait Julie. Cet homme, qui
n'entendait rien au galimatias de Jean-Jacques, dit à
sa maîtresse : « Ma belle, vous avez donc couché
avec votre précepteur ? — Oui, monseigneur, j'aime
mieux vous le dire que de le cacher ; il en coûterait
trop à ma vertu de vous en faire un mystère. —
Quelle nécessité avez-vous de me dire une chose que
je pouvais ignorer ? Au reste, cela n'est rien ; nous
autres Suisses nous ne prenons point garde à ces
misères ; nous épousons assez indifféremment les
filles de la Salpêtrière et les pensionnaires du Saint-
Sacrement. Mais, dites-moi, aimez-vous encore votre
amoureux, votre doux ami ? — Oui, monseigneur.
— Tant mieux, je suis charmé de votre reconnaissance ; les Suisses ne sont point jaloux, vous êtes
trop jolie pour me faire cocu. Quel âge a votre amoureux ? — Vingt-huit ans. — J'en ai cinquante-six ; il
y a fort peu de différence. Mais dites-moi, la belle
fille, vous a-t-il fait un enfant ? — Non, monseigneur,
je fis une fausse couche. — Cet homme est bien
maladroit, vous voyez que c'est une sottise de mêler
la vertu bleue à la vertu choux. Du caractère dont je
vous vois, vous n'êtes pas fille à l'oublier. — Non,
monseigneur. — Eh bien ! cela est bon. Pour vous
faire plaisir, il faut appeler cet homme avec moi ; il
sera le précepteur de vos enfants ; c'est un trésor
qu'un pareil Greluchon ; avec ses principes, il est
excellent pour former les filles, il mettra la vertu
dans leur bouche et le vice dans leur cœur. — O le
meilleur des maris ! s'écria Julie ; quelle bonne nouvelle vais-je apprendre à mon doux ami ! ô délices de
mon âme ! ô la vertu bleue ! » Le bourgmestre épousa
la veuve du philosophe et le philosophe vint au

palais élever les enfants, adorer Julie, et le véritable amphitrion ne fut point jaloux.

Julie était alliée aux Jacau par sa mère. Le bailli avait un ami, comme les grands en ont, qui n'aimait point les Jacau. Il avait pris en grippe un certain Guilloché. L'ami du prince s'appelait Ignace; on disait à la cour du bailli que c'était un chevalier de la manchette; dans le vrai, c'était un jésuite, un homme fier et méchant qui tenait à Genève la feuille des bénéfices et des maléfices. Le crédit d'Ignace le faisait craindre des jansénistes. Guilloché n'avait point signé le formulaire et n'ôtait point son chapeau quand Ignace passait devant lui à cause que tout janséniste, dit M. de Voltaire, n'a point de charité pour son prochain moliniste. Le favori avait remarqué l'impolitesse de Guilloché; il savait qu'il avait mal parlé de ses confrères, du P. Le Tellier et de sa bulle; il n'en fallait pas davantage pour écraser son ennemi. « Voilà un homme, disait-il, qui pense comme l'univers et le Parlement de Paris; il aime son souverain, il ne croit pas au P. de la Croix, cela est effroyable! » Ignace, pour se venger de Guilloché et du saint parti, obtint par son crédit un arrêt qui condamnait à mort tous les Jacau soupçonnés de jansénisme. Le bailli, par complaisance pour son ami, avait signé le placard; l'exécution devait se faire le jour de la Saint-Barthélemy.

Guilloché, consterné de l'arrêt, alla trouver Julie, lui dit : Ma nièce (il était son oncle à la mode de Bretagne), vous vous amusez avec votre philosophe à la vertu bleue, avec monseigneur le bailli à la vertu choux. Cremistic ne vous a point mise sur la terre pour rendre trois fois le jour le devoir à votre mari. Volmar est un Suisse bien carré, il fatigue gracieusement une femme. Diable! il ne fait point de l'eau claire comme votre philosophe; cependant, ma nièce, il faut un peu penser à autre chose; tenez, voici un placard, qu'un chien de jésuite a obtenu du bourgmestre, où il est ordonné que si les Jacau ne signent pas le formulaire dans vingt-quatre heures on les égorgera le jour de la Saint-Barthélemy; nous sommes aujourd'hui le 22 août, Saint-Barthélemy tombe cette année le 24. Vous voyez que le temps presse, il ne faut point vous amuser à la moutarde avec votre philosophe.

Julie, qui aimait les mâles de sa parenté plus que les femelles, dit à son oncle : A votre place, je signerais mon nom, un mot d'écriture est bientôt fait. — Comment, morbleu! dit Guilloché. Je signerais contre saint Augustin, contre saint Paul, deux bons jansénistes? non, ma nièce, je périrai plutôt. — Ne vous fâchez point, mon cher oncle, dit Julie, je tâcherai de faire quelque chose pour vous.

Madame de Volmar mit une chemise blanche, ses souliers de satin vert, ses rubans à la Tronchin, et alla trouver son mari. Pour obtenir une grâce du bourgmestre, il fallait la lui demander sur le banc de la République. Les Suisses, qui n'étaient guère plus galants que les anciens Gaulois, avaient une loi salique qui défendait aux femmes de demander des grâces aux bourgmestres, sous peine d'être privées du droit conjugal. Cette loi était heureusement comme toutes les autres lois, elle avait un envers et un bon côté, c'est-à-dire qu'on n'était point privé de la nourriture du saint sacrement de mariage quand le bourgmestre présentait son bâton d'exempt; car dans l'instant une femme rentrait dans ses droits matrimoniaux. Julie alla trouver Volmar dans le

temps qu'il donnait audience aux ménétriers de
Genève qui venaient offrir à la République le *Devin
du village* composé par un de leurs concitoyens pour
perfectionner la musique française. Le bourgmestre,
en voyant Julie, se troubla, et pour ne pas l'affliger
sur le devoir conjugal il lui présenta aussitôt sa canne
à bec de corbin et lui dit tendrement : Touchez, ma
chère Julie, de vos mains blanches, le bout du bâton.
Une belle main comme la vôtre aide beaucoup les
gens dans le ménage, voyez-vous le postillon... oui...
mais... tenez, je vous aime... demandez-moi ce qu'il
vous plaira, je vous l'accorderai. Voulez-vous la moitié de ma métairie du Valais, je vous la donnerai. —
Monsieur, dit Julie, je n'aime pas la nouvelle charrue. Je viens vous prier à manger demain la soupe
chez moi avec le P. Ignace. — Madame, nous aurons
cet honneur, donnez-nous de bon vin de Mâcon et la
bonne tasse de faltran ; mais, madame, ajouta-t-il en
l'examinant de plus près, vous avez fait une grande
dépense de toilette, je sens, en vous voyant, que la
vertu choux travaille furieusement chez moi. » Le
P. Ignace, flatté de l'honneur que Julie lui faisait,
alla raconter à son Giton, l'abbé des Fontaines, qu'il
allait dîner chez la Baillivesse : Demain, disait-il, je
boirai du bon vin de Mâcon, et les Jansénistes n'en
boiront plus après-demain.

La nuit du jour qui précédait le dîner, le bourgmestre, charmé de boire du vin de Mâcon et de
rendre le devoir conjugal à Julie, ne dormait point
d'aise ; pour distraire son impatience, il fit apporter
l'histoire de la belle Magdelon, de Richard sans peur,
et un squelette décharné appelé la *Gazette de France*.
Il trouva dans les nouvelles qu'un certain monstre,
nommé Damiens, élevé chez les jésuites, avait attenté

aux jours précieux d'un roi adoré de ses peuples et
très estimé des Suisses. Le bailli demanda celui qui
avait découvert ce détestable régicide ; on lui dit
qu'un certain Guilloché avait déclaré au Parlement
que le monstre, élevé chez les jésuites, avait suivi
longtemps la bannière de la congrégation, que Guilloché était un janséniste réfugié en Suisse, à cause
que le P. Patrouillet ne voulait pas qu'il fît ses
pâques qu'il n'eût préalablement un billet de son confesseur. Guilloché, ne voyant point dans l'antiquité
l'usage de la confession, encore moins celui des billets de confession, ne voulut point se soumettre à
l'autorité des jésuites. M. l'archevêque de Paris, pour
faire plaisir à son bon ami le P. Patrouillet, obtint
une lettre de cachet pour renfermer Guilloché ; ce
dernier, averti à temps, vint se réfugier en Suisse.
« On a tort, dit le bourgmestre, le roi de France ne
sait pas le mauvais usage des lettres de cachet. Son
cœur est trop bon pour permettre de pareilles injus-
tices ; comme j'aime la France, je veux récompenser
cet homme. Voyez s'il n'y a point dans l'antichambre
de ces Monseigneurs valets de pied. — Monseigneur,
dit le secrétaire, il y a Son Excellence le P. Ignace,
qui gratte depuis deux heures à votre porte. —
Faites-le entrer. »

Ignace étant entré, le bourgmestre lui dit : « Je
voudrais rendre des honneurs à un homme de mérite,
dites-moi comment nous arrangerons son triomphe ;
vous connaissez le livre de l'image des premiers
siècles, nous pourrions trouver beaucoup d'idées de
gloire et d'amour-propre dans ce gros livre. » Le
P. Ignace avait de l'ambition, il était jésuite et grand ;
s'imaginant que c'était lui que le bourgmestre voulait
honorer, il lui dit avec transport : « Il faut que Votre

Excellence Suisse fasse monter cet homme sur une charrette neuve, le revête d'un habit vert et d'un ruban de cent couleurs; qu'un grand de la République, précédé du bedeau de la paroisse, crie devant lui : *Flectuamus genua,* bourgeois, habitants, manants de Genève, ventre à terre, voici celui que le bailli veut honorer. — Allez, lui dit le bourgmestre, rendez à Guilloché les honneurs que vous venez d'avancer. » Ignace rougit; ce fut la première fois depuis la fondation de la Compagnie de Jésus qu'un jésuite ait rougi. Ignace voulut s'opposer au triomphe de Guilloché; il dit au bourgmestre que cet homme n'avait point signé la bulle. M. de Volmar, qui était un bon Suisse, se mit en colère et dit au P. Ignace : « Je me f... de ce torche-cul, obéissez. » Le jésuite obéit, conduisit la charrette de triomphe de son ennemi et fut témoin des génuflexions des Génevois.

L'heure de la soupe chez Julie étant arrivée, le bourgmestre y alla avec son favori. On fit bonne chère, on trinqua beaucoup; au dessert, madame la baillivesse se mit à pleurer en s'écriant : « Monsieur de Volmar, je suis morte. — Comment, comment, morbleu! vous êtes morte, lui dit le bailli avec inquiétude. — Oui, Monseigneur, vous avez vous-même porté ma sentence en condamnant demain les jansénistes à périr. Je suis janséniste du côté de ma mère; mon père, cependant, était un bon Moniliste, voilà pourquoi le curé de notre paroisse, qui ne l'était pas, faisait et baptisait ses enfants. — Diable, dit le bourgmestre, si votre curé avait encore une servante à contenter, il avait furieusement de la vertu choux; oh! dame, je me fais janséniste. — Ne vous mettez pas en peine, Monseigneur, je connais le formulaire, je vous ferai recevoir janséniste. — Vous me ferez

beaucoup d'honneur, madame, vous prendrez bien
de la peine, dites à votre philosophe qu'il vous
aide. »

Six minutes après, Julie s'écria encore qu'elle était
morte, que ce malheur l'affligeait d'autant plus qu'elle
était sans espérance après cette vie de lui accorder
les politesses du mariage : « Oui, Monseigneur,
reprit-elle en redoublant ses pleurs, il y a ici un
homme d'une mauvaise compagnie. » Le bailli lui
demanda avec colère : « Qui est donc ce coquin-là?
— Hélas! dit-elle, c'est le P. Ignace, ce méchant assis
à ma table. » Le jésuite sentit un malaise, son imagination lui peignit à l'instant les pères Guignard et
Malagrida. Le bourgmestre, fâché, se leva de table,
et sortit pour aller dans son jardin rêver à la Suisse.

Le P. Ignace, qui sentait des inquiétudes au cou,
se jeta sur la bergère de Julie en s'écriant : « Par
mon saint patron, madame, par nos quarante martyrs pendus pour la contrebande des Indes, sauvez la
vie à votre serviteur. Le bailli est irrité *timeo danaos
et dona ferentes.* » Le bourgmestre rentra dans ce
moment; voyant le P. Ignace sur la bergère de Julie
et croyant qu'il voulait lui donner le devoir conjugal,
il s'écrie : « Comment, par tous les diables, cet homme
attente à votre vertu choux! ah! vertu chien!
P. Ignace, vous ne vous contentez pas de beaux garçons, il vous faut encore de jolies femmes! Ah! sang
bleu! vous n'en ferez plus, il faut pendre cet homme-
là. Holà! mes gens, qu'on aille chercher Charlot,
qu'il accroche tout à l'heure ce coquin-là au carrefour
de Sodome. »

Charlot vint saluer le bourgmestre. Les Suisses, qui
sont sans façon, ne s'effarouchent pas d'un artiste
comme Charlot. — Allons, mon ami, lui dit le bourg-

mestre, tu as de l'ouvrage aujourd'hui, un cou de jésuite est dur à serrer, prends des forces, bois un coup à ma santé, pends-moi cet homme, fais-le mourir sans confession, afin qu'il souffre dans l'autre monde comme dans celui-ci. — Tout est prêt, Monseigneur, lui dit le bourreau; le P. Ignace avait dressé une potence de cinquante coudées pour accrocher Guilloché, il a fait venir les violons, il dansera. Je me flatte qu'il fera la chose de bonne grâce et ne fera point l'enfant comme l'abbé Fleur (1). »

Pendant cette conversation, Charlot avait toujours le chapeau bas, il n'était pas grand d'Espagne; les gens de son métier ne se couvrent jamais devant les baillis de Genève.

Le P. Ignace fut pendu; le bourgmestre alla donner le devoir conjugal à Julie, et le philosophe génevois, rempli de sa vertu bleue, disait : « J'aurai tantôt mon tour, bon Suisse qui avez confié votre femme à des faiseurs de paradoxes. »

(1) L'abbé Fleur, pendu publiquement à Paris pour avoir contrefait des billets de loterie. Comme ce petit collet faisait la grimace et ne voulait pas monter de bonne grâce sur l'échelle, le bourreau lui dit : « Comment, monsieur l'Abbé, vous faites l'enfant? »

LA CHASTETÉ

ou

LE CÉLIBAT

L'homme est trop faible, hélas ! pour dompter la nature.

VOLT.

La chasteté, cette vertu stérile que Dieu n'a point faite ni commandée, puisque la première loi donnée à l'homme, fut celle de croître et de multiplier, est une idole qui n'a ni pied ni patte. Cette vertu enfin, que l'Église a mise sur ses autels, ne dépend ni de la faiblesse de l'homme, ni des forces de son âme, elle est impossible à la plupart des mortels tant qu'ils resteront attachés à l'argile qui les enveloppe.

Le mariage, ce frein salutaire contre le péché, selon saint Paul et l'expérience, ne peut retenir vos prêtres et vos moines. Est-ce pour les exposer à violer plus souvent les commandements les plus sacrés que vous les tenez sous le joug du célibat? Votre loi humaine est-elle préférable à la loi divine? En multipliant vos célibataires, vous avez multiplié les crimes, exposé davantage les filles et les femmes de vos frères : n'existerait-il qu'un cocu dans une province, fait par un moine, façon la plus détestable d'être cocu, vous auriez toujours mal fait d'exposer un seul homme aux suites fâcheuses qui peuvent résulter de son crime. Vous prêchez qu'il vaut mieux se marier que de brûler ; vous brûlez vos prêtres dès ce monde.... quelle conduite !

Vous avez fait votre loi du célibat dans ces siècles

fabuleux où l'on trouvait des miracle aussi aisément que l'on trouve les herbes les plus communes.

Vous avez admiré avec enthousiasme le beau côté du célibat, sans penser que la nature pouvait se moquer de vous; vous avez voulu une idole de vertu, vous avez mis le fantôme à la place de la réalité.

Vos prêtres sont exposés à confesser joue à joue de belles femmes, d'entendre le récit de leurs péchés véreux, le plan de leur attitude, les détails de leurs attachements, les circonstances les plus galantes de leurs faiblesses, enfin le tableau le plus séduisant dans une confession sincère. Les croyez-vous insensibles à ces récits? pensez-vous que le vieil homme ne s'enflammera point, vos ministres pénitentiaux sont-ils de marbre de Gênes ou de Paros? Ils sont, dites-vous, châtrés pour le ciel; prenez garde à cette castration. Le grand seigneur ne s'y fierait pas.

Un prêtre a entendu des confessions galantes, il n'a point de femme pour éteindre légitimement le feu que la déclaration d'une fille aura allumé dans son âme; au retour du tribunal, il parcourt sa servante avec plus d'attention. Les faiblesses qu'il vient d'entendre ont ému son cœur et porté dans ses regards la chaleur du plaisir. L'exemple, la multitude des délinquants le rend plus hardi. L'usage du péché originel lui démontre que tous les hommes et les femmes ont tâté du péché originel; sera-t-il le seul des enfants d'Adam sans toucher à l'arbre de la connaissance du bien et du mal? Sa servante Margot, retirée le soir avec lui, tient le péché originel; si la pomme est encore fraîche, M. l'abbé y tâtera, le scapulaire, le cordon de saint François et les calottes de maroquin n'empêchent pas la nature d'exiger ses droits; c'est

une sottise de récalcitrer contre elle, on n'en vient
jamais à bout. Le poëte des philosophes disait :

Naturam expellas furca, tamen usque recurret.

Les papes, fondateurs du célibat et des bordels à
Rome, se sont imaginé que le célibat était une vertu,
à cause qu'il était un vice par son inaction ; pour établir cette chimère et en faire une loi aux ministres
des autels, on a renversé l'Écriture, car la seconde
qualité que saint Paul requiert dans un évêque est
d'avoir une femme, condition sans laquelle il ne peut
être appelé à l'épiscopat. L'apôtre était si persuadé de
cette vérité, qu'il était marié. Son mariage est bien
déclaré dans la première aux Corinthiens, chapitre v,
verset 5. *N'avons-nous pas,* dit-il, *le pouvoir de
mener partout une femme sœur,* c'est-à-dire une
femme qui soit notre sœur en Jésus-Christ, *comme
font les apôtres et les frères de Notre Seigneur* et
Cephas ? Dans le grec il y a : *une femme sœur faisant
profession de la foi de Jésus-Christ. N'avons-nous
point le pouvoir ?* Cette expression ne marque-t-elle
pas un droit qui n'appartient qu'à l'homme marié ?
Les apôtres, qui prêchaient contre le scandale,
n'eussent point édifié les Gentils, s'ils avaient amené
avec eux des femmes qui ne fussent point les leurs.
Saint Ignace, dans sa lettre aux Philadelphiens, met
saint Paul au nombre des hommes mariés.

L'invention du célibat trouvée par l'Église fut condamnée autrefois dans le concile de Constantinople,
qui dit expressément au 13e canon : *Comme nous
avons entendu dire que l'Église romaine ordonne
que ceux qui sont prêtres ou diacres abandonnent
leurs femmes légitimes, les pères assemblés dans ce
concile décident que suivant l'ancienne discipline*

exacte de l'Église et l'ordre des apôtres, les prêtres et les diacres vivront avec leurs femmes légitimes comme les laïques, et nous défendons, surtout lorsqu'on ordonnera des prêtres ou diacres, qu'on leur refuse sous le prétexte qu'ils sont mariés et qu'ils veulent habiter avec leurs femmes après l'ordination. Nous ne voulons point outrager le mariage ni séparer ce que Dieu a conjoint.

Le Concile de Trente agita la question du célibat ; les vieux prélats, qui avaient vu les naufrages de la chair et la sûreté dans le mariage pour fixer près d'un vieillard l'inconstance d'une femme, opinèrent pour marier les prêtres. Les jeunes évêques, assurés de pouvoir fixer leurs conquêtes et certains de trouver des femmes partout, ne furent point du même avis. L'idole du célibat fut remise sur son piédestal, et pour assurer à jamais sa gloire, le Concile ne décida qu'après. Si quelqu'un, ajoute ce Concile, s'avise de dire que le célibat n'est pas plus saint que le mariage, qu'il soit anathème. Ce canon est impertinent.

L'Église a pensé que la charité serait plus affermie par le vœu de la continence ; les dévots, toujours emportés par leur zèle, ont cru qu'il était fort aisé de se dépouiller de son sexe. Le sacrement de mariage, cette source de bénédictions pour les laïques, est une source de sacrilèges pour un prêtre à cause des plaisantes raisons que voici : Les prêtres ont fait vœu d'obéir aux commandements de Dieu avant d'avoir fait le vœu de chasteté. Un prêtre incontinent doit se marier selon l'apôtre, il ne le peut selon l'Église, parce que, suivant le pape, il est plus obligé d'obéir aux canons des Conciles qu'aux commandements de Dieu. En se mariant, il ne rompt

que son vœu et ne pèche plus contre la loi de Dieu ;
mais l'Église, qui est sage, préfère les gens qui
manquent à la loi de Dieu à ceux qui manquent aux
siennes ; il vaudrait mieux, disent nos prédicateurs,
anéantir le monde que de faire un péché mortel ;
sans faire rentrer l'univers dans le chaos, le pape
peut, s'il le veut, anéantir dix millions de péchés
mortels en faisant marier les célibataires, mais Rome
ne le veut pas ; plus tard elle le voudra, car tout tend
vers la vérité, c'est le centre de la raison.

Les docteurs ont appuyé leur doctrine du célibat
sur ces paroles de l'Écriture : *Ceux qui ont quitté
leurs femmes, leurs enfants et leurs biens, auront
la vie éternelle.* Dans ce passage, il s'agit de quitter
ce qu'on ne pourrait garder qu'en renonçant à la foi,
car Jésus-Christ ne pouvait dire aux hommes : aban-
donnez vos femmes et vos enfants, lorsqu'il leur
défendait de séparer ce qu'il avait uni. En conséquence de ce passage mal entendu, on a défendu aux
prêtres le mariage. Pourquoi l'Église ne leur a-t-elle
point défendu les richesses que Dieu a condamnées
formellement ? Dieu ne défend pas de s'attacher aux
femmes ; son apôtre nous dit de les aimer comme
Jésus aime son Église, c'est-à-dire d'une tendresse
extrême ; Dieu nous défend d'aimer les richesses.
L'Église, au contraire, défend à ses ministres l'amour
des femmes et les comble de richesses et de bénéfices.

Le vœu de continence, dit un auteur célèbre, est
d'autant plus parfait que la continence, par sa nature,
n'est praticable que par peu de personnes. Cette
vertu ne dépend point de l'homme. *L'amour qui fait
naître l'incontinence est souvent involontaire : l'impression de certains objets sur le cerveau ne dépend*

*point de l'âme, ce n'est point à cause que l'on veut
que certains objets plaisent, c'est à cause qu'ils ont
agité d'une certaine manière les fibres de notre cerveau et qu'ils ouvrent des valvulves qui étaient fermées. Ce changement en produit d'autres, presque à
l'infini, dans la machine ; de là, naissent des désirs,
des avant-goûts de plaisirs et cent autres innovations
qui détruisent la continence.* Un moine aura vécu
chastement vingt années, il voit dans son église ou il
rencontre dans une voiture publique un objet séduisant, le voilà subitement épris et dans l'état de brûlure dont parle l'apôtre.

« Les victoires sur la chasteté, continue M. Bayle,
« sont bien journalières. On ne sort victorieux de
« ces combats que couvert de plaies. On a raison de
« juger que ceux qui passent leur vie entre les mains
« des médecins sont misérables. Cela n'est pas
« moins vrai par rapport à ceux qui ont à com-
« battre la rébellion du tempérament et qui sont con-
« traints d'opposer toujours quelques barrières aux
« irruptions de la chair. Cette condition est déplo-
« rable, on y est souvent forcé derrière ces retran-
« chements ; la conscience en gémit, en soupire.
« Quel progrès n'eût-on pas fait dans le chemin de la
« perfection, si on eût pu marcher dans cette sorte
« d'entraves sans perdre tant de temps en livrant
« combat à l'ennemi à chaque pas pour conserver
« une vertu inutile. »

L'imagination des hommes, toujours emportée
vers le merveilleux ou l'incroyable, a voulu faire des
vertus que la nature n'avait pas faites. Le tempérament, guidé par la nature, s'est moqué de la chasteté.
La raison, éclairée par sa propre lumière, a ri de l'im-
possibilité d'être plus parfaite en combattant à chaque

instant contre la chair. On peut trouver, je le crois, quelques continents, surtout dans un âge avancé; mais on ne trouve point un homme chaste : de la continence à la chasteté, la distance est infinie. Supposons qu'il puisse se trouver des hommes chastes, la chasteté ne peut-elle point subsister chez eux sans la charité? Une chose qui peut subsister sans la charité ne peut faire un mortel plus parfait.

Fin de la première Partie.

L'ARRETIN

DEUXIÈME PARTIE

HISTOIRE DU P. BARNABAS

Extraite du Livre qui paraîtra après ma mort.

Pour des Calins, voici bien des prodiges.

Il y avait anciennement (c'est encore un conte) dans la Normandie, à quelques lieues de la Ménagerie, une femme propre à servir un curé à portion congrue, elle était stérile. Son mari suait sang et eau à la giboyer, et madame ne faisait point d'enfants. Cette femme aimait le cidre et le *rogum :* le cidre qui venait auprès de la Ménagerie rafraîchissait trop ses entrailles. Cremistic vint la visiter un jour avec un habit d'emprunt et lui dit : « Tu piailles, ma bonne, pour avoir de la misère et des enfants ; eh bien, tu auras un fils, prends garde de lui donner à boire du rogum, car ton fils sera Kalenders, c'est-à-dire moine dès le ventre de sa mère. L'état de moine est une bonne vocation où l'on ne fait rien, où l'on mange bien ; je te défends de lui donner à tâter du rogum. »

La bonne femme accoucha d'un gros garçon qu'on nomma Barnabas. Quand il fut grand il s'amouracha d'une fille de Gonesse qui était jolie : il dit à son père qu'il voulait l'épouser ; dans ce temps-là les moines pouvaient se marier. Son père lui représenta l'inutilité de chercher des filles si loin, qu'il y en avait d'assez belles dans son village, que la fille du clerc, qui avait quelques traits du curé, était un minois à déranger la tête de Jupiter. Les fils de Jacau savaient la fable. Le père consentit pourtant à ses désirs : dans ce temps-là les parents ne croisaient pas les passions amoureuses de leurs enfants. Les cœurs étaient aussi libres que la nature les avait faits.

C'était un usage de faire l'amour accompagné de père et mère, et surtout les garçons, à cause qu'on avait plus de crainte des garçons que des filles. Un garçon pouvait perdre ses oreilles, c'était un déshonneur pour une famille qu'un garçon qui avait perdu ses oreilles ; de la vie il n'aurait trouvé honnêtement à se marier sans oreilles. Dans notre siècle, nous n'avons point de peur de cet accident, mais nous avons d'autres peurs. En cheminant avec son père et sa mère, Barnabas rencontra un rhinocéros échappé de la ménagerie. Quoique cet animal ait une corne sur la tête, il est aussi doux qu'un parisien marié ; cet animal vint caresser Barnabas ; ses caresses furent un heureux pronostic pour son mariage. Un lion sortit un moment après de la ménagerie par la faute de M. Dupui, père de madame de Montigny, abbesse du couvent de la rue Vendôme, cuisinier pour lors des bêtes fauves. Barnabas courut après le lion, l'ouvrit en deux comme une pêche, et le lion, qui était bête, se laissa déchirer en pièces, sans mordre son adversaire.

Notre amoureux fut bien reçu de sa maîtresse, parce

qu'elle aimait les amoureux et les gens taillés dans le vigoureux comme le P. Barnabas. On prit jour pour donner le devoir conjugal. La fille, pressée de souffler l'allumette, engagea son amant d'obtenir des dispenses pour les trois affiches ecclésiastiques. Monseigneur de Beaumont, pour quinze francs, donna la permission de souffler plus tôt l'allumette.

Le jour destiné à souffler l'allumette étant arrivé, Barnabas se transporta chez sa maîtresse ; chemin faisant, il passa vers l'endroit où il avait dépecé le lion, il fut surpris de voir dans la charogne de cet animal un essaim d'abeilles galantes aux ailes dorées, les propres grand'mères de celles qui vinrent déposer leur miel sur les lèvres enfantines du petit Arnaud, poète lamentable ; miel céleste qui l'éleva dès le berceau au-dessus de la populace des rimailleurs. Cette aventure paraît singulière. Comment des abeilles, si amies de la propreté, dont l'ouvrage est si pur, ont-elles été chercher la corruption pour y déposer leur miel ? Barnabas avait bu un coup, il avait pris des taons pour des mouches à miel, les anciens équivoquaient comme les modernes.

Dans ce temps-là, les moines ne se mariaient point sous la cheminée, ils contractaient avec la décence des misérables mondains. Le curé de Gonesse humecta pour trois livres dix sols de l'eau sainte les nœuds de Barnabas. Le nouveau marié, de retour au logis de sa maîtresse, s'amusa à jouer au *qu'y met-on*, aux gages touchés, aux propos interrompus. Barnabas proposa une énigme aux jeunes gens de la fête en disant que s'ils la devinaient, il leur payerait à chacun une paire de haut-de-chausses, ou qu'ils lui en payeraient autant s'ils ne pouvaient l'expliquer. Les parieurs d'accord, Barnabas leur dit : *De celui*

*qui dévorait est procédée la viande, et la douceur
est sortie du fort.* Cette énigme, que des gens doctes
trouvent admirable, n'a pas de sens commun. Que
veut dire *de celui qui dévorait est procédée la
viande ?* Quelle viande peut sortir d'une carcasse de
lion pourri ? la pourriture est de la viande gâtée et la
viande était déjà faite avant la corruption. *La douceur sortie du fort ?* Le lion était mort, où était donc
la force dans une bête morte ? On ne trouve guère
plus de sel dans cette énigme que dans celles du
Journal de Verdun ou du *Mercure de France.*

Les beaux génies de Gonesse mirent leur intelligence à la torture pour expliquer le logogriphe,
mais ils perdirent bientôt le peu d'esprit qu'ils
avaient en propre à chercher un mot impossible
d'attraper ; dans cet embarras ils eurent recours à la
jeune mariée qui connaissait les logogriphes :
« Madame, lui dirent-ils, vous savez notre marché
avec monsieur, il s'agit de trente paires de haut-de-
chausses que nous allons perdre, il nous paraît plus
naturel que vous fassiez perdre votre mari ; nous
vous prions en conséquence de faire vos efforts pour
arracher le mot ; faites la chose de bonne grâce ou
nous vous coupons le jupon. »

Madame Barnabas, craignant pour son jupon, pleura
longtemps pour tirer le mot de l'énigme de son
mari : « Mon petit chat, lui disait-elle, ne refusez pas
votre énigme à votre femme, elle vous a donné la
sienne ; mon ami, mon cœur, souvenez-vous du
plaisir que vous avez eu tantôt en prenant mon
énigme. » Le faiseur de logogriphe, touché de ses
larmes, expliqua l'énigme, et la femme, charmée de
conserver son jupon, alla la dire à l'instant aux gens
qui voulaient avoir des culottes.

Les parieurs vinrent trouver Barnabas et lui dirent : « Nous avons le mot de l'énigme. *Qu'y a-t-il de plus doux que le miel? Qu'y a-t-il de plus fort que le lion?* Barnabas comprit aisément que sa femme l'avait trompé, en donnant son énigme à d'autres; il répondit à ces messieurs : « Je vois bien que vous avez chassé sur mes terres et *labouré avec ma vache. Je suis cocu avec toute la sauce.* »

Barnabas ne voulait point débourser d'argent pour payer les trente culottes; inspiré par Cremistic il alla tuer trente hommes, il prit leurs culottes et les donna à ceux qui avaient expliqué l'énigme. Cette aventure est plaisante ; il faut avouer qu'il y a infiniment de bon sens dans les vieux livres. Comment ! Barnabas tue trente hommes pour avoir leurs culottes, et Cremistic trouve cela flatteur pour sa gloire? Une partie sauvage de l'univers prêche cette action comme une chose fort honorable : ô ma raison, le croyez-vous? ô philosophie, vous êtes plus sage que les vieux livres.

Notre meurtrier en voulait aux habitants de Gonesse, parce que sa femme l'avait fait cocu ; il vint près de leur ville vers le temps de la récolte; il prit trois cents renards, autant de flambeaux, il tourna les queues des renards les unes contre les autres, et mit un flambeau allumé entre deux; il lâcha ces animaux dans les plaines de Gonesse, et en moins de trois minutes treize secondes ils consumèrent les blés, les vignes, les ormeaux et les chênes. Ce conte à mourir debout déshonore aux yeux de la postérité le barbouilleur d'une pareille histoire. Trois cents renards sont aisés à trouver au bout d'une plume; les gens de Gonesse avait peut-être dans ce temps-là des haras de renards qu'ils nourrissaient pour manger leurs poules et les œufs frais?

Les hommes que Barnabas avait assassinés pour avoir leurs culottes, les blés qu'il avait brûlés lui attirèrent beaucoup d'ennemis qui se liguèrent contre lui. Barnabas marcha contre eux avec une mâchoire d'âne et tua trois mille hommes, c'était sans doute une mâchoire de docteur ou celle d'un âne de l'âge de fer, car il faut qu'elle eût été bien dure pour casser six mille bras, six mille jambes, trente-six mille côtes ou tout au moins trois mille crânes. Le héros, fatigué d'une si terrible déconfiture fut altéré, — on le serait bien à moins. Cremistic, qui avait été enchanté de voir couler le sang humain et trois mille crânes ouverts dont les porteurs avaient malheureusement leurs prépuces, parce que la nature leur avait donné des prépuces, trouva les moyens de désaltérer son serviteur. Il fendit de sa main propre, car elle n'était point sale, la mâchoire de l'âne en deux : il en sortit de l'eau ; depuis ce temps la mâchoire a formé une fontaine qu'on appelle le gué de la bonne aventure, qui vient se perdre au Palais-Royal au pied de l'arbre de Cracovie. Les faiseurs de vieux livres ne savent ce qu'ils disent : leur Cremistic, qui peut faire ce qu'il veut, n'avait pas besoin, pour faire de l'eau, de couper une mâchoire en deux, il était plus subtil d'en arracher une dent. Le tour eût été plus analogue aux tours de la gibecière.

Le héros, qui aimait les filles du monde comme tous les héros les ont aimées, alla un soir dans un couvent au Gros-Caillou. Comme il était couché avec une jolie brune, quelques dévotes du voisinage, qui savaient qu'il était moine, se scandalisèrent, car le plaisir scandalise les saintes âmes à cause que le plaisir, à ce qu'elles pensent, n'est pas, comme la douleur, un présent de la nature. Les dévotes crièrent partout que le P. Barnabas était dans un bouquant; le peuple et le guet s'attroupèrent auprès de la porte de la ville, à dessein peut-être d'attraper sa béquille.

L'abbesse du couvent, qui avait des entrailles pour les béquilles, vint réveiller Barnabas. Mon révérend, lui dit-elle, on sait que vous êtes couché ici; les dévotes, qui se mêlent volontiers des affaires d'autrui, vous ont diffamé dans tout le Gros-Caillou; vous êtes châtré pour le royaume des cieux, vous êtes moine, les dévotes sont scandalisées qu'un châtré fasse l'ouvrage des gens qui ne sont point châtrés, élevez votre cœur à l'Éternel et battez au champ au plutôt. Le moine remercia l'abbesse, alla à la porte du Gros-Caillou, elle était fermée. Barnabas, qui savait ouvrir les portes fermées, prend les portes, les arrache et les porte sur ses épaules jusqu'à Bellevue, au grand étonnement des dévotes qui le prirent pour un sorcier.

Le Nazaréen, par un grand malheur pour son toupet, s'amouracha d'une espèce de vierge nommée la Fretillon. Cette fille était une célèbre actrice qui avait ruiné des horlogers, des conseillers, des barons allemands, et qui avait donné quelque chose de pareil au devoir conjugal à sept ou huit mille âmes sans compter les corps. La nature, dès le berceau, l'avait vouée à Melpomène et à la béquille du P. Barnabas, dans une ville auprès du Gros-Caillou où il y a toujours beaucoup d'innocents et de gens d'esprit; Fretillon faisait les premiers rôles dans les tragédies et sur les bergères. Barnabas, en la voyant, eut la vanité des grands de la ville auprès du Gros-Caillou de se ruiner pour une actrice.

La demoisélle Fretillon était une rusée qui avait

vu et manié le loup, elle aimait plus la béquille du
P. Barnabas que les queues des renards où il avait
mis des flambeaux. Cette fille fut priée par le lieutenant de police de la ville des innocents de s'informer
en quoi consistait la force de Barnabas. Le salut de
Gonesse, lui dit-il, madame, est entre vos mains;
l'État, qui met en prison ceux qui font des vers
contre les Jésuites, veut savoir pourquoi Barnabas a
occasionné tant de chansons sur sa béquille. Cette
béquille fait une sensation dans l'État, qui peut occa-
sionner une révolution; si les jansénistes s'avisaient
de prendre goût à la béquille, ce serait un grand
malheur. Cinq propositions d'un seul homme ont
troublé toute la France et la béquille vaut mieux que
cinq propositions. Les femmes et les filles donnent à
corps perdu dans cette misère, et la béquille une fois
protégée par les femmes ira autrement que la bulle;
faites s'il vous plaît, madame, tous vos efforts pour
découvrir ce que c'est que la béquille de votre amoureux; l'État vous récompensera.

La béquille du P. Barnabas, lui dit Fretillon, est
une bonne chose, M. le lieutenant, cela a un air fort
honnête et même du maintien; mais quand elle sort de
nos mains, cela fait pitié, les femmes gâtent tout.
Allez assurer l'État que j'aurai le secret de mon
amant, je connais le moment où il faut le lui demander; c'est dans mes bras que je lui donne la question. L'actrice ne manqua point de demander à Barnabas en quoi consistait sa force : « En vérité, mon
Greluchon, lui dit-elle, j'ai fait la douce affaire avec
bien du monde, mais je n'ai jamais vu un mortel
aussi dru que votre révérence; dites-moi, de grâce,
en quoi consiste votre force; donnez-moi ce secret,
je connais de vieux ducs qui payeront largement

cette recette. » Barnabas lui dit que s'il disait son
secret, il perdrait sa force. Fretillon ne se rebuta
pas ; elle fit tant, elle pleura tant, récita tant de
méchants vers de Denis le Tyran, que Barnabas lui
dit : « Ma chère, on me croit châtré à cause que je
suis moine et que j'ai dit des paroles ; je suis comme
vous savez le meilleur lapin du royaume, toute ma
force est dans mon toupet ; si on me le coupait, Cremistic se retirerait de moi, et mes ennemis triomphe-
raient. »

Fretillon ne manqua point l'occasion de trahir son
amant. Un jour elle l'endormit dans ses bras ; et
pendant qu'il ronflait elle lui coupa le toupet et se
sauva. Un coquin, nommé Durocher, avec une bande
de fripons entretenus par la police, se saisirent du
révérend père. Barnabas, qui croyait s'escrimer à
l'ordinaire sentit qu'il était sans force. Cremistic
s'était retiré de lui à cause que sa grâce était dans
son toupet. La police fit crever les yeux à Barnabas :
on délibéra, après l'exécution, si on le conduirait aux
Quinze-Vingts ; la Sorbonne s'y opposa ; à cause qu'il
avait encouru le cas réservé. On l'avait trouvé,
disaient les sages maîtres, entre les bras d'une
femme qui enseignait la vertu sur les planches et
l'oubliait sur les bergères. Barnabas, étant moine,
avait violé la chasteté monacale en courant après les
filles ; qu'il fallait se servir de l'épée de Rome pour le
forcer à la continence à cause que la sacrée congrégation de la propagande avait un axiome qui dit
compelle, c'est-à-dire forcez-le à la continence. Le
lieutenant de police, approuvant les raisons de la
Sorbonne, appela M. Morant qui fit l'opération. Le
mois suivant, le *Mercure de France* annonça que
cet habile chirurgien avait châtré Barnabas avec

sa dextérité ordinaire, et cela à la grande satisfaction de deux sœurs du Pot présentes à l'opération.

Un jour qu'il faisait soleil, on conduisit le P. Barnabas à Bicêtre, on le mit par lettre de cachet à la grande roue du puits pour tirer l'eau que l'État fournit généreusement à quelques centaines de malheureux, qu'on laisse pourrir dans des cachots pour avoir chanté ou composé une chanson. Six mois après, le peuple de la ville auprès du Gros-Caillou, faisait des réjouissances pour une bicoque où l'on avait égorgé dix mille hommes. On avait dressé un grand théâtre dans une grange appelée la foire Saint-Germain. On annonça qu'on ferait danser la béquille du P. Barnabas; les femmes et les filles, curieuses de voir danser la béquille, accoururent en foule à ce spectacle.

Cremistic, fâché que son père Barnabas fût le jouet d'un peuple qui avait un prépuce, et charmé d'écraser encore sept à huit mille âmes, lui rendit ses forces. L'aveugle, en entrant dans la salle du spectacle, embrassa deux piliers, les serra l'un contre l'autre, et fit crouler l'édifice avec autant de facilité que la charpente d'un pâté de godiveau. Le peuple, les vieux ducs, les jeunes marquis, les duchesses et celles qui avaient leur derrière assis à la cour sur des tabourets, furent écrasés sous les débris du temple de la foire Saint-Germain.

Cette histoire, qui est un fagot que le *Médecin malgré lui* aurait mieux rangé, ne fait point d'honneur à Cremistic; en vérité, à quoi bon cette dépense de force et tant de sang répandu pour des catins? Quelle gloire de féconder les amours déréglées d'un Nazaréen? Ces objets ignobles ne sont point dignes de la grandeur de Cremistic; les vieux livres ont la fureur de vous le rendre si petit qu'on se révolte en les lisant.

L'UTILITÉ DES VICES

Le mal est nécessaire au bonheur des humains.

Les vices ont été plus utiles à la société que les vertus. Cette proposition n'est point un paradoxe, elle peut épouvanter les oreilles des docteurs, des casuites et des moines; je n'écris point pour les sots. Le Créateur, qui avait donné une petite étincelle de sa liberté à l'homme, savait que l'homme était défectueux ou devait le devenir, le Créateur savait tout. Les défauts de la figure de boue devaient entrer dans l'harmonie de la boue de l'univers. La nature, qui ne fait rien en vain, en mettant le mal dans le monde, avait ses vues, et ses vues sont toujours admirables. Un peuple vertueux aurait été inutile, il n'eût formé qu'un peuple lâche, une race propre à figurer les bras croisés sur les arbres comme Siméon Stilite, à nourrir un cochon comme Antoine, ou à se donner des coups de pierre dans l'estomac, comme un ancien docteur de l'Église, à cause que la nature l'excitait à conserver son espèce.

Les vices, dans leur origine, étaient aussi brutes que les hommes. Ils marchaient pour ainsi dire à quatre pattes avec le roi des animaux. Les arts et les sciences les ont éclairés de leurs flambeaux, les charmes de la poésie leur ont donné ce ton de la bonne compagnie qui commence à les rendre respectables parmi nous. Nos pères se saoulaient du gros vin de leur cru, nous autres nous ne buvons plus, et si nous nous avisions d'enterrer notre raison dans le vin, nous la perdrions dans le meilleur vin de Champagne ou des meilleures côtes de Bourgogne ; car dans ce siècle un homme, obligé de manger des pierres, choisirait assurément les plus blanches.

La vertu qu'on oppose aux vices est une chimère qui amuse les hommes depuis la création. Les profondes têtes de l'aréopage ont cherché longtemps ce qu'elle était. Désespérés de la connaître, ils ont placé ce mot sur l'autel de leur *ignoto Deo*. Le mot de vertu a passé par mille générations sans rendre nos devanciers ni plus vertueux ni plus savants. Brutus, illustre dans l'ancienne Rome, pour avoir prononcé ou fait prononcer ce mot plus souvent dans le Sénat, avoua qu'elle n'était rien et se repentit de n'avoir embrassé que la nue d'Ixion. Salomon, le plus sage des rois, selon les vieux livres, et le moins sage selon les modernes, prononça qu'elle n'était que vanité. Il voulut la suivre, il la demanda au Ciel, il ne la trouva ni dans le temple magnifique qu'il avait fait bâtir, ni dans les bras de ses maîtresses.

La boue qui forma l'univers et le premier homme n'eut d'autres perfection que celle d'altérer sa forme. Le désordre qui devait naître de cette altération était le seul bien qui pouvait former l'ordre général. L'optimisme du monde était dans la décadence des choses essentiellement changeantes. La boue ne pouvait produire d'autre effet. Les vertus qu'on pouvait imprimer sur cette boue ne pouvaient être que des caractères imprimés sur le sable, l'argile grossière que la nature avait animée était changeante ; pouvait-elle être capable d'un état permanent comme la vertu ?

Les vices, leur variété, leur changement, conve-
naient à l'optimisme du monde, c'était de cette multitude de défauts que devait naître le bien général (1).
L'ordre imprimé sur toute la nature n'est que l'heureux effet des changements qui lui arrivent ; les vices
sont pour l'homme ce que les défectuosités que nous
apercevons dans la nature sont pour l'univers. La
nature ne pourrait agir qu'avec la chimère du bien
et l'essence du mal. Elle n'avait point d'autre fond
sur lequel on pouvait travailler pour le faire : elle
a réussi par les vices, l'ouvrage était manqué par les
vertus.

La vanité est un rayon sage de la nature, dit un
auteur, qu'elle augmente en nous avec l'âge à cause
que les maux qu'il doit guérir acquièrent plus de
force et de consistance. Ce vice, dérobé aux dieux,
est le premier bien et peut-être l'unique bien de la
société. « Un homme rempli de lui-même travaille à
« son bien particulier, il ne peut travailler à ce bien
« particulier qu'il ne travaille au bien général. » Un
particulier sur les bords de l'Amstel a de la vanité, il
met sur l'eau le lait, le fromage et les laines que son
agneau produit ; il va porter ses denrées sur un autre
rivage, ses voisins étonnés de son orgueil le con-
damnent ; il revient quelques mois après chargé de
richesses d'un autre monde, on l'admire, on l'imite ;
Amsterdam naît subitement comme Thèbes, et le
commerce des nations se trouve l'ouvrage des vices,
de l'avarice et de la vanité.

« La première félicité de ce monde est d'être heu-
« reux ou de croire l'être. » Si le premier bonheur ne
peut être notre ouvrage, le second peut le devenir en

______

(1) Voyez la fable des Abeilles.

concevant une grande idée de nous-mêmes. *Celui-là est heureux*, dit Sénèque, *qui ne voit autour de lui aucun homme à qui il voulût être changé.* La vanité peut donc faire le bonheur des hommes, la vertu serait-elle autre chose ?

La base des grandes choses de ce monde c'est l'amour-propre ; sans ce cri puissant, plus utile et plus fort que celui de la conscience, l'homme, en voyant ses vices, s'épouvanterait et deviendrait insupportable à lui-même. Si les hommes étaient sans vices, l'univers rentrerait dans le néant. Les dieux mêmes, sans la gloire d'être honorés, auraient laissé le spectre au vieux cahos et se fussent gardés de construire ces machines à deux pieds qui les offensent chaque jour ; mais ils tirent quelquefois des révérences, quelques tournoiements des pieds et tous les petits profits qu'on peut tirer d'un fripon ou d'un mauvais payeur, et ça fait toujours plaisir. Les hommes sans vanité seraient des ânes, dit M. de Voltaire, qui se borneraient à manger leurs chardons. Les moines, les dévots qui ne sont rien et qui sont sans orgueil, à ce qu'ils disent, n'ont pour partage dans les instants où ils raisonnent que l'ennui, le dégoût et la langueur. Les soupirs qu'on entend dans les cloîtres, les contorsions de la Trappe, les grimaces des capucins, les élans des chartreux annoncent-ils ce bonheur et ce contentement, l'apanage de l'amour-propre ? Les douleurs de ces reclus nous font *prendre la vertu pour une indisposition de leur âme.* Si leur cris, leurs inquiétudes sont les marques de la vertu, la vertu est donc bien haïssable.

L'humilité qu'on oppose à l'amour-propre n'a fait aucun bien à l'univers ; elle a produit, il est vrai, le P. Pancrace, capucin indigne ; elle a couronné la vie de dom Gille à la Trappe ; quel fruit a-t-elle produit à la société ? Elle lui a fait perdre deux hommes et des talents que la vanité eût rendus utiles à leur patrie ; la chasteté, cette vertu stérile, enterre sœur Conception à l'âge de seize ans dans un tombeau sacré. Sœur Conception croit que si elle concevait légitimement un enfant entre les bras d'un chaste époux, elle ne serait point parfaite comme le père céleste est parfait. Sœur Conception a lu des livres stupides, elle a entendu quelques plats sermons d'un capucin ignorant ; elle s'imagine en conséquence qu'il y a du mérite et des grâces à ne point obéir au premier commandement que Dieu fit à l'homme ; sœur Conception se croit dans le ciel à cause que la nature se caresse et se multiplie autour d'elle, tandis qu'elle gémit et qu'elle avoue à l'oreille de son directeur que son cœur désire très souvent de faire ce que la nature fait sous ses yeux avec tant de plaisir.

La nature sage développe le germe de nos vices. Ceux qu'elle développe le plus tôt, ce sont ceux qu'elle destine aux plaisirs de l'amour ; elle n'épargne rien alors, à cause que l'amour est le vice le plus nécessaire de la société. La volupté est l'enfant gâté de la nature. Une fille voluptueuse fait plus de bien à la société qu'une fille vertueuse. Nous savons que le plaisir seul nous fait aimer les femmes ; plus une femme sera voluptueuse, plus elle nous donnera de plaisir. Un homme qui caresse une fille vertueuse n'éprouve pas avec elle ce qu'il sent avec les filles de la Montigny, que nous appelons des créatures, nom fort noble, que nous croyons méprisable et que l'instinct et la vérité, plus fort que nos préjugés, nous ont arraché pour venger la nature. Tous les hommes s'aperçoivent d'un air de rafraîchissement près d'une fille vertueuse, qui laisse à l'âme la liberté de penser, avantage peu précieux pour l'âme, puisque dans le moment de l'ivresse, l'âme qui cède aux transports du corps ne pense plus et démontre assez par son silence le peu de cas qu'elle fait de la vertu.

Les lois de la chasteté ont fixé une femme à chaque homme. Les lois de la chasteté auraient raison, si la somme des filles égalait la somme des hommes ; mais la somme des filles est de 24 à 1. Les hommes fixés à une seule femme ont des temps où ils ne peuvent en approcher ; la fin d'une grossesse, les suites des couches et les jours périodiques où le beau sexe sacrifie à la lune sont les dimanches qui ne sont pas compris dans les jours ouvrables. Dans ces vacances, un homme pourrait, sans se fatiguer, faire un enfant à une fille, si nos lois de chasteté ne nous ordonnaient pas de laisser les plantes stériles. Ce profit que nous ôtons à la population, dont nous avons fait une vertu, a été méprisé des anciens, ces bonnes gens estimaient leurs plaisirs et leurs enfants, la multitude des uns et des autres faisait leur gloire, ils furent toujours le triomphe d'Israël où la stérilité était un châtiment. Jacob faisait des enfants en même temps aux deux sœurs et à leurs servantes. Le bonhomme aimait l'amour domestique, c'était un gosier *à tout grain*. Salomon en faisait tous les jours dans son sérail et trouvait encore le temps de renvoyer pleine de bienfaits la reine de Saba qui était venue en Judée admirer sa vertu et son poil roux. Son père avait autant de femmes que le calendrier juif avait de lunes et de jours ; malgré cette provision, le seigneur roi en prenait encore chez ses voisins. La conduite amoureuse de ces saints personnages ne paraît point avoir offensé le Dieu d'Abraham, car Jacob était de ses

amis et l'on passe à ses amis ces bagatelles et qui ne
sont dans le vrai que des douceurs, des sottises très
naturelles que la nature a jetées sur la surface des
misères humaines pour égayer le fond de la vie.

Si la vertu, l'ouvrage de l'intelligence et de la
réflexion, entrait de bonne heure dans le cœur où
dans la tête des hommes, la société perdrait infiniment. La Tulipe, la Fleur n'iraient point exposer
leur précieux corps aux coups de mousquet ou aux
raisons brutales du canon; mais heureusement pour
le bien général, ces messieurs avaient des vices, ils
aimaient le vin et la grisette. Un bouchon achalandé
leur occasionnne la connaissance de Fanchon, de
Manon : ces demoiselles de la rue Maubuée avaient
enchaîné par leurs faveurs les futurs Alexandres; un
jour qu'ils avaient l'envie de régaler leurs luronnes,
le roi leur fit offrir une dizaine d'écus pour signer
deux mots d'écriture. L'opération étant facile, la
Tulipe signe, les dix écus sont comptés, il les mange
en deux jours avec sa maîtresse; le troisième, le
cœur, la tête remplis de vin et des appâts de sa
belle, il lui fait ses adieux et part pour l'armée.

Si le soldat était vertueux, trouverait-on dans le
service cette gaieté, cette bravoure que l'amour-
propre et la maladie entretiennent dans les corps
militaires? Le soldat vertueux serait triste, abattu,
l'air froid de la vertu le suivrait dans le combat. De
tout temps, le soldat a toujours été vicieux, ou au
moins plus dissipé que le citoyen; cependant, Dieu a
pris le titre du Dieu des armées; les moines, qui sont
si saints à ce qu'ils disent, qui existaient dans l'ancienne loi, sous le nom de Nazaréens et peuplaient le
bas et le sommet du Carmel, n'ont point été aussi
agréables aux yeux de Dieu que le militaire : car Dieu

ne prit jamais le titre de Dieu des moines, dit le savant Érasme.

Un soldat avec de la vertu ne pourrait jamais faire le métier de racoleur; si la vertu et la vérité se donnent la main, un soldat vertueux n'oserait exagérer la tendresse de son capitaine, l'amour paternel du sergent et les entrailles compatissantes du caporal. Le cri de la vertu lui dirait au fond du cœur qu'il manque à la probité; oserait-il se soûler avec ceux qu'il enrôle, les faire tomber exprès dans l'ivresse, profiter de cet instant pour les engager, et mentiraient-ils comme des racoleurs? Étant logé à Nantes au Cheval blanc, un soldat recrutait à côté de ma chambre : Mes amis, disait-il à quelques niais de Bretons qu'il racolait, en campagne nous mangeons avec nos officiers, en garnison nous avons la soupe, le bouilli, le rôti, et toujours le dessert. Un Breton qui aimait l'angélique de Châteaubriand demandait au racoleur s'il mangerait de la confiture. Oui, le diable m'emporte, je te chargerai en arrivant au régiment des confitures de la chambrée, tu pourras t'en crever, tu seras près du baquet.

La paresse, ce vice tranquille que les théologiens ont mis dans le ciel et aux enfers, a fait longtemps l'apanage des dieux. Ce crime, dont on fait un péché mortel, est un vice de l'imagination; un homme né tranquille à cause que le sang coule lentement dans ses veines, semble sans ressorts et sans vie; les femmes blondes sont plus lâches que les brunes, les pays chauds plus sujets à la paresse que les climats froids. Un Siamois croit que la perfection est dans la paresse. L'oisiveté est le mérite des moines; ils s'imaginent, comme les Siamois, que vivre sans rien faire est l'état parfait du Père éternel. La paresse fait un

bien à la société en ce qu'elle laisse tomber des mains
de ses adorateurs des richesses qui passent dans les
mains des hommes occupés et agissants, qui retournent après-quelques générations dans l'état où elles
sont parties. Les richesses seraient permanentes dans
les familles si la paresse ne les balançait point ; c'est
ce flux et reflux qui fait tourner la roue de la fortune.

La colère est la mère de la bravoure : c'est elle qui
nourrit dans les corps militaires cette valeur qui les
distingue aux champs de Mars. L'Église l'a placée
quelquefois dans le sanctuaire. On a vu Dominique
rempli de cette sainte colère faire égorger les Albigeois pour ses rosaires. Bernard l'avait dans le cœur
et dans la bouche quand il prêchait les Croisades aux
potentats. Ce dernier a fait plus de mal à la France,
dit M. de Voltaire, que le diable. Nos terres ont resté
incultes, le peuple dans l'ignorance et le clergé dans
le libertinage. Le crime, le sang et l'horreur ont été
les beaux fruits du fondateur de Clairvaux.

La colère des gens d'église a été la plus funeste aux
États, celle des particuliers a troublé quelquefois des
familles. Celle des rois seule a eu plus souvent d'heureux succès. Sans la juste et raisonnable colère de
Philippe le Bel, nous devenions l'objet éternel de la
colère divine de Rome, et celle de l'Inquisition aurait
tôt ou tard troublé la tranquillité de nos foyers.

La grande inaction et l'usage des nourritures âcres
et chaudes forment les tempéraments colériques.
« L'inaction, disent les médecins, prive le sang
« d'une certaine humidité qui sert à le tempérer ; un
« sang trop peu tempéré par l'humide fait un tempé-
« rament emporté, bouillant. Les poules qui de-
« meurent longtemps sans manger, lorsqu'elles cou-

« vent, paraissent dans ce temps-là dans une espèce
« de fureur. Les climats chauds et âcres produisent
« une grande abondance de bile facile à s'enflammer. »
Le remède le plus simple qu'on puisse donner à une
personne en colère est de s'asseoir, parce qu'étant
assise, le mouvement des esprits animaux qui se
portent au cerveau se ralentit ; un air humide est bon
contre la colère. On se fâche moins dans l'hiver que
dans l'été. Les animaux sont plus sujets à la rage
dans les saisons chaudes que dans les autres.

Le jeûne augmente la colère. Les dévots qui jeûnent
souvent s'enflamment plus aisément. Le lion, quand
il est affamé, est en colère ; lorsqu'il est rassasié, il est
doux et traitable : les vices, en général, sont utiles à
la société. Il n'y a que les vices et les vertus des dévots
qui n'aient jamais servi au bien de l'humanité.
J'étendrai ces idées dans un autre livre. Un homme
qui travaille pour avoir du pain n'a pas le temps de
digérer ses ouvrages.

HISTOIRE DE MADAME BERNICLE

Extraite du livre qui paraîtra après ma mort.

Je fus jadis saintement homicide.

Un roi d'Albion, porteur d'un nom qui ne finissait
pas, que Cremistic avait changé en bête pour en faire
un honnête homme et qui, redevenant homme, dit
M. de Voltaire, n'en fut pas meilleur, arma ses forces
contre les Français. Il envoya le général Binch faire
le siège de la Villette. Cette ville fut bloquée et man-

qua bientôt d'eau, à cause que les fontaines, par l'invention et pour le profit des fermiers généraux, étaient à trois quarts de lieues de la ville; dans le pays de France, on aime à enrichir les fermiers généraux et les fripons.

Il y avait dans la Villette une honnête poissarde nommée madame Bernicle; elle était veuve, d'un certain Nulsifrote, caporal dans les Graffins. Cette femme était haute en verbe et parfaitement en gueule, elle avait le cœur sur la main et la main propre à faire le coup de poing ou à jeter un pavé sur le premier venu qui aurait mal parlé de ses merlans ou des ouïes de ses plies. Madame Bernicle, voyant que les Anglais entouraient la ville et qu'elle n'avait plus d'eau pour dessaler ses harengs, alla trouver le lieutenant de police de la Villette et lui dit : « Monseigneur, que diable faites-vous dans les bras de votre femme? si votre anchois est toujours droit, tant mieux pour vous; mais sacrebleu ! ce n'est point le temps de songer aux anchois quand nous n'avons point d'eau pour les dessaler. Ces chiens d'Anglais buviont notre iau, ils boiront bientôt notre vin, par sambleu ! vous buvez le rogum à votre aise tandis que je payons l'iau deux liards pu cher qu'à l'ordinaire. Cela coupe la gorge aux honnêtes femmes de trafic. Cent mille diables et trois grâces ! je ne sommes qu'une femme, mais je batterions, avec la grâce de Dieu et de sainte Geneviève, tous les Anglais d'Angleterre. Dame, monsieur notre lieutenant, je ne sommes pas encore déchirée; regardez-nous bien, on nous convoiterait encore pour notre piau, et depuis la mort de notre homme, quoique j'eussions été presque sage, je ne laisserions pas encore arracher notre jupon pour faire ce que vous faites à madame, je croyons pourtant que vous êtes

un peu niquedouille. Comment! vous avez peur des
Anglais comme les filles de la rue Maubuée ont peur
de ce jean-f... de Durocher, qui est un coquin, monseigneur ; que le diable me torde le jupon par le
milieu si... — Ah! madame, ne jurez point, lui dit
le lieutenant de police, il faudrait dire cela à confesse.
— Je nous fichons de ça, je ne disons pas tout, je
ne sommes pas écervelée pour conter à un jean-f...
de moine ce qu'ils feriont itou avec nous si je voulions le laisser faire et si j'aimions les moines...
Tenez, monseigneur, si votre Éminence voulions nous
permettre, je ferions reculer les Anglais. Ouvrez-moi
la porte de la ville ; j'irons à leur camp, je les tuerons
tous ou je passerons les baguettes. — Cette femme
est inspirée, dit le lieutenant de police, il faut obéir
aux inspirations de Cremistic ; allez, madame Bernicle, mettez votre jupon et votre chemise des dimanches ; aussitôt que vous serez prête, on vous
ouvrira la porte.

La Bernicle alla faire une toilette, mettre ses enga-
geantes de noce, une paire de chaussons propre, un
jupon de futaine blanc, un beau collier de la foire
Saint-Ovide. Ainsi parée, elle alla au camp des
Anglais ; en entrant, elle fut arrêtée par les premières
gardes composées de hussards hanovriens. « War-
dau, dit un soldat, que vouloir toi venir ici, madame
la coureuse? » Bernicle, qui ne respectait point une
physionomie hanovrienne, lui appliqua une moule
de Gand sur la face en lui disant en colère : Ne v'là-
t-il pas un beau jean-f... pour présenter à notre Seigneur ; va, b..., ton père était une pratique de Charlot. Comment insulter une femme comme moi, la
veuve du régiment de Graffin? Ah! mon Satan, vous
saurez à qui parler! une coureuse? Jerni Dieu, nous

valons trois filles enceintes. Cache-toi, vilain ; ça fait
le faraud. Ah ! ça, pourtant, mon petit joli monsieur,
faisons la paix, car jerni, je n'aimons pas la guerre,
accordez-nous votre protection auprès du P. Général,
j'avons dame des choses qui ne sont pas de paille à
lui dire touchant le siège. — Très volontiers, voilà du
temps que sti siège duront ; notre sire général n'a
point vu un brin de créature, fera gentiment plaisir
à lui de voir ton minois de femme et vous fera danser
lui avec toi le polichinel. — Cet homme est un
Anglais-Suisse, dit Mme Bernicle, car il parle comme
mon compère qui est suisse à la porte de cette madame de Montigny qui vendions à Paris de la chair
humaine à la barrière Sainte-Anne. »

La veuve du régiment de Graffin fut introduite
chez le général Binch, occupé alors à lire les dépêches
de son gouvernement ; on lui marquait qu'il serait
pendu ou, par grâce, arquebusé s'il ne prenait pas la
Villette. Les gens d'Albion ont des fantaisies quand
un général ne bat point leurs ennemis à cause que
les ennemis sont plus forts ou plus adroits ; ils leur
coupent la tête, et les Anglais disent qu'ils ne sont
plus sauvages.

La Bernicle, en entrant chez le général, lui fit la
révérence en lui disant : « Mon beau monsieur, vous
me paraissez honnêtement vêtu, je viens pour vous
demander la considération de votre protection, et
que Madame sainte Geneviève puisse toucher votre
Excellence par la considération de l'attention. »

Le général, surpris de ses charmes, lui dit : « Ma-
dame, êtes-vous en mauvais ménage avec votre mari ?
— Non, jerni Dieu, mon gentilhomme, le pauvre
Nulsifrotte a une charge de trépassé ; ce moule des
Nulsifrotte est cassé, il est mort défunt. C'était un

fier vivant, mais je lui tenions tête. Je viens ici, mon capitaine, pour vous dire que sainte Geneviève et notre bon ami saint Denis ne protègent plus les Français de la Villette à cause qu'ils ne disiont plus tant de chapelets, ne portiont plus de scapulaires du Mont-Carmel et qu'ils vont à la messe comme des gueux et des huguénots avec des jeux de cartes dans les poches. Comme je ne voulons pas être compromis dans leurs malheurs, je venons nous réfugier dans votre camp pour éviter les mauvaises compagnies de la Villette. »

Ces propos plurent à M. Binch ; il convint avec tous les officiers anglais que cette femme avait plus d'esprit que les Français ; qu'on voyait parfaitement qu'elle préférait la raison et le bon sens de Londres au papillonnage de Paris ; il dit à madame Bernicle : « Passez, s'il vous plaît, à la cuisine, on vous donnera du rosbif et du punch. — Qu'est-ce, monseigneur, que de la roche brique ? — C'est du bœuf, lui dit le général. — Morbleu, je faisons maigre, je sommes en carême, si je mangions de la chair, je serions damnée comme Hérode. » Dans ce temps-là, les gens de la Villette croyaient se damner en se nourrissant.

Binch, qui aimait l'antiquité, conçut une vive passion pour madame Bernicle ; une tête de soixante et dix ans fait plus d'impression sur lés cœurs en Angleterre qu'en France, parce que les Anglais raisonnent profondément et sont d'un flegme à aimer les têtes de soixante et dix ans. Le général fit un grand festin en l'honneur de Bernicle où il invita les officiers de l'état-major du camp. Il but beaucoup dans l'espoir de seconder les faveurs de Bernicle ; au dessert, les officiers se retirèrent pour laisser leur général avec sa conquête ; dès qu'il fut seul, Binch proposa la

douce affaire. « Voudriez-vous, lui dit-il, mon astre,
jouer au jeu de deux dos ? — Vous nous gouaillez,
père général, je ne sommes plus une jeunesse ; pourtant dans un vieux pot on fait de la bonne soupe.
Dame, je ne sommes pas une coquine à faire les
choses de suite : les honnêtes femmes demandiont
de la cérémonie. — Ah ! madame, je ne peux tenir à
vos charmes. — Allons, monseigneur, buvez un
coup ; pour faire un si rude métier il faut boire. »
Binch but coup sur coup et se soûla comme un
Anglais.

Bernicle voyant le général enterré dans le vin,
saisit l'instant de sauver la Villette ; elle prit un
rasoir du général, éleva son cœur à l'Éternel et fit
cette sainte prière : « Bonne sainte Geneviève et vous
glorieux saint Denis, qui n'avez plus de tête sur les
épaules, venez m'aider à sauver la Villette, je vais
couper le col à cet ivrogne ; j'ai porté charitablement
dans son cœur des sentiments de concupiscence
défendus par ma loi, j'ai violé les devoirs sacrés de
l'hospitalité, j'ai menti, je me suis rendue coupable
pour le faire pécher, je veux qu'il meure dans son
péché et qu'il aille à tous les diables ; donnez, ô bienheureux saint Denis, de la force à mon bras ! que
mon exemple serve aux Jésuites dans tous les siècles
des siècles pour faire le fond de leur sainte morale. »
Disant ces mots, Bernicle coupa le sifflet au général,
mit sa tête dans la poche et courut à toutes jambes à
la porte de la Villette porter au lieutenant de police
la tête sanglante du général Binch. Le lieutenant la
fit planter sur le rempart. Le lendemain, les Anglais
voyant avec des lorgnettes d'opéra la tête de leur
général, abandonnèrent leur camp, leurs équipages,
et prirent la fuite. Ainsi la Villette fut sauvée par

madame Bernicle. Le curé de la paroisse vint la complimenter ; on fit pour elle un beau cantique en prose, qui éternise cette action héroïque.

LES CHIENS

Les hommes ne sont pas si parfaits que les chiens.

J'ai vu des moines gris, des gris et blancs, des noirs, des blancs, des barbus, des imberbes, des cornus, des moines en trompes (1), des sanglés, des bâtés (2), les quatre nations, les carmes, les cordeliers, la vermine et les capucins, enfin j'ai bien vu des hommes et je n'ai rien vu de si respectable que les chiens. Leur fidélité, la beauté de leur caractère, car les chiens ont des caractères, nous les appellerons caractères de chien comme il nous plaira, il ne sera pas moins vrai qu'ils valent mieux que les nôtres.

Les chiens sont les prédicateurs de la vérité, les modèles de la reconnaissance et peut-être de la religion. Analysons ces idées, confondons la sagesse du chien. L'oubli des injures et le pardon des offenses sont poussés à la dernière période chez les chiens ; je défie les gens d'Église, qui ne pardonnent jamais, de pousser cet oubli au degré du chien. Si quelqu'un s'avisait de donner sur les doigts au Saint-Père, à

(1) Les Jésuites ont des cornes à leurs bonnets et des trompes à leurs habits.
(2) Les Mathurins sont des ânes retournés, ils portent la croix sur le ventre et l'âne la porte sur le dos.

l'imitation des coups de gaule qu'il fit donner à l'évêque de Beauvais, représentant notre bon roi Henri IV, il serait brûlé dix fois, si la sainte Inquisition pouvait brûler les gens dix fois. Le chien, plus doux que l'Inquisition et le pape, ne mord point l'homme qui le maltraite ; dans le moment même le plus sensible de sa douleur, il oublie la main qui le frappe et vient la lécher avec transport. Quel églisier en ferait autant? Le plus modéré, loin d'offrir le dos au bâton comme le législateur l'enseigne, dirait au moins ce qu'on a dit chez Caïphe : « Pourquoi me frappez-vous? »

Quand le chien a commis une faute, il commence par une confession humble et sincère ; il vient d'un air timide ramper aux pieds de son maître en lui disant, la queue entre les jambes : « C'est ma faute, ma faute et ma très grande faute. » Le chien est le prédicateur de la contrition parfaite et de la confession, il n'admet point, il est vrai, la confession auriculaire, il se contente de la manifester en tenant sa queue entre les jambes, signe de douleur établi chez les chiens, qui marque un cœur brisé, contrit et anéanti à l'aspect de sa misère. Si le maître, touché de son repentir, lui pardonne, le mâtin alors est sans remords, il saute d'aise, se réjouit en face de son seigneur et ne fait plus de faute.

Quoique les chiens soient toujours affamés, ils souffrent plutôt la faim et la mort même que de toucher aux viandes confiées à leurs soins. Les moines, qui ont fait vœu de continence, ne resteraient pas si longtemps vis-à-vis d'une jolie fille sans violer leur promesse, le chien, plus sage, ne succombera pas à la tentation de manger une poularde. Le chien, dira-t-on, ne touche pas aux viandes parce qu'il craint l'homme et les coups de bâton. Le moine croquera la fille, parce qu'il craint Dieu et l'enfer. Si la crainte du mal est une perfection dans l'homme, elle est plus admirable dans le chien ; ces animaux ne sont point instruits par des prédicateurs, ils n'ont point de livres qui les nourrissent dans le bien et les portent à fuir l'occasion de manger des poulardes. Nous confions aux chiens notre volaille et nos gigots, nous n'oserions confier notre fille, notre sœur, à un moine à cause qu'il n'est pas chien ou qu'il vaut moins qu'un chien.

L'amour du prochain eut besoin de loi pour se soutenir, il fallut que toute la majesté des cieux descendît sur le Sinaï pour nous forcer à aimer nos semblables ; depuis Moïse on prêche l'amour du prochain et tous les quinze ans nous nous égorgeons comme des tigres et des loups pour quelques pouces de terre. Louis XIV fit égorger cent mille âmes pour une médaille ; saint Louis, trois fois davantage pour la bicoque de Bethléem ; la Ligue, toute la France pour une basse messe, et les Anglais, qui avaient plus de planches que nous sur la mer, ont profité de la circonstance de leurs planches pour faire les fripons et les Mandrins. Les Anglais sont méchants, ils ne valent point leurs dogues. Si les chiens se battent quelquefois, c'est le commerce des hommes et nos mauvais exemples qui les ont gâtés, ils finiraient leurs querelles au premier coup de gueule, si nos polissons et nos laquais n'animaient en eux les sentiments belliqueux que nous admirons dans nos héros.

Le chien est le triomphe de l'amour et le type de la fidélité. Quelle chaleur de sentiment pour celui qui le nourrit des os de sa table ! Je ne parlerai point de

ces enfants gâtés, des gredins de nos dames, de leurs
chers compagnons de leur couche, plus aimés que
les maris et qui l'emportent le plus souvent sur les
greluchons. Ceux-là sont des mortels chiens privilé-
giés, des prédestinés dans la race des chiens. Les
soins qu'un chien rend à son maître sont inconcevables, son attachement est porté au delà du trépas.
Le maître est-il mort, le chien le pleure, gémit et
pousse des cris horribles ; il n'est point héritier, il est
mille fois plus triste que les héritiers. Les appareils
du tombeau augmentent sa douleur, il suit le convoi
funèbre, plusieurs vont gratter dans le cimetière
l'endroit où leur maître est enterré ; on est contraint
souvent de les tuer sur ces lieux.

Le maître est-il en péril ? le chien seul le partage ;
est-il attaqué ? il le défend ; a-t-il perdu quelque
chose ? il le cherche avec soin et le retrouve souvent.
On a vu des procédures où les chiens avaient dénoncé
le délit, poursuivi des coupables et déchiré des assas-
sins. O hommes vains, si enflés de votre raison !
valez-vous les chiens ? O moines ! la plus vile espèce
des hommes, êtres grossiers et rustiques qui vivez
sans charité, sans politesse dans vos cloîtres, avouez
que vous ne valez pas le chien.

Quand le maître doit partir pour un voyage, le
domestique le plus fidèle de la maison, le chien,
s'aperçoit dès la veille des préparatifs du départ, il
s'attriste et sa douleur est à l'excès s'il n'est point
du voyage. Madame aura fait ses adieux les plus
tendres à monsieur. « Mon chat, aura-t-elle dit, tu
pars, je vais marquer les quarts d'heure de ton
absence d'autant d'inquiétude et de regrets. » Madame
plaisante, son premier soin après le départ de son
chat, sera de se désennuyer autant qu'il lui sera pos-

sible. Ses amis, ceux qu'elle aurait faits à monsieur, doubleront leurs soins, lui feront assidûment leur cour et madame sera tout étonnée de voir sitôt de retour son cher chat.

Le chien, plus attaché que madame, ne se contente point de cette parade de sentiment, il reste quelques jours sans manger, il parcourt d'un air morne et distrait les appartements, lui seul éprouve les regrets de l'absent. Le maître est-il de retour, quelle joie dans ses cris, il saute, il va de la cave au grenier annoncer l'arrivée du maître, sa tête et sa queue ne cessent d'exprimer l'allégresse de son âme; ô bienheureuse queue des chiens, que vous êtes respectable ! L'Écriture vous a rendue immortelle dans la queue et dans la personne du chien de Tobie. Le chien a un ton de savoir-vivre, une connaissance du monde qui n'est point le fruit de l'éducation ; quoiqu'il sente, avec Jean-Jacques, qu'il soit né comme les hommes pour marcher à quatre pattes, il ne méprise pas la société, et malgré le système de l'égalité des conditions, son âme éclairée par l'instinct distingue les honnêtes gens des automates et des gueux. Se présente-t-il à la porte de l'hôtel un homme galonné, un sémillant, un homme agréable, il l'annonce avec un certain aboiement poli, le vrai ton de la bonne compagnie que monsieur et madame ont coutume de voir. S'offre-t-il un gueux, ces êtres ne sont point compris dans le nombre du prochain ni des honnêtes gens ; le chien jappe fortement et semble crier au voleur ou à la misère.

Chaque pays fournit son monde, dit l'adage, et bien compté, peu d'honnêtes gens. On trouve plutôt un bon chien qu'un homme de bien. Dans une ville comme Paris on trouvera peut-être dix à douze

méchants chiens, de bon compte ne trouverait-on
pas plus de fripons et de coquins ?. Lorsque notre
père Abraham étant auprès de Sodome à faire un
marché d'écolier avec quelqu'un plus grand que lui,
avait été obligé de trouver deux mille bons chiens, il
les aurait trouvés s'il avait fait le marché en chiens ;
il le fit avec des hommes, l'espèce est plus maudite.
Les maîtres se plaignent des domestiques, les domestiques de leurs maîtres, les riches des artisans, les
moines de leurs prieurs, tout le monde se loue de
son chien. Les dames boudent contre leurs maris, les
filles contre leurs mères et par grimace contre leurs
amoureux, jamais contre leurs gredins, parce que les
gredins sont plus fidèles que les amoureux, plus com-
plaisants que les maris et ne tracassent point comme
les mères.

Les hommes, surtout les sots, se plaignent qu'ils
n'ont pas de mémoire, c'est-à-dire qu'ils n'ont pas
d'esprit. Cette mémoire dont on se plaint est admirable chez les chiens. L'histoire suivante en est une
preuve victorieuse :

« Le mâtin des capucins de Troyes avait été deux
fois avec le P. Provincial dans le couvent de Châlons,
chômer la fête de saint François, où il avait été parfaitement reçu. L'animal, reconnaissant des politesses
de messieurs les Capucins, partait tous les ans de
Troyes, la veille de saint François, et venait passer à
Châlons l'octave du saint. Le frère Besace, qui était
le nom du chien, ne manqua point pendant dix ans
de faire ce voyage.

« Les révérends indignes de Châlons, flattés de
l'amitié de Besace pour leur capucinière, avaient fait
un règlement en sa faveur où les pères conscrits et
les milords de corde et de sac du Discrétoire avaient

réglé l'ordre et la réception de leur frère chien. La veille de Saint-François, le portier était en faction pour l'attendre; dès qu'il paraissait, il frappait sur la cloche. Ce signal mystérieux est une marque de distinction accordée aux grands *Forestiers*, c'est-à-dire aux capucins étrangers admis au Discrétoire. Au signal, la communauté descendait dans le chapitre, on lavait les quatre pattes du chien, et le gardien le remettait entre les mains du frère cuisinier. Le chien était à la double portion; à son départ, le supérieur écrivait une lettre à la communauté de Troyes qui tenait lieu d'obéissance à Besace. Un seul Capucin de cette province, qui n'était pas bête, me donna une copie de la lettre :

« *Que la paix de notre saint père séraphique saint François soit avec vous.*

« Mon très révérend Père,

« Tout ainsi comme, tout de même que les cruches se cassent en tombant, notre Père saint François faisait taire les cigales quand il était à l'ombrette à méditer sur la sainte Véronique de Notre Seigneur, couverte de plaies. Je vous donne avis que notre chien Besace est parti le 13 du courant; il a été pendant son séjour l'édification de la communauté, assidu au réfectoire, ainsi que nos chers et très honorés frères. Nous l'avons traité comme un vrai serviteur de saint François; son amitié pour notre saint couvent annonce que le doigt de Dieu est sur notre ordre, le premier de l'Église, et que la main de Notre-Dame, toujours immaculée de la Portioncule, nous protège. La charité, mon révérend Père, se refroidit, nos quêteurs ont fait la quête aux grains :

cette quête n'a rendu cette année qu'onze cent soixante-deux livres d'argent, notre provision faite. Notre révérend père Piat, de Châtillon, qui est un miracle de génie, a composé sur des rimes en *oque* un beau cantique sur Notre-Dame de la Compassion.

« Je suis dans le Seigneur et dans saint François votre serviteur et frère.

« P. BLAISE, de Bar-sur-Seine,

« *Capucin indigne, gardien de Troyes
et sacristain émérite.* »

La politesse des chiens, l'attention qu'ils ont de s'informer de la santé des uns et des autres sont inconcevables. Un chien n'en aborde point un autre sans lui faire notre compliment ordinaire : *Comment vous portez-vous?* Plus capables de connaître les maladies que nos médecins, ils ne bornent point leurs recherches aux poux, ils flairent au derrière, assurés que le but et l'objet de la médecine est la chaise percée. L'origine de se flairer au cul chez les chiens est très ancienne. La voici telle qu'on la voit dans les archives des chats :

« L'an 10,987,654,290 avant ou après le déluge, un Rominagrobis du royaume du prêtre Jean se brouilla avec deux gredins de la Cour qui étaient les amis du prince. Le chat, vindicatif et traître comme un courtisan, implora le secours d'une fée très méchante. La magicienne lui donna un breuvage qu'il avala et fut rendre dans l'écuelle des chiens de la Cour. Les deux gredins prirent le breuvage ; le lendemain, ils eurent les hémorroïdes ; trente-six heures après, la fistule se déclara avec ses symptômes douloureux. Le roi fit appeler ses médecins et ses chirurgiens ; les derniers firent heureusement l'opération; les premiers, pour donner une grande idée de leur utilité, ordonnèrent, parce qu'il faut qu'un médecin ordonne, que les gredins de Sa Majesté auraient dorénavant des tabourets à la Cour. En conséquence, sa gracieuse Majesté, pour entretenir la paix entre les deux sexes, ordonna que les duchesses, crainte de la fistule, auraient dorénavant, ainsi que les gredins, des tabourets à la Cour.

« Le mauvais air et le mauvais exemple de la cour, qui passent rapidement dans les provinces, donnèrent les hémorroïdes et la fistule à tous les chiens. Ceux des petits ne furent point mitonnés comme ceux des grands; l'espèce en reçut un terrible déchet. Depuis cette mortalité, les chiens se flairent au derrière les uns des autres pour voir s'ils n'ont point la fistule, ou si on ne leur a point fait l'opération du roi. »

Les rats, qui ne sont point du tout les amis des chats, nous ont donné dans leur histoire l'origine de cette politesse des chiens qui m'a paru marquée du sceau de la vérité. Ce monument est d'autant plus vrai qu'il est écrit avec ce désintéressement qui est le caractère d'un historien. Les rats assurent que les chiens se flairent au derrière pour le bien de l'humanité; leur sentiment est appuyé par la nature qui ne fait rien en vain. L'Album Græcum, ce simple salutaire si connu dans la médecine, est l'ouvrage du cul des chiens. Ces animaux, intéressés par instinct aux jours des hommes, se flairent au derrière pour discerner la matière louable et le degré d'excellence de l'Album Græcum; plus un chien reste de temps à flairer le derrière d'un autre, plus il indique aux apothicaires familiarisés par état avec les culs que l'Album Græcum de son camarade n'est pas dans la bonté où la maturité requise; au contraire, s'il ne fait que flairer superficiellement le derrière de son confrère, c'est une marque que le remède a ce degré de perfection requis pour soulager nos maux.

O chiens, créatures de l'Éternel, comme les capucins, que vous êtes admirables! Les hommes, sans vous, ne trouveraient de vrais amis que dans les fables! Vous êtes seuls les vrais amis des hommes, non contents de leur marquer les plus beaux sentiments, vos entrailles, plus tendres que celles de Mérope, travaillent à leur perfectionner ce rare simple, cet onguent divin, cet Album Græcum qui prolonge leurs jours.

O moines oisifs, enfants de l'opprobre et du néant, dignes des mépris des siècles éclairés, voleurs sacrés qui vivez de la graisse de la terre et des offrandes des sots! Peuple impie qui dérobez aux membres de celui que vous adorez leur légitime subsistance pour entretenir la débauche et la fainéantise, vous ne valez pas les chiens. L'ancien proverbe avait dit avant notre siècle que vous ne valiez pas même l'Album Græcum des chiens, et l'antiquité avait justement apprécié votre mérite quand elle déclara dans un immortel adage : Un moine dans son couvent ne vaut pas un œuf de chien!

Monachus in claustro non valet ova canis.

HISTOIRE DU SAGE PANGLOSS

Extraite du Livre qui paraîtra après ma mort.

Quoiqu'il fût sage, il fit bien des sottises.

Le docteur Pangloss, fils de Roquet, succéda à la charge de procureur fiscal de son pays, par la finesse du curé de sa paroisse et de madame sa mère, veuve d'un certain la Tulipe, sergent aux gardes, que la luronne avait mis de la confrérie d'Actéon.

Pangloss avait l'esprit orné, il connaissait le chiendent, le grateron, les mauvaises herbes et les filles. Il possédait comme ses cinq doigts l'addition, la soustraction et surtout la multiplication ; il faisait avec aisance des bouts rimés, des énigmes plates qu'il faisait enterrer dans le *Mercure*. Il fit une chapelle pour le Saint-Suaire, une des premières merveilles du monde : il la fit bâtir par les francs-maçons qui avaient notre respectable maître Adoniram à leur tête.

Dans un hameau, aux environs de Quimper-Corentin, était la fille d'un vieux seigneur breton qui s'était distingué aux États par les chausses les plus honnêtes. Cette fille savait lire et tricoter comme un ange, c'était l'oracle des Breda (1), elle avait lu dans le *Journal de Verdun* les énigmes de Pangloss. Charmée de son esprit, elle fut curieuse de le voir et de lui montrer son énigme. Cette fille s'appelait Jacqueline Sabot, elle avait un peu de maigreur, un petit nez

---

(1) Assemblée où l'on joue le vieux Médiateur, où l'on parle continuellement de la tenue des États passés et de ceux à venir.

retroussé, un minois de fantaisie, à la mode dans ce temps-là. Jacqueline apporta à Pangloss pour présents, de la poudre à la maréchale, des tabatières à la Ramponeau, des redingotes de la bonne faiseuse, les portraits à la Silhouette des généraux français qui s'étaient distingués à la guerre de Hanovre, et des dents de Savoyards. Le docteur lui donna des leçons de sagesse, prit son énigme, lui fit de petites politesses et la renvoya en Basse-Bretagne, l'esprit, le cœur, le ventre si plein de sagesse qu'elle en fut incommodée pendant neuf mois.

Le philosophe avait fait bâtir de belles écuries, des jardins, des celliers, des remises pour les bergères. Le détail de ces magnificences est immense : à croire ses historiens, il semble que Pangloss mangeait les guinées dans la salade. Le procureur fiscal d'un petit pays pouvait-il fournir à tant de dépenses? Les gens qui aiment la lecture sont bien à plaindre.

Il acheva la chapelle du Saint-Suaire, il y mit un autel d'or pour griller des mâchoires de bœuf et des rognons de veau. Il fonda quatre mille sacristains dévots comme ceux de nos églises, quatre mille joueurs de castagnettes et de flûtes à l'oignon, une grande chaudière pour contenir cent vingt-deux muids d'eau bénite et six mille goupillons.

Ce sage, doué de la sublime sagesse pour faire des sottises, n'eut d'autre occupation que de faire des vers et de cajoler les filles. Pour entretenir sa sagesse il prit trois cents femmes et sept cents concubines, sans les filles qui venaient de la Basse-Bretage et d'autres lieux. Son cœur, rempli des charmes de la créature, oublia Cremistic; il se contenta, pour contenir le peuple, de faire honorer le Saint-Suaire. Plus tard, il fit bâtir des chapelles à l'amour, ce furent les édifices les plus raisonnables. Les prêtresses de ces temples sont si jolies, il y a tant de plaisir dans les sacrifices qu'elles font, que l'amour sera toujours le Dieu le mieux servi.

Une vierge nommé Gogo fit des impressions sur son cœur. Cette fille avait beaucoup de sagesse, elle avait été dix ans actrice, c'était une pucelle de théâtre, un vrai trésor de vertu. Pangloss en devint si éperdument amoureux qu'il composa en son honneur et gloire des cantiques. Des gens graves de l'antiquité et des modernes plus graves encore y ont cherché des finesses qui n'y étaient pas, et des mystères applicables également à Fatime, femme de Mahomet, et à mademoiselle Clairon, femme de tout le monde.

La première nuit, le docteur s'entretint poétiquement avec lui-même sur les charmes de sa dulcinée. *Qu'elle est belle !* s'écria-t-il ; *les fossés de notre village sont moins creux que ses yeux, son nez est comme la tour de la paroisse, ses joues comme les meules de notre moulin, sa langue comme la porte de la cave.*

La seconde, le sage est avec sa maîtresse. C'est Gogo, en qualité de fille d'honneur, qui fait les avances amoureuses en disant tendrement à Pangloss : « *Baise-moi, bien-aimé, je t'aime pour te donner le devoir conjugal. Quoique je sois brune, je vaux mieux qu'une blonde... tandis que vous étiez à table mon aspic a rendu son odeur.* Elle veut dire que la période a été marquée en caractère rubrique ; je crois qu'il s'agit ici des œufs de Pâques ou de quelque chose habillé de même... « *Mon Docteur est avec moi, il passera la nuit entre mes tétons... donne-moi de ta liqueur, mon cher ami, mon cœur s'en va, mon* cœur s'en va... approche tes pommes, je meurs d'amour... que ta main gauche soit sur ma tête et que l'autre me chatouille... tu as mis le doigt dans mon trou et mon ventre a trémoussé. — Tes cheveux, lui dit Pangloss, sont comme un troupeau de brebis, tes tétons comme deux jumeaux d'une charrette. » Gogo, pour répondre aux compliments de son amoureux, disait : « Les jambes de mon amant sont de marbre, son ventre est d'ivoire... il est plein de saphirs. » — M. de Kaisaire aurait peut-être donné un autre nom aux saphirs. Gogo connaissait tous les ornements des parties nobles, mais une fille de théâtre ne convient jamais qu'elle a donné des saphirs à ses amoureux. « Ses joues, continuait Gogo, sont comme de la drogue, du quinquina ou de l'Album Græcum. — Ton nombril, disait Pangloss, est comme une tasse ronde toute comblée de breuvage, ta tête est comme du cramoisi. Tes tétons sont semblables aux grappes de raisin ; j'ai dit, je monterai sur la vigne, je prendrai les grappes de raisin. » Cet ouvrage est un vrai tissu de galimatias. Le procureur fiscal aimait tellement Gogo, qu'il ne savait ce qu'il disait.

La troisième nuit, Pangloss rata la fille. La quatrième il lui fit un enfant ; la cinquième elle lui donna un chapelet au front ; la sixième un ruban vert ; la septième il la fit jeter par la fenêtre ; ainsi se termine le cantique des cantiques.

Le docteur aimait les filles et point du tout ses frères parce qu'ils n'étaient point filles. Celui à qui il avait enlevé la charge de procureur fiscal fut le premier objet de sa colère, et il le fit pendre ; voici l'histoire de sa cruauté : Les casuistes et le chirurgien major de son village avaient ordonné au vieux bon-

homme Roquet, père de Pangloss, un réchaud pour
ranimer son corps languissant et son âme mourante;
les cheminées à la Prussienne n'étaient point connues
dans ce temps-là. Le réchaud était beau et bon.
C'était un fameux ouvrier de Sinam qui avait fait ce
chef-d'œuvre. Jean, le frère aîné du docteur, s'amouracha de ce meuble. Curieux d'avoir quelque chose
pour se ressouvenir de son père, charmé que le
réchaud ne sortît pas de la famille, il le demanda au
docteur qui, non content de le lui refuser, le fit
pendre sur le maître autel de la chapelle de Saint-
Suaire. A cause qu'il lui avait fait poliment cette
demande, les sages ont admiré cette action comme un
châtiment digne de la justice divine.

Un jugement fameux que rendit Pangloss dans un
siècle où le génie et le bon sens étaient rares, lui fit
extraordinairement d'honneur. Une marchande de
croquets qu'on assurait avoir été vierge, appela un
garçon boulanger, et le pria de lui faire un enfant.
Le grivois, qui avait autre chose à enfourner, ne
voulut point se prêter à ses désirs. La fille le pressa
en l'assurant qu'elle lui en paierait la façon; bref ils
convinrent du prix de quatre livres huit sous trois
deniers; l'argent fut nanti, le boulanger fit l'enfant;
neuf mois après la fille l'attaqua devant le procureur
fiscal pour le forcer à prendre le poupon. On plaida la
cause. Les avocats, selon le style ordinaire du barreau, embarrassèrent la procédure. Pangloss démêla
la fusée, il interrogea le garçon boulanger : « Mon
ami, lui dit-il, avez-vous fait l'enfant à cette fille? —
Oui, monseigneur, mais je n'ai pas voulu le lui faire
qu'elle ne m'eût payé quatre livres huit sous trois
deniers. — N'avez-vous point eu un sou de moins?
— Non, monseigneur notre fiscal, je n'ai point voulu

rabattre un denier, je ne le pouvais en conscience. — Je loue votre probité, mon ami, il faut toujours de la conscience quand on fait des enfants aux filles. » Pangloss demanda ensuite à la fille si la déclaration du garçon était vraie. — « Oui, monseigneur notre procureur, répondit la marchande de croquets. — Eh bien, lui dit le juge, vous avez payé ce garçon pour vous faire un enfant, il vous en a fait un, ainsi il est à vous. Vous savez que, quand l'on commande du pain à un boulanger, et qu'on le paye, le pain nous appartient ; huissier, rendez l'enfant à cette fille, elle l'a payé, il lui appartient. » Le conseil admira la sagesse de Pangloss.

Un certain Piron, poète français, assistait à ce jugement ; il le trouva admirable comme les autres, mais il s'avisa de dire que Monseigneur le procureur fiscal était un excellent juge de F... Une mouche de la police rapporta ce bon mot à M. de Sartine qui fit mettre M. Piron trois ans à Bicêtre pour avoir dit ce mot.

Pangloss mourut comme un sage entre les bras de ses maîtresses. Les dévots ont été partagés sur son sort. Les uns ont dit qu'il était à tous les diables, à cause qu'il avait aimé les filles. Les autres qu'il était en paradis, à côté des onze mille vierges, à cause qu'il avait aimé les filles.

LE POÈTE JACQUES

Honneur et gloire aux Rimeurs mes confrères.

Le premier jour de juillet 1761, Pierre Bagnolet, garçon boulanger de mes amis, vint me trouver à mon hôtel, rue du Sabot, faubourg Saint-Germain ; il me présenta d'un air honnête un grand garçon à peu près louche, et qui avait réellement des yeux d'auteur ; les auteurs, à ce qu'on dit, doivent avoir les yeux autrement faits que les autres. Mon ami l'annonça en me disant : « Mon cher, voilà un rimeur, fils d'un de nos meuniers du faubourg Saint-Martin d'Étampes, d'où il vient de bon sable et fort peu d'autres bonnes choses. Jacques rime comme une peinture. — Monsieur aime la poésie, dis-je à l'ami de Pierre. — Oui, Monsieur, je connaissons bien la rime et l'hiatus, j'en faisons quelquefois avec la grâce de Dieu. — La poésie, lui dis-je, est un métier de sage, mais il n'y a que les fous qui s'en mêlent. — Vous êtes donc fou, me dit Jacques, puisque vous faites des vers ? — Oui, très assurément ; mes confrères et les honnêtes gens me reconnaissent pour tel. » Jacques, flatté de cet aveu, se persuada que la poésie n'était pas toujours avec la vanité ; car la plupart des rimeurs ont beaucoup d'amour-propre, surtout les poètes classiques ou dévots. Le poète Segér s'était fait peindre auprès d'un crucifix, il lui sortait de la bouche un rouleau de papier sur lequel était écrit : *Seigneur, m'aimez-vous ?* Jésus répondait : *Très illustre, très excellent, très docte seigneur*

*maître Seger, poète couronné de l'empereur et très
digne recteur de l'Académie de Wittemberg, je vous
aime.*

Flatté de faire connaissance avec l'auteur Jacques,
je fis venir une bouteille de vin ; nous la bûmes avec
enthousiasme. La chaleur de la composition nous
monta à la tête. Nos crânes, qui manquaient un peu
par les jointures, prirent ce degré de perfection si
nécessaire pour réussir en poésie ; nous parlâmes
métier en gens usés dans le mécanisme du vers,
notre cœur s'ouvrit et Jacques me fit son histoire
poétique en ces termes :

« Je suis du faubourg Saint-Martin d'Étampes où
le curé est fort honnête homme et sa servante une
grosse vierge, qui a vu des calottes. Sans être gentilhomme breton, je suis fils d'un meunier. Le bruit du
moulin où je suis né dérangea ma tête dès mon berceau. J'ai demeuré trois jours à Paris, dans la rue
d'Arras, et sept jours et quelques minutes dans la
rue des Mauvais-Garçons, à côté d'une bonne fille qui
ne faisait pas de poésie, mais qui faisait autre chose
qui rime avec le vers alexandrin. C'était pour
apprendre de la poésie que mon père, qui aime terriblement les belles chansons, m'avait envoyé à Paris.
En arrivant, je fis connaissance avec un rimailleur,
M. Arnaud, qui avait beaucoup de vers dans le
ventre, ces vers étaient très mauvais ; le pauvre ver-
reux en fut tué de son vivant, c'était dommage, il en
faisait très proprement par le fondement. — Fi, dis-
je à mon confrère, des vers par le fondement ? Cette
expression n'est pas jolie, il y a une indécence dans
cette image qui révolterait les dames. Le mot de
fondement était supportable dans la rue Saint-
Jacques, dans la rue Pot-de-Fer, et dans celle de

Saint-Antoine ; depuis qu'il n'y a plus de chevaliers de la manchette, il n'est plus en usage. »

» — M. Arnaud *Lamenteur* de Jérémie n'était point capable de me donner le ton pour faire de belles chansons, j'eus l'honneur de voir M. Marmontel. Je courus toucher son habit ; depuis ce temps, je fais des vers plus beaux que ceux qu'il a faits pour chanter l'École militaire et pour l'Académie qui ne valent point ceux de M. Thomas. Est-ce que l'Académie, mon confrère, ne fait pas faire des vers ? — Non, lui dis-je. L'Académie ne s'amuse point à faire des vers, elle se contente de mal juger des vers ; mais, monsieur Jacques, vous avez déjà produit quelque chose, faites-moi part de quelques morceaux de votre veine, je serai charmé d'applaudir à vos succès. — Les morceaux de ma façon sont un peu drôles. — Oh ! j'aime le drôle, monsieur Jacques. — Il faut savoir, me dit-il, qu'un jacobin vint nous prêcher le carême. Le Révérend s'amouracha d'une brune piquante que j'aimais ; en la prêchant, le stationnaire lui fit un enfant. Je fus surpris que les gens d'Église fissent des enfants aussi proprement que les autres. Babet, qui est le nom de la fille qui ne l'est plus, m'assura que le moine lui avait juré qu'il n'y avait rien à craindre, qu'il avait le corps à moitié de cire. D'abord je m'imaginai qu'on ne pouvait pas faire des enfants aux filles avec de la cire, qu'il pouvait y avoir quelques ingrédients mêlés avec la cire. Les beaux esprits de notre faubourg, le curé à leur tête, faisaient beaucoup de propos sur la cire, assurant que le diable s'était mêlé de cette affaire. Les femmes du sentiment contraire assuraient qu'il n'y avait ni diable ni cire, que c'était du jacobin tout pur. Notre clerc et notre greffier disaient qu'on avait brûlé un

cordelier à Rouen, où l'on croit à la cire et aux sorciers, pour avoir fait un enfant en soufflant sur une
fille. Dans cette diversité de sentiments, je suspendis
le mien jusqu'à l'accouchement de ma maîtresse qui
mit au monde un enfant qui n'était point de cire ; je
vis que les femmes avaient raison et M. le curé très
tort. Fâché de ce qu'une fille d'honneur avait gâté
son honneur, je fis une chanson sur l'air *Babet que
t'es gentille.*

> Un jour un Jacobin
> Vit Babet en prière,
> Lui dit d'un air badin :
> Ah ! Babet, Ah ! ma chère,
> En dévotion
> Sans distraction
> Le voulez-vous, ma fille ?
> Aussitôt on vous le mettra,
> Sous votre jupon tout croîtra ;
> Et dans neuf mois chacun dira :
> Babet que t'es gentille !
> Babet que t'es gentille !

— Dame, m'écriai-je, monsieur Jacques, vous
faites des gaudrioles... Comment, il y a de la poésie
dans ce morceau, un jupon qui croît, une fille qui
prie, un jacobin sans distraction, un enfant de fait,
cela forme des images ravissantes ; dites-moi, l'enfant
était-il joli ? — Oui, ma foi, beau comme l'amour. —
Diable, le P. jacobin aura bien eu du plaisir ; quand
les enfants sont jolis, c'est que les pères et mères
ont eu plus de plaisir à les faire. Il me semble, monsieur Jacques, que votre genre est pour les filles
enceintes. — Non, pas toujours, mon genre est de
donner dans tous les genres. — Seriez-vous décidé
pour la comédie ? Personne ne succède à Molière, nos
délicats disent que ce grand homme n'a fait que des

farces ; ah ! messieurs, donnez-nous de la farce comme
lui... Mais, monsieur Jacques, avez-vous lu nos
auteurs ? — Oui, monsieur, j'ai une bibliothèque. —
Comment, une bibliothèque en province ! — J'ai lu les
poésies de M. de Bernis, cette poésie me ravit, vous
diriez un feu d'artifice chinois. On ne voit que des
étoiles, des serpentaux, des fusées volantes, et une
scopeterie ; ce que j'admire le plus ce sont ces deux
vers que M. l'abbé fait dire à Héro :

> Un cri de sa bouche enflammée
> Prouve à peine qu'elle a quinze ans.

Ne dirait-on pas, révérence parlé, que c'est le P. jacobin qui fait un enfant à ma maîtresse ? Babet étant
une jeunesse de quinze ans, le jacobin un moine bien
pommé, Babet devait crier... Vous avouerez que
c'est la même image. — Vous êtes méchant, monsieur
Jacques, les filles de votre faubourg n'ont-elles point
excité votre verve ? Les filles méritent bien d'être
rimées, mais vous avez un tic d'hiatus, cela ne vaut
pas le diable pour rimer les filles. — Oh ! je fais
auprès des filles les règles de poésie, j'ai lu mon
Crispin bel esprit.

> Il faut, souviens-toi bien, que le vers féminin
> Se trouve joint ensemble... avec le masculin,
> L'ouvrage en est plus beau... la rime masculine
> Ne doit point... comme on fait, enjamber sa voisine,
> Car cela gâte tout, et fait que de travers
> On fait, on fait... voilà comme l'on fait des vers.

Je félicitai Jacques sur sa mémoire ; je lui demandai ce qu'il pensait de nos grands écrivains : « Là,
entre nous, quelle idée avez-vous du petit abbé Lattaignant ? Il a fait quelques chansons polissonnes, c'est
un certain mérite quand elles sont faites par un abbé.

— Ses vers sont durs, me dit Jacques, ses petites pensées ne sont ni naturelles ni fort élevées. Ses chansons ont dû leur succès à la nouveauté des airs.

— Ce rimeur, dis-je à Jacques, n'a pas soutenu l'honneur de la nation qui a toujours excellé dans ce genre de poésie. Les Romains n'ont été que des chanteurs de Pont-Neuf, aucune nation n'a attrapé l'art de faire des chansons comme nous, nous avons des millions de chefs-d'œuvres dans ce genre. Les Anglais, qui nous regardent avec pitié, que nous pourrions trouver cent fois plus pitoyables, si nous étions moins polis, n'ont jamais su faire une chanson. Ces faibles rivaux de notre gloire se croient très habiles pour avoir fait des dissertations ennuyantes sur des mœurs qu'ils n'ont plus ; aveuglés des éloges du gazetier d'Utrecht, ils ont cru élever la majesté de la nation anglaise à cause qu'ils savent assaisonner les pommes de terre et réchauffer la métaphysique des anciens ; mais laissons les Anglais, ils ne sont point aimables, revenons à nos auteurs. Connaissez-vous le poëte le Mière ? C'est un bon enfant, il a un peu fait parler mal de lui sur les planches, que voulez-vous ? Il fait ce qu'il peut pour contenter le public, on doit louer son bon naturel. Monsieur Jacques, prenez-le sous votre protection, en vérité il le mérite.

» Que dites-vous du bonhomme La Mothe ? Il pourrit dans nos bibliothèques ; c'est un grand homme, il a raclé quelques beaux airs au bas du Parnasse... Mais Marmontel, c'est un garçon divin, il a fait fortune avec son *Denis le Tyran* qu'on ne joue plus, qu'on ne lit plus ; heureusement il s'est avisé de faire des contes, comme on aime les contes, il a un peu réussi. Son *Hercule mourant* est plus froid que les glaces du Nord... — Mon confrère, me dit Jacques, je n'ai rien trouvé dans votre Marmontel qui caractérise un génie créateur, que d'avoir ôté du style narratif *il a dit, elle a dit* que j'étais un fat ; en reconnaissance de cette découverte, les auteurs devraient se cotiser pour ériger une statue de terre glaise à ce grand homme, la placer à la porte de l'Académie avec cette inscription :

J'ai banni du français les *dit-il*, les *dit-elle*.

« — Vous êtes méchant, monsieur Jacques, vous mettez Marmontel en pièces, laissez cette commission aux vents qui commencent à le mutiler sur les quais... Que dites-vous du vieux Trublet ? il avait une fureur singulière d'être de l'Académie ; depuis vingt ans, il pleurait pour être *Quarante*. Le pauvre bonhomme avait si peu d'esprit, avait tant tant compilé et tant tant tant écrit, dit le pauvre diable, qu'il méritait de mourir académicien. Du temps de Louis XIV, on regardait un monsieur de l'Académie comme une médaille, aujourd'hui, nous trouvons un académicien comique. Que dites-vous, Jacques, du joli Collardeau ? — Dame, son *Héloïse* est un bon morceau. Sa tragédie se soutient par les vers, je suis content de lui, sa magie me fait plaisir. — Que pensez-vous de Palissot ? — Fi ! me dit Jacques, ne parlons point de cet homme-là, il faut l'envoyer avec Abraham Chaumeix dans les landes de Bretagne défricher le chardon. — Comment, monsieur Jacques, vous connaissez Abraham ? il a du foin dans la tête et du poil à la plume. — Chaumeix est un grand homme, savez-vous qu'il a fait trembler l'Encyclopédie ? A Constantinople, Chaumeix eût été un grand confesseur de l'Alcoran, il a fait frémir le bon sens dans deux volumes ; je

vous le livre pour celui qui a déshonoré la raison,
depuis que nous raisonnons en France. — Votre goût
me paraît merveilleux, monsieur Jacques ; que dites-
vous d'un certain brigand nommé Jean Fréron? —
Mon ami, taisez-vous, ne parlez point de ce polisson,
les gens honnêtes l'ont menacé du bâton : pour moi,
j'aurais du regret de lui donner des coups, ce serait
du bois perdu, il faut aller plus rondement avec lui :
il faut tout naturellement lui cracher au visage. —
Vous avez raison, mon ami, laissons les Haïer et les
Fréron, parlons de moi : connaissez-vous mon
ouvrage? J'ai voulu montrer qu'on pouvait faire
quelque chose d'aussi mauvais que nos modernes. —
Vous avez parfaitement réussi, me dit Jacques. —
J'embrassai mon ami de joie, j'aime les gens vrais. »
Ici notre conversation fut interrompue. Pierre Bagnolet, qui avait dormi pendant notre entretien, s'éveilla
en sursaut. Nous quittâmes le siège, je conduisis ces
messieurs, et Jacques me promit sa protection.

QUELQUES VILLES OU J'AI PASSÉ

En voyageant l'on voit bien des sottises.

AMBOISE. Château de nos anciens rois sur la Loire.
Cette maison royale est une prison comme étaient
les vieux châteaux de nos souverains. On voit dans
celui d'Amboise une chapelle gothique creusée dans le
roc, à côté un sépulcre et un bon Jésus de pierre qui
passait anciennement pour un bijou de la couronne.
Nos rois aimaient d'être enfouis. On voit dans ce

château un chemin couvert où Sa Majesté, emboîtée dans une méchante charrette traînée par deux bœufs, descendait entre quatre murailles pour se montrer en cérémonie à trois cents manants dont les cabanes étaient accolées autour du roc où le fils aîné de l'Église était enterré. A l'entrée de la chapelle, on voit un bois de cerf de 12 pieds de longueur. Cet étendard d'Actéon enrichit le trésor de la chapelle d'Amboise.

ARRAS. Capitale de l'Artois, avec une citadelle appelée la *belle inutile*, ouvrage de M. de Vauban. Cette ville est célèbre par ses manufactures de pain d'épice. A la cathédrale, on voit les figures des apôtres, où Judas Iscariote, accroché à un arbre, tient son coin avec les autres. Le peuple a beaucoup de dévotion à saint Judas, il est honoré de neuvaines plus souvent que les autres. On montre dans cette ville aux fidèles croyants une chandelle qui brûle toujours et ne s'éteint pas. Les Artésiens adorent la sainte chandelle, ils l'invoquent dans leurs infirmités et la remercient dans les biens qui leur arrivent ; une fille qui doit se marier, enchantée de coucher avec un homme, dit bonnement : « Avec la grâce de Dieu et de la sainte chandelle, mardi c'est la fête à mon Quinquain, je serai mariée. »

L'origine de ce plat luminaire est du grand comique. Gazet, auteur de l'Histoire ecclésiastique des Pays-Bas, assure que deux joueurs de violon qui faisaient danser les filles en jouant l'air du *Stabat mater dolorosa,* que les bonnes gens du pays d'Artois prenaient pour une belle contredanse, vinrent à se brouiller. La sainte Vierge estimait les deux ménestriers, elle entreprit de les raccommoder. Une maladie épidémique affligeait alors la province. Marie alla

trouver dans un cabaret les deux joueurs de violon
occupés à se battre, elle les sépara et leur dit : « Vous
êtes deux coquins, vous méritez d'être pendus sur le
grand marché d'Arras, vos querelles me scandalisent,
faites la paix, embrassez-vous comme deux gueux,
le ciel vous a choisis pour sauver les jours de vos
frères. Voici une chandelle, vous irez la porter à
Arras, vous ferez ranger des baquets d'eau à la porte
de la cathédrale, vous ferez tomber dans cette eau
quelques gouttes de ce cierge, ceux qui en boiront
seront guéris. » Les joueurs de violon s'embrassèrent
et furent les sauveurs de leur pays. En mémoire de
cet événement, on fit bâtir une chapelle au milieu
de la place, dont la structure représente une chandelle.

On conserve dans la cathédrale une cassette remplie de manne, que les uns disent être le reste de
celle qui sustentait les Juifs dans le désert, les autres
des flocons de coton ou de laine qui tombèrent du
paradis un jour de soleil qu'il avait tant plu. En
attendant qu'on soit décidé sur la nature de cette
manne, on l'expose toujours à la vénération des
peuples.

Cette ville vient d'être illustrée d'un calvaire et
d'un miracle que les défunts Pères de la Société de
Jésus firent exécuter par la vertu d'une pierre sise
dans l'église de l'abbaye de Saint-Wats. Lorsque les
enfants sont tardifs à marcher, on leur met le derrière sur cette pierre, et faisant allusion au nom de
saint Wats, on dit : « Va trois fois, va en l'honneur
de Monsieur saint Wats. » Les paysans et le menu
peuple ont tant de dévotion pour cette pierre qu'ils
vont la baiser respectueusement après que les enfants
ont pissé dessus.

Angers. Ville mal bâtie, peuplée de riches putains et de pauvres écoliers. Cette ville a une Académie qui se serait distinguée,

Si l'ignorant Fréron n'eût été dans son sein.

Ath. Ville du Hainaut, où l'on fait au mois de septembre une procession sainte et ridicule, on y porte deux figures gigantesques : l'une représente Samson et l'autre Goliath. On traîne une charrette ornée de verdure où paraît sainte Marie-Madeleine *tant mieux*. Le diable rôde autour d'elle pour en faire encore une Madeleine *tant pis*. La sainte le fait fuir en lui montrant un grand rosaire et une boîte à mouches. Lorsque le garçon qui représente le diable a bien fait son rôle, il trouve les meilleurs partis de la ville, tant les filles sont charmées de l'épouser, parce qu'il a fait le diable, à ce qu'elles disent, comme un ange à la procession.

Bapaume. Petite ville de l'Artois. On voit au milieu de la place une statue pédestre de notre bon roi Louis XV. Cette figure de pierre blanche ou de craie ressemble au souverain comme les tours de Notre-Dame. La statue a coûté dix-huit livres dix sols six deniers. Cette dépense fait infiniment d'honneur à la majesté du pays.

Bar-sur-Seine. Petite ville de Bourgogne située au bas d'une montagne. Le soleil se couche dans cette bicoque à trois heures de l'après-midi, dans les plus grands jours de l'été. Bar est rempli de pauvres marchands couteliers qui ont d'excellents couteaux qui coupent bien par le manche. Cette ville contient un chapitre composé de trois chanoines et de leurs ménagères. Le chœur des chanoines a huit pieds carrés. Leur maître autel est entouré des statues des apôtres au sépulcre. Ces figures sont anciennes, on voit, à l'endroit où se noue l'aiguillette, les restes de draperies considérables qu'un chanoine soupçonné d'être sage fit mutiler. Ces fragments de virilité donnent l'idée que les phénomènes étaient énormes. Ce chapitre s'est illustré, depuis quelques années, par le célèbre, très célèbre, abbé Couette, ex-jésuite, qui abjura entre les mains d'une jolie femme les restrictions mentales à la grande édification de toute la ville.

Dans un bosquet, à un quart de lieue de Bar, on va honorer une Vierge appelée Notre-Dame-du-Chêne. C'est un petit morceau de bois trouvé par des enfants en jouant à la fossette. Le chêne qui renfermait la bonne Vierge est enclavé dans la chapelle. L'origine est une trouvaille, voilà ce qu'on peut dire sur cette aventure arrivée dans plusieurs pays.

Des bergers, dans le loisir que laisse la garde d'un troupeau, ont fait une vierge, ont fendu l'écorce d'un arbre encore jeune, peut-être même ont-ils profité, comme le prétend un physicien, d'une ouverture faite par le hasard sur un hêtre de leur forêt, ils ont introduit cette vierge entre l'écorce et l'arbre, les couches ligneuses que chaque année a produite depuis en ont dérobé la vue au public; l'arbre a cru, renfermant dans son sein le phénomène. Le hasard ou la chute de l'arbre le fait découvrir, le peuple crie au miracle, l'image donne de l'argent aux prêtres, qui vivent comme nos magistrats des sottises d'autrui.

Béthune. Ville de France en Artois. On appelle cette ville et les environs le pays de la Vierge ou la Béthanie, à cause du volume du génie des Béthunois.

Bruxelles. Capitale du Brabant. Les Français la prirent le 11 février 1746. Ils tirèrent assez inutilement du canon à ce siège; il ne fallait que des amorces de fusil. Cette ville a une place assez étroite ; les maisons sont surchargées d'ornements flamands et parées comme des autels ultramontains. On voit sur cette place l'ancien palais d'une archiduchesse, où les Bruxellois, crainte de manquer de pain, ont mis en lettres d'or une oraison à la Vierge pour avoir du pain.

Cette place est éternellement décorée de quinze fiacres à peu près comme nos remises à Paris. Les conducteurs de ces voitures n'ont point l'air misérable des phaétons de notre capitale. On voit sur le siège du carrosse un grand flandrin bien chaussé, la tête ornée d'un grand feutre. Cette figure, avec les deux bêtes, forme, de face ou de profil, trois animaux tout à fait semblables, aux harnais près.

Les églises sont assez belles. Sainte-Gudule est ornée de tableaux précieux relatifs au miracle apocrif de cinq hosties ou gaufres qu'un Juif lacéra à coups de couteau. Les ignorants croient cette fable, les gens de bon sens en raillent. L'autel où ces cinq gaufres sont placées est d'argent, entouré de cinquante lampes et de quatre-vingt-dix têtes d'enfants injectées. Le peuple croit que ce sont celles des enfants qu'Hérode fit égorger. Sainte-Gudule est surchargée de quantité de chapelles dédiées à la Vierge; on en compte exactement autant qu'il y a d'épithètes dans les plates litanies de Lorette.

Le morceau le plus saillant de Bruxelles est, sans contredit, le *Manetiépisse*. C'est un enfant de bronze qui jette de l'eau par sa pissotière. Sa garde-robe est composée de huit habits, sa femme de chambre est une fille dévote du tiers-ordre des Carmes. Les jours de gala on l'habille superbement. Les filles vont admirer son instrument, qui passe au travers d'une riche brayette. Certaine année, pour honorer la Fête-Dieu, le *Manetiépisse*, après que la procession fut passée, pissa du vin en mémoire des noces de Cana où Jésus changea l'eau en vin.

CHÂLONS-SUR-MARNE. Ville de Champagne, avec une mauvaise Académie, huée, sifflée et bernée longtemps par M. de Crébillon le père. Châlons a treize juridictions, treize paroisses, treize ponts, treize couvents, treize bordels, treize personnes d'esprit, treize mille moutons, sans compter les brebis et les agneaux.

CLÉRY. Laide ville, d'un grand passage sur la route d'Orléans à Tours, elle est renommée à cause de douze chanoines qui n'ont rien à faire et de la chanson qui dit :

> *Orléans, Beaujensi, Notre-Dame de Cléry,*
> *Vendôme, Vendôme.*

On voit dans l'église une statue de marbre de Louis XI, qui se vouait à toutes les Notre-Dame, parce qu'il avait peur du bon Dieu.

CHATEAUBRIAND. Ville champêtre en Bretagne. On rencontre plus de cochons que d'hommes dans cette ville; pour la commodité des premiers, les commodités tombent dans les rues, et chaque maison n'a qu'un privé *pour tout potage.* Dans l'été, le soleil, attirant l'humidité de la terre, élève la merde et la dissout en liquide quelques heures après sur la tête des habitants. Cette ville est renommée pour l'angélique et la pommade d'été.

ISSOUDUN. Ville du Berry. Ses habitants sont tous gentilshommes depuis le passage du grand Condé. Ce prince fit donner un bal aux dames de la ville. Au milieu du bal, les officiers éteignirent les bougies et

chacun s'unit à sa chacune. Cette nuit fut la création
des gentilshommes d'Issoudun.

Mɪʀᴇʙᴇᴀᴜ. Petite ville du Poitou, renommée par ses
ânes et un petit chapitre. Près de là est une bourgade
nommée Puis-Taillé. Les seigneurs de ce village ont
un privilège qui leur vient d'en haut, à ce qu'ils
disent : il consiste en la puissance de chasser les serpents gros et menus. Pour faire l'opération, le seigneur crie : « Messieurs les serpents, le haut et mira-
culeux seigneur de Puis-Taillé vous ordonne de vous
retirer. » Les serpents, qui ont peur d'encourir les
censures, se retirent. On croit à Poitiers et à Mirebeau
ce coq-à-l'âne.

OʀʟÉᴀɴs. L'on commence à l'embellir. Le nouveau
pont est aujourd'hui la promenade des dames, il est
orné de deux piédestaux qui attendent leurs statues,
l'une est destinée pour la pucelle, et l'autre pour son
Homère. Cette ville a beaucoup de dévotion à sainte
Jeanne. La farce de la pucelle d'Orléans fut jouée
exprès pour réveiller Charles endormi dans les bras
de la belle Sorel. Le merveilleux entrait aisément dans
le cerveau de nos pères. Cette fille, qui conserva un
an son pucelage, fut brûlée par les Anglais et canoni-
sée par les Français. Les mensonges imprimés de ce
temps-là disent qu'il sortit une colombe blanche de
ses cendres. Si l'on croit l'historiographe de Louis XV,
le R. P. Gribourdon manqua de traverser les
succès de la pucelle. Son honneur, la pièce de résistance de cette guerre, ne tenait point davantage que
celui des filles modernes, qui ne tient à rien. On fait
tous les ans à Orléans la procession de la pucelle, elle
est représentée par un polisson habillé en papier
rouge qui porte devant le clergé un étendard de
papier marbré.

MONS. Les habitants de cette ville naissent sots et le sont à perpétuité. Chaque année, on représente le combat du chevalier *Chinchin* contre un dragon de carton, en mémoire d'un seigneur qui tua un dragon qui recelait depuis trois jours dans son ventre une princesse de Mons. Le chevalier dompta le monstre et l'on trouva dans le gros boyau, vers celui nommé *rectum,* madame la princesse, vermeille comme deux roses et flairant comme baume. Tandis que le chevalier combat, les filles de Mons chantent :

> Voici le Dragon qui vient,
> Maman sauvons-nous.
> Il a mordu ma grand'mère,
> Il vous mordra, ma mère,
>   Et moi itou,
>   Et moi itou.

MAUBEUGE a un chapitre de chanoinesses. Ces filles étaient anciennement des nonnes. Leur habillement est à peu près celui des Vestales ou des fleurs dans les Indes galantes, leurs gorges sont aussi légèrement gazées que celles de nos filles du monde. L'éventail leur donne une contenance dans le chœur où elles vont cinq à six prier Dieu par députation.

Les chanoines de Saint-Quentin ont le droit galant, le jour de sainte Aldegonde, de donner la paix aux chanoinesses. Le Chapitre charge de cette commission le plus sémillant des chanoines; elle est très agréable vis-à-vis des jeunes dames; mais pour les vieilles médailles, quelle sensation! Le monde est mêlé de bien et de mal, le dernier est sans doute imprimé sur le visage des vieilles chanoinesses.

NAMUR. Le palais de l'évêque de cette ville est plus beau que ceux de Pierre, de Jacques et de Mathieu, qui n'avaient pas le génie d'habiter des palais. On donne dans cette ville des combats fort singuliers. Les soldats ne sont ni à pied, ni à cheval, ni en voiture, ils sont montés sur des échasses. Ces guerriers portent le nom des hélans et mélans.

Nivelle. Ville du Brabant, a un chapitre de chanoinesses; les filles de distinction y sont reçues à cause que le parchemin s'est conservé dans leur famille et que, depuis Jean-Gilles-Paul de Robin Quinquain jusqu'à elles, aucun n'a été utile à l'humanité. L'abbesse prend possession de son abbaye en frappant sur le gibet, elle reçoit la baguette des mains du bourreau.

Niort. Ville du Poitou, où l'on voit des halles malpropres et malsaines, que le soleil n'éclaire jamais. Les marchands ont privé les halles de la clarté pour tromper plus aisément. Cette friponnerie, d'usage dans plusieurs boutiques, est poussée à Niort à son dernier période.

Poitiers est un grand village mal pavé. Dans la cathédrale, on voit l'image de Notre-Dame du bon lait. C'est la Vierge couchée dans un méchant lit, tenant son sein en main. Cette figure est entourée de tétons d'argent. Les femmes, les filles nouvellement accouchées vont allumer des cierges à cette Vierge pour avoir du lait. Dans une autre chapelle est peinte à fresque la figure de Dieu le Père avec un grand tablier de cuisine, où il reçoit les saintes âmes des procureurs du présidial de Poitiers.

Dans l'église de Saint-Pierre-le-Puellier, on révère un manuscrit qui contient l'évangile du faux Nicodème ou les actes de Pilate; on le place sur l'autel, on le porte en procession et le peuple adore ces rêveries.

Dans celle de Saint-Hilaire, on va baiser respectueusement la pierre sépulcrale d'un prêtre des Idoles, appelée la pierre qui pue. La tradition dit qu'elle pue à cause que le diable a pété dessus. Il faut être poitevin pour croire que le diable soit puant. Cette pierre est renfermée dans une vieille mue à poulets, que la servante d'un chanoine légua en mourant au chapitre.

Le jour de saint Spicien, on va en procession dans une prairie révérer le trou où tomba la tête de ce martyre. Ce trou s'est formé, à ce qu'on dit, par la pesanteur du crâne du saint. Il est tellement respecté, que les filles vont mettre leur tête dans le trou et se couronnent après de fleurs de pieds-courts et de pissenlits.

Saint-Quentin, ville de Picardie, fortifiée et gardée par des invalides qui brochent des bas à toutes les portes. Le Chapitre célèbre tous les ans la découverte du corps de saint Quentin. On chante la messe la nuit. Les amoureux et les amoureuses ont de la dévotion à cette messe nocturne; c'est souvent cette nuit-là que les filles de Saint-Quentin prennent leur premier bouillon.

Civeaux. Village près de Poitiers sur la route de Limoges, est rempli de douze à quinze mille tombeaux. On en trouve quelquefois huit à dix les uns sur les autres, avec leur couvercle qui les sépare et les distingue. M. le Nain, intendant du Poitou, fit ouvrir deux cents de ces tombeaux; on trouva des ossements, des squelettes, des bouteilles et dans quelques-uns des médailles. — Les Poitevins disent que ces tombeaux sont venus du ciel après la bataille que les Francs gagnèrent contre Attila. Le P. Routh, jésuite, a fait une dissertation sur ces tombeaux, qui ne prouve rien et n'apprend rien aux curieux.

Étampes. Ville de France dans la Beauce, est

remplie d'auberges, de bouchons et de pauvres gentilshommes inconnus au reste du globe. La troisième fête de Pâques, on y fait une procession et une méchante foire en l'honneur de saint Can, saint Cantien et sainte Cantate, dont l'origine et l'histoire sont fort embrouillées. La Beauce accourt à cette procession qui commence par les écorcheurs et les savetiers, suivis de six va-nu-pieds qui portent la châsse des martyrs. Ces fiacres sont couronnés de persil, de thym et de chiendent ; ils sont accompagnés du clergé et du magistrat. Une multitude de filles habillées en saint Jean et de jeunes garçons vêtus en religieuses ornent prodigieusement cette procession.

Dans l'église des cordeliers, on voit sur une vitre un chapitre de moines composé de quinze ou vingt diables habillés en cordeliers. Saint François est peint dans un nuage tenant une croix qu'il présente aux capitulants ; à ce spectacle, l'assemblée se confond et les diables retournent aux enfers. Dans le jardin du même couvent, promenade ordinaire des lingères et des servantes d'Étampes, on voit le portrait d'un chien-canard qui pêchait, dit-on, des écrevisses. Ce chien a grossi merveilleusement les annales de la ville, et sa mémoire fut honorée d'un poème latin. L'aventure du chien est une fable imaginée par un frère quêteur pour attirer dans le couvent les étrangers curieux de petites misères et mettre leur bourse à contribution. Il faut que tout le monde vive, procureurs, tailleurs, cordeliers, larrons et autres.

Gand. Ville de la Flandre autrichienne, célèbre par le miracle d'un crucifix de bois qui ouvrit la bouche le mardi gras pour consoler une béguine consternée de ne pas goûter les plaisirs du carnaval. Le béguinage de cette ville est renommé par une fondation plaisante de l'empereur Charles V, qui fonda une chaufferette d'argent pour la nonne qui aurait les cuisses les plus brûlées ; cette visite se fait par deux médecins accompagnés du magistrat. La cérémonie est au printemps, elle tient lieu des jeux floraux à la Flandre.

Hui. Ville du pays de Liége, sur le sommet d'une montagne ; à l'entrée de la ville on voit une chapelle de la Vierge, nommée Notre-Dame-de-la-Sarthe. L'au-tel de la reine des cieux est continuellement infecté de la corruption de la terre par les enfants mort-nés qu'on y apporte de tous côtés ; les cadavres y sont quelquefois quinze jours. Le sacristain, le fai-seur de miracles, pour entretenir la pratique a soin de dire aux gens forts de foi que les enfants ont saigné du nez, donné des signes de vie, et que lui, sacris-tain, les a baptisés. Ce témoignage intéressé a du poids dans un pays où les songes ont du poids.

Tours. L'église de Saint-Martin est un ouvrage gothique qui n'est point encore achevé ; des figures indécentes et grotesques soutiennent la corniche de l'église. Vers le chœur, on voit un chat-huant pour-suivi par d'autres oiseaux : le hibou, dit-on, repré-sente saint Martin, les oiseaux, les hérétiques, les indévots et les philosophes.

On adore dans cette église, Notre-Dame des trois piliers. Cette vierge singulière a toujours voulu être sur ces trois piliers, on a tenté inutilement de la placer ailleurs. Marie a toujours préféré l'équilibre des trois piliers. Pour lui servir de pendant ou don-ner son contraste, on voit plus loin Notre-Dame de la muraille. C'est une méchante peinture à fresque à laquelle le peuple attribue d'autres vertus qu'à la Notre-Dame des trois piliers.

Saint-Hubert. Ville du pays sauvage des Ardennes, avec une abbaye où les stupides et les ignorants vont se faire tailler le front, lorsqu'ils ont vu un chien en colère, ou qu'ils s'imagent être attaqués de la rage. Les cérémonies ridicules qu'on fait observer aux personnes enragées prouvent l'antiquité et la durée de la sottise. On fait une incision au front du malade, dans laquelle on insère un morceau d'étoffe de saint Hubert qui croît comme le rameau de la Sibylle ; c'est précisément la même fable. L'opération et les mérites du saint réussissent si le malade couche dans des draps blancs ; une aubergiste qui s'aviserait de donner des draps sales ferait rater le miracle. Saint Hubert aime les draps blancs. Le malade doit manger des aliments froids, de la chair de porc d'un an ; si le cochon est plus âgé, le miracle est encore raté : il ne faut pas se peigner, se gratter, se mirer. Ce régime doit s'observer quarante jours. Il est comique qu'un saint qui n'est point plaisant fasse dépendre ses faveurs de pareilles plaisanteries.

Les chiens enragés sont admis également aux faveurs du patron des Ardennes, avec cette différence qu'ils peuvent manger du porc de tout âge et se gratter tant qu'ils veulent. Saint Hubert avait sans doute plus de considération pour les chiens que pour les hommes. Bref, les paysans y conduisent leurs mâtins ; on leur applique un fer chaud sur le poil, on les nourrit avec du pain bénit. O superstition des peuples, que vous êtes grande, ô ! moines ignorants, que vous êtes sots !

Rochefort. Cette ville, belle et régulière, est le séjour de la fièvre et de l'hydropisie. Le vizir Richelieu, qui voulait du mal à Corneille, voulant se venger du seigneur de Rochefort, fit bâtir ce port sur sa terre. Le ressentiment d'une chrétienne Éminence fut la cause de la mort de quatre cent mille sujets que l'air de Rochefort fit périr. Si cette ville avait été bâtie à trois quarts de lieue vers la plus grande largeur de la Charente, l'air était plus sain et l'on épargnait deux jours de chemin aux vaisseaux.

Les capucins, petits partout, ont un air de majesté à Rochefort. L'église de leur capucinière est plus belle que plusieurs de nos cathédrales. C'est là que je vis pour la première fois saint François doré sur *tranche*; il occupe un des côtés de l'autel et son coin est orné de trophées d'armes. Les voyageurs le prennent d'abord pour une méchante copie du dieu Mars, ou tout au moins pour le glorieux saint Georges; mais en épluchant la figure de près on est étonné que ce n'est que François d'Assise qui montrait son derrière aux ordinaires.

La Rochelle. Ville maritime avec un port marchand; la place d'armes est décorée de plusieurs allées de charmille que les connaisseurs en charmille trouvent admirables sur une place de guerre.

Troyes, capitale de la Champagne, est une grande ville considérablement peuplée. Les Troyens portent sur leur physionomie un air commun aux enfants de Zabulon et de Manassés. Dans la cathédrale on voit un morceau de sculpture qui représente la mort de la sainte Vierge. Les Apôtres sont autour de son lit. Saint Pierre, vêtu d'un surplis et d'une étole, lui administre le très vénérable saint sacrement de l'Extrême-Onction.

La rue Dubois, où l'on chie voluptueusement, a été illustrée par un auteur qui aimait profondément la merde. Le père Lefebvre, général des Mathurins, oncle de l'auteur, pleurait de joie en lisant les productions puantes de son neveu. Voilà des recherches sur la merde, disait-il, qui feront infiniment d'honneur à notre famille et qui couronneront mon parent. Le P. Lefebvre songeait sans doute à ce proverbe italien : *Lode di stesso corona merda.*

TOURNAI. Ville très ancienne. Les Romains y établirent un Sénat. Après la destruction de leur superbe empire, Tournai devint le berceau de la monarchie française. On fait tous les ans une procession en mémoire du bois de la vraie croix. Le Saint-Sacrement marche à cette fête escorté de six crocheteurs habillés en Momus avec des marottes en main. On voit dans cette ville un couvent de religieuses qui portent le voile et n'ont pas de mouchoir. Leurs constitutions les obligent à être décolletées. Ce point de règle leur attire des regards.

REIMS. Je n'ai fait que passer dans cette ville, j'en dirai peu de chose. On voit dans l'église des cordeliers l'épitaphe d'une couturière qui légua au couvent une petite campagne appelée Calibistri; en reconnaissance les moines ont fait graver ces vers sur son tombeau :

> Ci-gît Louison la couturière,
> Qui par dévotion singulière
> Laissa aux cordeliers d'ici
> Son joli petit Calibistri.

LE CALENDRIER DE L'ARRETIN

LA CIRCONCISION, jour consacré à la procession des sots; chômée par l'Église. La commémoration de cette cérémonie était inutile. Le législateur des chrétiens avait aboli le prépuce, et les ménagements qu'on devait au peuple maudit n'avaient plus lieu après sa mort. La synagogue était fermée avec honneur; puisqu'il était question d'honneur; en ne chômant plus cette fête on épargnait les impertinentes antiennes qui décorent ce jour-là l'Office.

SAINT ALMANACH. Ce saint est né du cerveau plat d'un moine. Ce reclus voyant un jour un ancien guide-âne intitulé *Sanctum Almanachum,* s'imagina que c'était un grand saint. Des légendaires firent subir le martyre au bienheureux Almanach sous le préfet Appius. L'Église chôma longtemps cette fête, on reconnut l'ânerie, on biffa du livre rouge le saint apocryphe. L'ignorance est la mère nourrice des sots.

SAINTE GENEVIÈVE, patronne de Paris, fait la pluie et le beau temps dans la capitale : lorsque le temps est pluvieux, on fait descendre sa châsse. Les marguilliers et les échevins vont lui faire une visite; si le voyage ne donne pas de beau temps aux pèlerins, ils rapportent au moins de la crotte. Les philosophes anciens riaient de voir le peuple crier après le beau temps. Nos philosophes modernes disent que c'est une violence et une injure qu'on fait à Dieu, car si l'on croit Dieu immuable, on a tort de lui demander du beau temps; s'il est inconstant, on fait bien de le prier.

Nos processions pour la pluie ou le beau temps sont des murmures contre la Providence. Ne faisons point de processions; confions-nous plutôt à ses soins; elle a des bontés pour les tailleurs, les procureurs et les fermiers généraux, abandonnera-t-elle les honnêtes gens? Elle a mis du sang dans nos veines pour désaltérer les cousins. Si elle eut tant d'entrailles pour les cousins, manquera-t-elle de nous donner de la pluie et du beau temps? Imitons sainte Geneviève, prenons le temps comme il vient.

L'ÉPIPHANIE OU LA FÊTE DES ROIS. Jour consacré à la mangeaille et à l'ivrognerie en mémoire de la vocation des Gentils et des saturnales romaines, où les valets devenaient maîtres. Les ignorants croient que les Mages étaient des Rois. Bede fut le premier qui leur donna ce titre en rêvant qu'ils se nommaient Gaspar, Melchior et Balthasar; son rêve a grossi à Cologne, où leurs têtes sont honorées. On vend des billets frottés à ces reliques qui préservent du tonnerre, de l'apoplexie, du mal caduc et des cors aux pieds. L'étoile qui éclaira ces Mages n'est plus lumineuse pour nous, elle l'était davantage pour eux, dit un auteur anglais; ils avaient su distinguer qu'il était né un roi aux Juifs plutôt qu'aux Égyptiens. Cette étoile, qui ne fut remarquée de personne, paraissait-elle le jour? Comment savait-on qu'elle avançait ou reculait? Était-ce une comète ou un météore? On répond à ces questions que c'était un miracle fait en étoile. A quoi bon, dira un philosophe, faire un miracle dans le fond de l'Orient pour avertir précisément trois personnes de ce qui était arrivé en Judée? D'où vient cette préférence de gens qui en profitèrent si peu à tant d'autres peuples dans le sein de qui il y avait des millions de personnes qui attendaient le règne de Dieu? Dieu s'écartait donc de la maxime ordinaire de sa sagesse, en se révélant à des sages, pendant qu'il a la coutume de ne se faire connaître qu'aux simples et aux enfants.

SAINT ANTOINE fut le premier qui fonda des auges pour les cochons et des abreuvoirs pour les moines. Saint Athanase dit que saint Antoine assura que l'hérésie d'Arius serait la dernière de l'Église. Le Nostradamus de l'Égypte ne fut guère plus heureux dans ses almanachs que celui de Clairvaux. Antoine prêchait les ânes qui venaient pâturer dans ses prés. Sa tentation est un morceau admirable; il fallait que la tête du peintre fût bien pleine de diables pour avoir varié cette mauvaise espèce à l'infini. Les auteurs qui ont travaillé sur ce sujet ont excellé. Sedaine a fait une pièce jolie couronnée par une épigramme supérieure aux mérites de saint Antoine qui n'eut jamais l'industrie de faire le couplet de Toinette qui termine si naturellement la dernière antienne de la tentation.

> Le démon, quoiqu'il passe pour fin,
> Ne fut pas ce jour-là si malin :
> S'il avait pris la forme de Toinette,
> Son air charmant, sa taille et ses appas,
> C'en était fait, la Grâce était muette,
> Et saint Antoine eût volé dans ses bras.

Dans certaines provinces, les paysans vendent à la porte de l'église des hures de cochon en l'honneur du saint. Cet argent entre dans l'ordinaire du curé et de sa servante; on ferait mieux de laisser le lard aux paysans. Saint Antoine ne mange point de lard.

Saint Charlemagne, qui est un saint comme saint Clovis, saint Constantin, saint Henri IV et saint Frédéric, roi de Prusse, est fêté dans l'Église : les messagers de l'université de Paris font chanter sa messe et son office aux mathurins. Le même jour, dans l'église de Saint-André-des-Arts on chante une messe de *Requiem* pour le repos de l'âme de saint Charlemagne. Il y a trois cents ans qu'on fait à Paris ces deux cérémonies comiques.

Saint Rémond de Pegnafort, fondateur des PP. de la Merci. La bonne Vierge lui apparut et lui dit : « Rien n'est plus agréable à mon fils qu'un ordre de moines fondé pour le rachat des captifs. » La Vierge ne se souvenait plus des mathurins ni de la veille de Noël où elle avait chanté la messe de minuit avec le bonhomme Félix, frère mathurin non lettré. Remond fonda un ordre avec plus de finesse que le révérend P. Jean de la Mathe. Ce dernier voulut qu'on partageât les biens des moines avec les captifs; Remond, au contraire, permit aux moines de prendre la dîme des quêtes de la rédemption.

La Purification, cérémonie aussi inutile que les relevailles. Un homme guéri d'une fluxion de poitrine, d'un rhume ou de la goutte ne va à point l'église se purifier; il est étonnant que la plus utile des maladies ait besoin de cette cérémonie. Les femmes se purifiaient dans la loi de Moïse, à cause qu'un peuple crasseux et vilain comme les Juifs avait besoin de cette précaution. En France, où les dames se blanchissent tous les jours dans la cuvette ovale et sont sur le bon ton, cette cérémonie est hors d'œuvre. Les inventeurs de cette rubrique avaient peut-être de grosses margots qui sentaient la fleur de châtaignier. Les Poitevins appellent le jour de cette fête *Notre-Dame-la-Sèche*. La Chandeleur est la fête de Cérès et de Proserpine. Les païens allumaient ce jour-là des chandelles dans leurs temples en mémoire des flambeaux qu'alluma la déesse pour chercher sa fille.

Thomas d'Aquin, docteur de l'Église, à qui un crucifix de bois a fait un compliment académique, était un petit physicien et raisonnait comme ça. Il demandait si les anges avaient le matin une connaissance des choses plus claire que l'après-midi, s'ils passaient d'une extrémité à l'autre sans passer par le milieu. Il assure que les hommes se faisaient dans l'état d'innocence par l'instrument des idées ou d'une manière spirituelle comme par l'endroit dont parle Agnès dans l'*École des Femmes*. Il prétend que les parties de la génération ne sont venues aux hommes qu'après le péché, comme les marques perpétuelles de la désobéissance du premier. Ah! saint Thomas, comment raisonnez-vous? Il faut vous envoyer à l'école.

L'INVENTION DE LA SAINTE CROIX. Hélène, mère de Constantin, maîtresse de Constantius, fut une servante de cabaret. L'empereur s'en amouracha, lui fit des enfants et l'épousa après. Cette sainte trouva la vraie Croix, qui est réellement une invention. Jésus fut exécuté par les Romains et placé entre deux fripons. Sa croix était percée, celle des voleurs ne l'était pas; on pouvait donc, sans recourir aux miracles, distinguer celle de l'innocent de celle des coupables; les clous se trouvèrent avec la croix, puisque Constantin en fit un mors à son cheval.

Le bois de la vraie Croix a crû prodigieusement entre les mains des papes et des dévots. Tous les capucins et les jacobins en ont des morceaux. Les auteurs ecclésiastiques ont cru le bois de la Croix de quatre sortes de bois, de palmier, de cèdre, de cyprès et d'olivier. L'histoire nous apprend qu'on a fait et dit beaucoup de sottises de cet instrument matériel de la Rédemption. Les Saints Pères ont assuré que le pied était en cèdre et le reste en chêne. Saint Anselme le croyait de l'arbre de la science du bien et du mal dont une branche fut portée en Judée, malgré le suisse du Paradis terrestre, qui dormait sans doute ce jour-là. Le père Romualde nous assure dans un gros in-folio que la croix est sortie du pépin de la pomme de l'arbre du fruit défendu. Adam conserva toute la vie ce pépin à l'endroit du gosier que le peuple appelle *le morceau d'Adam*. Le roi Adam mourut et fut enterré sur la montagne des Décollés, le pépin germa et poussa un arbre dont on fit la croix où Jésus fut attaché.

Le moine Webert prétend la même chose dans un gros livre où il dit que la trompette du jugement sera d'argent. Conclusion : Hélène fit mal de faire un mors au cheval de son fils d'un des clous qui attachèrent Jésus. Si quelqu'un s'avisait de faire une flûte traversière de l'os de la jambe de saint Ovide, M. de Beaumont crierait à l'impiété, et la justice ferait brûler ceux qui auraient joué de la flûte avec l'os de saint Ovide.

Saint Alexis. Sa vie est la fable la plus bête de la légende. Les moines faisaient anciennement des contes pour édifier nos pères ; ils entassaient fagots sur fagots et charpentaient des histoires aussi grossières que leur génie. L'aventure d'Alexis est contraire aux lois de la religion, qui ordonnent aux maris de payer scrupuleusement la petite politesse à leurs femmes. Les moines font marier Alexis avec une belle fille qui devait avoir du tempérament dans un pays où il vient de bonne heure aux filles ; il la quitte dès le premier jour des noces, sans s'inquiéter si la chair de la jeune femme se jettera sur son esprit ; elle est quatorze ans à pleurer, et devient la fable de la ville et le sujet des propos indécents que son veuvage singulier occasionne ; le mari reste sept années sous l'escalier de la maison paternelle, voit passer, entend gémir une mère tendre, une épouse légitime et s'obstine à garder le silence. Ces sacrifices sont agréables à Dieu, nous dit-on. Jésus a-t-il prêché la cruauté ? A-t-il défendu d'écouter les senti-

ments de la nature? Alexis expire; le barbare laisse
en mourant un billet qui porte le poignard dans le
sein d'une famille. O cruauté, êtes-vous l'ouvrage du
Ciel? Non, vous êtes l'ouvrage des moines et des
prêtres.

SAINTE BRIGITTE a reçu du ciel un boisseau d'oraisons. A la tête de ces prières on trouve imprimé
qu'elles sont suffisantes pour avoir les grâces du ciel :
que ceux et celles qui les réciteront iront droit en
paradis sans passer par les flammes du purgatoire ;
si la lettre moulée est vraie, les oraisons de sainte
Brigitte sont plus efficaces que le sang de Jésus.

SAINTE MARIE-MADELEINE. Le panégyrique de cette
pécheresse n'a jamais été bien fait. La crainte de dire
la vérité empêche les orateurs de s'appesantir sur les
morceaux les plus saillants de sa vie. Si quelqu'un s'é-
criait en chaire : Dans le temps, messieurs, que mon
héroïne était tout évêque d'Avranches et qu'elle vendait, comme les vierges de l'Opéra, des cordons verts
aux honnêtes gens de Jérusalem, Madeleine faisait
très mal; mais lorsqu'elle était aux genoux de celui
qu'elle aimait, Madeleine faisait très bien. Elle faisait
comme vous, le mal et le bien, et malgré l'instruction
que vous allez tirer de sa vie, vous ferez toujours le
bien et le mal. Depuis dix-huit cents ans que l'on
vous prêche, vous avez toujours fait de même. Le
mal et le bien sont des êtres que la nature a jetés sur
le fond de la vie : les choses ne peuvent s'entretenir
que par le bien et le mal. L'auteur d'un pareil discours irait à Bicêtre, à cause que M. de Beaumont et
l'abbé de Griselle n'aiment point la vérité.

LA CHAIRE DE SAINT PIERRE à Rome est un men-
songe chanté, prêché et imprimé. Saint Pierre n'est
jamais venu à Rome; l'endroit où il fut enterré et où

l'on a dressé un temple à sa gloire est la salle d'audience de l'empereur Néron. Néron n'a point enterré dans son palais celui qu'il avait condamné à mort.

Saint Dominique, fondateur des mendiants jacobins, fut célèbre et cruel dans l'Église. Sa mère rêva dans le temps de sa grossesse qu'elle accouchait d'un mâtin; les dévots ont assuré que ce rêve de chien annonçait un grand homme et que l'enfant serait une des plus belles lumières de l'Église, à cause qu'il y avait beaucoup de relation entre un gros dogue et une lumière. L'événement a vérifié le songe. Saint Dominique a beaucoup aboyé, son éloquence fanatique a fait égorger quarante mille Albigeois.

La création du rosaire l'a comblé d'honneurs, il fallait une grande étude de génie pour saisir cette longue suite de *Pater et d'Ave Maria,* et les enfiler si spirituellement dans la ficelle. Cette belle invention l'a rendu immortel chez les dévots, dont le royaume n'est point de ce monde, car dans ce monde on raisonne, et les dévots ne raisonnent point.

Le fondateur du rosaire fut doué de plusieurs visions diaboliques; il jouait avec le Diable comme avec son camarade. Ce mauvais sujet, si rebelle aux ordres de Dieu, était soumis et rampant aux pieds du bourreau des Albigeois. Lorsque Dominique l'appelait, il venait aussitôt; un jour il vint, habillé en oiseau, voltiger sur l'épaule du saint. Dominique le prit, le pluma devant ses confrères, et quand il fut plumé il s'envola de ses mains, tant Satan était puissant en œuvres. Un soir, le prêcheur ne trouvant point son chandelier, il appela Satan, lui ordonna de tenir la chandelle pendant qu'il ferait sa prière; comme il restait longtemps à prier, la chandelle, qui était à l'extrémité, brûlait le chandelier; Satan, qui n'était point fait à la chaleur de nos chandelles, jurait contre le saint ; force fut à lui, dit l'histoire, de souffrir jusqu'à la dernière goutte de suif. La brûlure terrestre lui sembla plus insupportable que les feux de l'enfer.

Le Diable, continue la même légende, vint se confesser à saint Dominique. Il fit une déclaration si sincère de ses péchés, il parut si contrit que le directeur lui promit l'absolution s'il voulait s'amender. Satan, qui était comme les chrétiens contrits, sans jamais penser à mieux faire, ne reçut pas l'absolution. C'était un grand coup que la conversion d'un sujet véreux comme Satan. Les dévots eussent tiré de là de grands sujets d'édification. Mais la grâce, pour des raisons, ne permit point la consommation de ce grand œuvre qui nous aurait assuré la vie éternelle à jamais. De pareils contes déshonorent la vérité et la raison.

Saint Dominique fut ravi au ciel et conduit devant le trône de Dieu. Ne voyant aucun jacobin dans ce séjour glorieux, il se mit à braire. Un ange, sensible à ses larmes, le consola et lui dit : « Ne pleure plus, mon camarade, suis-moi, je vais te montrer de belles choses. » Ils avancèrent près de la sainte Vierge, l'ange leva le jupon de Marie et lui montra une multitude de jacobins qui y étaient cachés. La sainte Vierge aimait tellement les jacobins qu'elle les aurait mis dans sa chemise.

Sainte Claire, fondatrice des hirondelles de carême. François d'Assise, son compatriote, disait d'elle et de ses nonnes : *Le bon Dieu nous a envoyé des frères et le Diable des sœurs.*

Saint Roch, célèbre par un chien fameux aussi fripon que le maître était honnête homme. En Flandre, on place dans chaque rue un saint Roch, on quête en son honneur pour avoir de quoi boire à sa mémoire, et chaque rue se saoule au moins un jour dans son octave.

Un capucin savant, qui courait la province de Champagne avec les sermons de la mort, de la pénitence et le panégyrique de saint Roch, fut chargé dans un village du sermon de la Fête-Dieu. L'orateur prit son discours de saint Roch, mit à la place du nom du saint celui du Saint Sacrement et commença ainsi :

« Le Saint Sacrement, mes frères, naquit à Montpellier de gens nobles et distingués, il fut chassé de la maison paternelle pour sa grande charité. Le Saint Sacrement exilé n'eut pour toute consolation que son chapeau, son bâton et son chien. O! chien heureux du Saint Sacrement! vous fûtes le père nourricier de votre maître : la nature avait développé de bonne heure en vous des talents admirables pour voler du pain, vos saintes friponneries firent subsister longtemps le Saint Sacrement.

« L'orateur fait voyager son héros dans l'Italie et le fait mourir dévotement dans les bras de son chien en s'écriant : « O! chien digne de nos hommages! vous fûtes choisi du ciel pour fermer les yeux à votre maître; oui, le Saint Sacrement vous jeta ses derniers regards et vous eûtes seul ses derniers soupirs. » Il est mort, *mes chers frères,* ce bienheureux Sacrement, le ciel est aujourd'hui son héritage. Ah! si les chiens pouvaient entrer au ciel, quel chien plus digne d'y entrer que Cartouche, l'aimable mâtin du Saint Sacrement! Ah! puissiez-vous avoir les vertus du maître, les mérites du chien et la vie éternelle que je vous souhaite, etc. »

Saint Bernard était fripon comme le chien de saint

Roch. Ses larcins se trouvent sur toutes les chartes et les fondations de ses monastères. La plupart sont construites en ces termes : « Moi, Bernard, misérable pécheur et serviteur de Dieu, je donne au Seigneur de *** trois mille journaux de terrain en Paradis pour lui et ses héritiers, à jouir à perpétuité, en considération de trois mille journaux labourables qu'il a donnés à notre monastère de... Signé, Bernard, et plus bas, l'Industrie. » Nos pères étaient plats de croire que le paradis s'achetait comme une terre à clocher, et Bernard un grand voleur de profiter de leur bêtise.

Ce moine, qui connaissait sa bête, prêcha la fin du monde. Les seigneurs gaulois, qui avaient peur de la fin du monde, en faisant tous les jours des enfants à leurs maîtresses, portèrent leur argent aux moines, assez fripons pour le recevoir. Bernard, fâché de voir la France si peuplée, fit des almanachs qui firent égorger en Syrie les trois quarts de la nation. Ce Nostradamus fut surnommé le divin pour avoir invectivé les papes et les rois, et fait des dissertations sur les œufs durs et les omelettes. Il a composé des méditations dévotes où il dit : *Que suis-je? un homme fait d'une matière liquide; dans le moment que j'ai commencé d'exister, j'ai été formé par la semence humaine. Ensuite cette écume venant à se congeler et à croître, elle s'est changée en chair.* » Je ne crois pas que les mères laissassent de pareilles méditations entre les mains de leurs filles.

Les Quarante martyrs. Le système de la puissance de l'Église sur le temporel des rois a fait périr dix millions d'hommes en quatre siècles, qui sont autant de martyrs que l'Église n'a point canonisés. Ces hommes, égorgés à l'avidité des papes, méritaient bien, selon la logique des papes, d'être placés dans le martyrologe.

La Transfiguration, fête de l'Église. Il est étonnant que les apôtres, témoins de l'entretien de Moïse et d'Élie avec Jésus, n'aient pas parlé de ce miracle. Ce colloque devait être de conséquence.

L'Annonciation de la Vierge. Un capucin bel esprit a fait, pour honorer cette fête, un livre intitulé : *Salutation à tous les membres de la sainte Vierge.* On trouve dans cet ouvrage, avec le bon sens des capucins, des oraisons pour les pieds, les genoux, les oreilles et les mains de Marie. La vénération que les dévots ont eue pour la sainte Vierge a été jusqu'au ridicule. Marie est digne de nos admirations, c'est une femme bienheureuse et la première de toutes les femmes ; elle n'est point notre avocate ; nous n'avons qu'un avocat au ciel, qui est Jésus-Christ ; il n'y a point de salut sans Marie, nous n'avons de salut qu'en Jésus-Christ. *Il n'y a point d'autre nom sous le ciel donné aux hommes que le sien par lequel il nous faille être sauvés,* dit l'apôtre. La Vierge n'est point reine des cieux, elle est la servante du Seigneur, comme elle le dit elle-même, il faut imiter son humilité.

Saint François-Xavier. Cet apôtre du Japon, que les jésuites avaient compté parmi les leurs, écrivait à son ami le P. Ignace : « Je fais de grands miracles et fort peu de conversions, à cause que je n'entends point la langue du pays. » Est-ce possible que Xavier ait eu le don éminent des miracles, et que Dieu lui ait refusé le don des langues sans lequel celui des miracles ne servait à rien ?

Saint Élie, prophète. Cet homme, sans avoir aucun caractère dans l'État, fit massacrer quatre cents pro-

phètes des faux dieux : la raison que donnent nos
théologiens de la conduite d'Élie fait pitié, il était
inspiré, Jacques Clément croyait aussi l'être. Les
hommes qui ne connaissent point les inspirations
divines doivent condamner les inspirés, même au
dernier supplice, s'ils occasionnent des troubles dans
l'État, à cause que tout ce qui offense la raison et
l'humanité n'est point de Dieu.

Des enfants, dans les environs de Bethel, furent
dévorés par des ours pour l'avoir traité de chauve, à
cause qu'il n'avait point de cheveux. On ne voit point
de crime dans ces enfants, dit un auteur respectable,
pour mériter une aussi grande partie du ciel : celui
qui pardonne soixante-sept fois pouvait-il se fâcher
pour un propos d'enfants?

Les carmes, originaires des fondements du mont
Carmel et du prophète Élie, ont disputé longtemps,
avec les jésuites, sur leur prétendu fondateur. Le
pape défendit aux uns et aux autres, sous peine d'excommunication, d'agiter davantage cette question. Les
carmes firent un procès aux moines de Saint-Basile
de Troïna, en Sicile, parce qu'ils avaient fait peindre
dans leur église Élie enveloppé d'un manteau rouge,
la tête couverte d'un bonnet rouge avec des galons
d'or. L'affaire fut d'abord portée devant l'archevêque
de Messine, ensuite à la congrégation des Rites. Ce tribunal ordonna d'ôter le tableau et d'en mettre un
autre en sa place, où Élie serait en camisole de peau
et en bonnet de nuit. Ainsi fut terminé ce procès, le
16 mars 1686, après dix années de contestations.

Saint François. Les capucins l'appellent dans leurs
litanies, le *chevalier du crucifix, le sauveur des
affamés, le prédicateur des sauvages, la plante des
pieds des capucins.* Voilà une plante qui peut être

mise dans la classe de l'*Assa fœtida*. François prêchait les poissons et les dindons : sa vie et ses discours ne décèlent point un homme de génie. L'extraordinaire lui a donné une réputation. La ressource de la besace a fait l'admiration des gens qui ignoraient la force de la superstition et la bêtise des peuples.

Les constitutions de ce saint sont très plates. *Que les frères,* dit la règle, *qui ne savent pas lire ni raisonner ne se mettent point en peine d'apprendre l'un et l'autre. Le Seigneur a soin des animaux qui ne raisonnent pas et ne savent pas écrire. Si quelqu'un attaque cet article de notre constitution, qu'il encoure l'indignation de Dieu, de saint Pierre et de saint Paul.* Ce bienheureux donnait quelquefois la commission au diable de le fouetter ; Satan faisait bien les choses : un jour il s'en acquitta si rudement que le saint alla se sauver entre deux rochers pour se cacher du diable.

Le pape Urbain VIII avait une dévotion tendre pour saint François ; en considération de ses mérites, il accorda aux capucins de Normandie la permission de lire pendant sept ans la Bible en langue vulgaire ; mais, après ce temps, il leur ordonna de la jeter au feu de crainte qu'elle ne tombât entre des mains séculières.

Sainte Catherine. Sainte imaginaire que l'on chôme encore. La fable dit qu'elle confondit quatre cents philosophes. Quelle apparence qu'une jeune fille qui savait à peine son catéchisme ait renversé le système de Platon ? L'oraison du jour de la fête dit que son corps fut porté par les anges sur la montagne de Sinaï ; il faut être bien dur de foi pour croire aux songes de l'imagination.

Saint Nicolas préside à la Navigation ; il a succédé

à Castor et Pollux. Son élection à l'évêché de Mire a l'air fabuleux.

L'IMMACULÉE CONCEPTION n'est point encore un objet de foi dans l'Église. Marie est sortie de la masse commune de la corruption comme nous ; partant de là, elle n'était pas exempte de la loi générale. Les récollets se sont rendus défenseurs de l'immaculée conception. Ces pères ont pris la défense de ce qu'ils ne connaissaient pas. Leur protection, au reste, n'ajoute rien au privilège de Marie.

SAINTE CATHERINE DE SIENNE, épouse de l'Agneau sans tache, avait promis d'oublier le monde et s'occupait des affaires du monde, se donnait des airs d'écrire aux souverains et se mêlait des affaires d'État. M. de Fleuri, qui la condamne, dit avec les honnêtes gens que ce n'était point les occupations d'une fille consacrée à la retraite. La sainte Vierge venait pétrir le pain de la communauté avec Catherine.

SAINT JEAN A LA PORTE LATINE. L'Église dit qu'il fut mis à Rome dans l'huile bouillante. Saint Jean n'est jamais venu à Rome, Scaliger le prouve dans une dissertation savante. Les peintres représentent cet apôtre, dans la Cène, appuyé sur l'estomac ou le sein de son maître. L'ignorance du mot latin *sinus*, dit M. Chevreau, a donné lieu de mettre saint Jean dans cette posture indécente, comme s'il était supris de sommeil. Les théologiens et les moines sont persuadés que saint Jean reposait sur l'estomac de Jésus, sans réfléchir si saint Jean pouvait avec quelque sorte de bienséance, s'être couché à table sur l'estomac du Sauveur du monde, et sans prendre garde que le *sein* fait une équivoque dans notre langue ; qu'il n'est point français en cet endroit, parce qu'il n'exprime ni le mot grec, ni le mot latin qui marque la place toujours réservée au favori, au bien-aimé. C'est pour cela que saint Jean, parlant de lui fort modestement, dit que *l'un des disciples que Jésus aimait in SINU* au-dessous de lui, le *sinus* des latins n'était point la place honorable, mais la place réservée pour ceux qui étaient les amis du cœur. Les Juifs avaient reçu cette coutume des Romains.

Sainte Barbe, patronne de la confession. Si la confession était un péché mortel, personne ne s'aviserait de le commettre. La confession est un fardeau pesant qui embarrasse beaucoup de monde. Vers la quinzaine de Pâques on sent qu'on a je ne sais quoi qui n'est point agréable à faire. Ce joug dégoûtant et pénible imposé par les souverains de Rome n'est point le joug léger de l'Évangile. Les théologiens ont été charmés de tyranniser les consciences pour se dresser un trône sur la faiblesse de nos cœurs. Dieu n'a pas promis le pardon au pécheur à condition qu'il se déclarerait au prêtre, mais s'il changeait de conduite et s'il pleurait son iniquité. Saint Paul dit à ceux qu'il appelle à la Cène : Que chacun de vous s'éprouve ; il ne les envoie point aux prêtres pour les éprouver.

Un prêtre peut discerner, dit-on, plus aisément que nous, la nature ou la gravité de nos fautes, et le sabre du *distinguo* à la main discerner le péché mortel du véniel. L'Écriture n'a point distingué les péchés, ce n'est point aux hommes à donner des lois au ciel. Pontas et ses confrères étaient des étourdis et des perturbateurs de décider de leur *mortalité* ou de leur *vénialité*. La confession auriculaire dépend, nous disent les docteurs, de l'intention de celui qui l'administre. Si le prêtre nous trompe, Dieu a donc mis notre salut entre les mains des hommes ? il n'est donc pas suffisant pour nous sauver ? et son sang devient

inutile si un moine s'avise de n'avoir pas d'intention.
Où en sommes-nous ? Peut-on, en connaissant l'Écriture, croire aux imaginations humaines ?

Cent millions d'arguments des écoles ne tiendront
point contre la démonstration des premiers siècles de
l'Église, où la confession auriculaire était inconnue.
Les pécheurs publics et scandaleux étaient, il est
vrai, punis publiquement ; mais personne n'allait
dire aux prêtres ses crimes secrets. Avant l'an douze
cent on ne voit point de confessionnaux dans les
églises. Si la religion n'a point fait une loi de confession pendant les premiers siècles et dans les temps
voisins des apôtres, pourquoi a-t-on attendu dix
siècles après l'établissement du culte chrétien, à faire
une loi qui impose un joug si triste et si pesant ? La
rémission des péchés que Dieu seul peut remettre est-
elle améliorée en passant par la main d'un prêtre ?

Saint Macaire, connu par la pénitence de six
semaines qu'il donna à un moine pour avoir tué une
puce. Si on laissait faire les dévots ils feraient des
pénitents de toute la terre ; malgré leurs sermons le
monde va toujours son train. Il y a dix-huit cents ans
que l'Église prie pour l'extirpation des hérésies. Et la
Hollande, l'Angleterre, la Suisse, l'Allemagne, sont
toujours attachées à leur réformation. Nous prions
pour l'union entre les princes chrétiens, et ces princes
se font la guerre plus souvent que les circoncis et
ceux qui adorent le mouton blanc et le mouton noir.

Saint Lazare. Il est fâcheux que ce saint ressuscité
n'ait rien dit de son état dans l'autre monde ; ses connaissances eussent assuré le dogme de l'autre vie et
confondu les matérialistes. Son silence a rendu in-
fructueux le miracle de la résurrection.

Notre-Dame des Neiges. La Vierge descendit du

ciel le 2 août, apparut à Patrice, citoyen romain, et lui dit : « Je t'ordonne de sortir demain de grand matin, tu iras vers l'endroit où tu trouveras de la neige, là tu feras bâtir un temple à ma gloire » : on dit que cette aventure arriva sous le pape Tibère. Saint Jérôme, auteur de sa vie, n'en a point parlé ; comment a-t-il échappé une histoire si miraculeuse ? Le saint docteur aimait le merveilleux.

Saint Germain allait au sabat des sorciers très régulièrement pour savoir si les femmes qui assistaient à ces bacchanales étaient sorcières ; il passait chez elles et le saint n'en doutait plus en les trouvant couchées avec leurs maris.

La Commémoration des Morts. Cette fête, consacrée au soulagement des défunts, doit son invention aux moines de Clugny. L'Église ancienne n'avait pas l'usage de prier pour les morts. Le purgatoire a été longtemps inconnu ; dans son origine il était comme nos moulins à l'eau et au vent. Le pape Grégoire, au quatrième livre de ses dialogues, le compose de ces deux éléments. Un autre pape, qui n'aimait ni la pluie ni le vent, le fit de feu ; depuis ce temps on brûle au purgatoire. L'Église avait un trésor dans les infirmités des fidèles, dans le mariage des cousins, elle tirait de la dîme des vivants, et par l'invention lucrative du purgatoire elle imposa, comme Caron, un tribut aux morts.

Le séjour des trépassés n'est ni dans l'enfer, ni dans le ciel, il est probablement à la droite ou à la gauche du pays des limbes, et lorsque le monde finira, le purgatoire s'en ira en fumée. Les premiers chrétiens étaient de mauvais chrétiens, car ils n'avaient ni purgatoire, ni limbes, ni confession auriculaire, ni le culte des saints ; et Paul et Pierre n'étaient

pas souverains de la terre. Une Église qui admet ce
que les premiers chrétiens n'admettaient pas est
peut-être la meilleure, ou tout au moins très différente.

Sans disserter si longtemps sur le purgatoire,
demandons si Jésus-Christ a satisfait pour nos péchés
et si les sacrements suffisent à notre sanctification.
Si les docteurs nous disent que Jésus-Christ et ses
sacrements nous suffisent, que feront-ils du purgatoire? Car, en admettant ce lieu de souffrance, il
nous faut deux satisfactions pour un péché, celle de
Jésus-Christ qui est infinie et celle du purgatoire qui
ne vaut pas tant.

Si les papes peuvent tirer les âmes du purgatoire
par leurs indulgences, ils ont tort de laisser leurs
indulgences dans leur trésor; si j'étais pape vingt-
quatre heures, une heure après il n'y aurait plus un
chat dans le purgatoire. Je donnerais toutes les
indulgences possibles, je n'épargnerais rien pour
procurer à mes frères la vision de Dieu; sans disserter davantage sur cette matière où les bonnes raisons
ne manquent point, je crois que la doctrine du purgatoire est contraire à l'Évangile.

Saint-Jean-Baptiste était acridophage, c'est-à-dire
qu'il vivait de sauterelles. Les Européens sont étonnés
de sa pénitence et nos prédicateurs l'exagèrent avec
beaucoup d'emphase. M. Ludof, dans son commen-
taire sur son histoire d'Éthiopie, dit que les sauterelles de ce pays-là sont d'une grandeur si extraordinaire qu'elles obscurcissent quelquefois l'air par
leur nombre. Ces sauterelles sont la nourriture des
gens du pays, qui savent les accommoder avec du
miel sauvage. Ce ragoût est bon et nourrissant. Les
Pères et les interprètes de l'Écriture, qui jugeaient de

ces animaux par ceux que nous fournit l'Europe, se figuraient que la pâture de saint Jean était mauvaise, d'autres que c'était une herbe qui portait un nom commun avec les sauterelles.

Le Carême. Son établissement est l'ouvrage d'un établissement mal entendu, ou peut-être de quelques papes infailliblement ignorants, tels que Grégoire II et Zacharie, son successeur, qui ont déclaré des viandes immondes. Ces souverains défendaient de manger en tout temps du lièvre, parce que le lièvre était une créature immonde. Au xixe livre des canons recueillis par Buchard, il est écrit : *Si tu manges oiseaux que le faucon a assommés, ou les oiseaux qui se sont étranglés dans les filets, tu feras pénitence seize jours au pain et à l'eau.* Quand on défend de manger du lièvre, qu'on donne des pénitences aux hommes pour de pareilles bêtises, on peut établir un jeûne aussi singulier que le carême.

Les apôtres et l'évangile n'ont jamais parlé de ces puérilités. *Le royaume de Dieu*, dit saint Paul, *ne gît point en viande, mais en justice, en paix, en foi dans le Saint-Esprit.* Saint Paul regardait le carême et l'abstinence dans celui qui les pratiquait comme une faiblesse de foi et de peu d'instruction. Il dit : *Mangez de tout ce qu'il y a à la boucherie, mangez tout ce que l'on vous donnera, sans vous inquiéter sur la conscience.*

Dans les premières années de l'établissement du carême, l'Église n'était point sévère. Un ancien canon dit expressément : *Si un jeune clerc jeûne le dimanche ou le samedi en carême, qu'il soit déposé, si c'est un laïque qu'il soit excommunié.* Saint Ignace, dans l'épître aux Philippiens dit : *Si quel-*

qu'un jeûne un dimanche ou un samedi, il est meur-
trier du Christ. Saint Ambroise, au *livre d'Élie et*
du jeûne, dit : *On jeûne tous les jours de carême,*
hors le samedi et le dimanche. Le premier carême
de l'Église était de cinq jours avant Pâques. C'est le
carême impromptu de Gresset. Dans la primitive
Église on chômait un carême d'heures, c'est-à-dire
quarante heures sans boire ni manger, c'est celui que
pratiquent les Églises protestantes.

Maître Rabelais, qui faisait rire nos pères avec ses
grosses platitudes, assure que le carême fut institué
pour « massacrer la chair, mortifier les appétits sen-
« suels et resserrer les furies vénériennes de tous
« bons et savants médecins, affirmant en tout le
« cours de l'année n'être viandes mangées plus exci-
« tantes la personne à lubricité, qu'en cettuy temps
« — fèves, pois, oignons, huîtres, harangs, saleures,
« herbes — vous serez bien ébahi, si le bon pape,
« instituteur du saint carême, voyant que c'était lors
« la saison où la chaleur naturelle sort du centre des
« corps, auquel s'était contenue durant les froidures
« de l'hiver ; et se disperse par la circonférence des
« membres comme la sève fait des arbres, aurait les
« viandes ordonnées pour aider la multiplication de
« l'humain lignage, ce qui me l'a fait penser, c'est
« qu'en papier baptistère plus grand est le nombre
« des enfants en octobre et novembre nés, qu'en dix
« autres mois de l'année, lesquels, selon la supputa-
« tion rétrograde, tous étaient faits, conçus, engen-
« drés en carême, ors qu'on attribue le copieux
« grossissement de femmes aux stationnaires... en
« carême, sont toutes les maladies semées ; c'est la
« vraie pépinière de tous les maux, si le carême fait
« pourrir les corps, il fait aussi enrager les âmes. »

Le poisson est plus appétissant que la chair. Cette nourriture, imaginée par les casuistes, les papes et les fondateurs d'ordre, pour remédier à la concupiscence des moines, aiguise leur santé et les rend plus vigoureux. L'auteur de l'esprit des lois assure que dans les ports de mer on y voit plus d'enfants qu'ailleurs, à cause que les parties huileuses du poisson sont plus propres à fournir la matière qui sert à la génération. C'est une des causes de ce nombre infini de peuples qui est au Japon, où il y a beaucoup d'îles, de rivages et où la mer est très poissonneuse.

SAINT PIERRE s'est distingué parmi les apôtres par son attachement pour son maître. Cet amour l'emportait souvent. L'épée dont il se servit dans le jardin des Oliviers fut une erreur de zèle occasionné par une parole de Jésus, que lui et ses frères entendirent très mal. Le législateur avait dit : *que celui qui a un sac petit ou grand qu'il le laisse là; celui qui n'a point d'épée qu'il vende sa robe ou sa chemise pour en acheter une.* Le Seigneur, qui cherchait à distraire ses apôtres des biens de la terre, leur dit d'acheter une épée. L'épée que Jésus entendait était un glaive spirituel, c'étaient l'éloquence du ciel et le bon exemple qui doivent être les armes des papes et des prêtres. L'Église infaillible a été quinze cents ans à comprendre ce passage. Le Saint-Esprit n'a donc pas toujours été avec elle.

LA TOUSSAINT. Ce fut sous Jean XXV, l'an 995, que l'on commença à canoniser les saints. Saint Ulric fut le premier. Les évêques ont possédé longtemps le droit de faire des saints. Rome leur ôta ce privilège. Saint Martin fut le premier dont on fit l'office. Ses reliques, placées sur l'autel, firent crier le clergé de France. Les saints, dont nous faisons un des objets

de notre culte, sont des êtres que nous ne connaissons que par réputation. On attend trop longtemps à
les canoniser, dit le roi de Prusse; ce n'est guère que
cent ans après leur mort; cette politique est bonne,
ajoute le même monarque, alors il n'y a plus aucun
témoin de leurs fredaines. Sœur Marie à la Coque a
fait de très méchants vers sur la fête de la Toussaint
que son papa, monseigneur Languet, trouvait admirables.

La Trinité. Fête nouvelle dans l'Église. Les Juifs
n'ont jamais connu ce mystère. Les premiers chrétiens n'avaient point de notions claires des trois personnes divines. Le pape et toutes les Églises du
monde étaient dans l'erreur au sujet de la trinité.
Saint Athanase fut le seul qui ne s'écarta point de la
foi et qui tint ferme contre un concile et l'infaillibilité
de l'Église.

La Fête-Dieu. La procession de ce jour doit son
origine aux rêves d'une religieuse du monastère de
Dardaines au pays de Liége. Cette fille assura, en
rêvant, que le Seigneur lui avait ordonné de faire une
procession en son honneur. L'évêque de Liége commença le premier. L'Église et le clergé de France
jetèrent les hauts cris, jamais établissement ne fut
plus contesté que celui de cette fête. Le grand Érasme
l'appelait la fête de Cérès. Ce jour est le triomphe de
la Cène, ou du pain des anges qui fait germer les
vierges. Les prêtres et les moines, qui s'en nourrissent chaque jour ne sont ni plus chastes, ni plus
parfaits que les honnêtes gens qui n'en prennent
qu'une fois l'an.

Saint François de Paule. Un capucin indigne, mais
garçon bel esprit, chargé de son panégyrique, fit un
exorde original, prit pour texte ce verset des

psaumes : *Posuit pedem in oleo,* il a mis son pied dans l'huile, et commença ainsi son sermon : « Saint Bruno, chrétiens, mes frères, fondateur des chartreux, a mis son pied dans la solitude, saint Ignace a mis son pied dans la poussière des classes. Notre bienheureux séraphique saint François, fondateur des capucins, a mis son pied dans la merde, et saint François de Paul a mis son pied dans l'huile. Voilà pourquoi ces révérends pères mangent de l'huile. *Ave Maria.* »

SAINTE THÉRÈSE. Cette vierge a fait des efforts incroyables pour rallumer sur le Carmel le flambeau de la chasteté. Le tempérament et les filles ont eu plus de force que son style et les lettres circulaires. Le démon du midi est plus difficile à chasser du corps des carmes que des autres nations religieuses. Le scapulaire cause peut-être chez eux des ravages dans des parties toujours tendantes au bien général de la société. Si le flambeau de la chasteté n'est plus qu'une mèche qui fume parmi eux, en revanche, le feu supérieur à celui de Prométhée se conserve religieusement dans cet ordre. Le monde est si persuadé de cette vertu qu'on dit partout : il bande comme un carme.

Un jour, le diable (cette machine est toujours montée contre les saints) voulut tenter Thérèse. Depuis longtemps, Satan avait épuisé son latin. Il la vit entrer dans l'église; le démon, sans avoir peur du bénitier, s'avança vers l'autel, se plaça vis-à-vis de sœur Thérèse, il tenait un crayon et un morceau de parchemin pour enregistrer les immodesties qui se faisaient en ce lieu.

Il avait déjà marqué en noir un abbé dont l'œil lascif avait couru sur la gorge naissante d'une jeune fille, le nom d'un poète qui priait Dieu par distraction, les manèges d'une jeune fille avec son amant à qui l'église servait de rendez-vous. Le diable, le père de la précaution, manqua ce jour-là de provision. Son parchemin rempli, ne sachant plus où mettre les délinquants, il s'imagina de l'allonger, il le mit entre ses dents et le tira si fort que le parchemin se rompit, et la tête alla donner rudement contre le pilier. Thérèse, réjouie de l'accident, se mit à rire. Le diable, charmé de placer son nom avec les autres, gambada d'aise, et mit sur son registre :

> Fille qui rit est, dit-on, bientôt prise.

Ce beau morceau de la vie de sainte Thérèse nous a été conservé par saint Simon Sthoc, et les carmes en ont paré leur légende.

La décollation de saint Jean. On étale à la vénération des fidèles la tête de Jean-Baptiste dans un plat. On croit qu'une jeune fille l'apporta dans la salle du festin, où Hérode célébrait le jour de sa naissance. Est-il croyable qu'une jeune fille qui aimait la danse eût apporté une tête sanglante à la table d'un souverain? A Nogent-sur-Seine, on montre la cervelle de saint Jean, qui fut trouvée, dit-on, sous la pierre d'une fontaine à une demi-lieue de la ville, dans deux écuelles de bois de frêne qu'on porte aux malades, et qu'on met sur la tête en guise de calottes. Au bas de cette relique on voit un vieux couteau rouillé avec cette inscription : « *Chi est le coute là cou qui a coupé sa chervel.* »

Saint Laurent. L'Église honore l'étole et la tunique de ce glorieux martyr. De son temps, les diacres n'avaient ni étoles ni tuniques.

Saint Longin, Martyr, fut un soldat, dit la légende,

qui perça le côté de Jésus. Ce soldat est appelé Longis ou Longin par ignorance. Longis était le nom de la lance qui perça le côté de Jésus; de cette lance les légendaires ont fait un homme, de cet homme, un martyr.

Les sept dormants ont été mal récompensés de leurs vertus, ils méritaient d'aller en paradis comme les autres saints. Pourquoi les faire dormir à propos de bottes et reculer si longtemps leur bonheur? Leur sommeil ne pouvait servir à rien à la gloire du christianisme, hors que les rêves ne soient des choses essentielles à l'autorité de la tradition.

Saint Abraham était un grand mangeur, il servit aux anges, qui vinrent lui annoncer que sa vieille épouse concevrait, un veau entier avec le pain de trois mesures de farine qui reviennent, selon le calcul de M. Fleury, à plus de deux de nos boisseaux et à cinquante-six livres de notre poids. Quatre ou cinq familles, de l'appétit d'Abraham, mettraient bientôt la famine en France. Platon n'avait pas une grande idée des gens qui mangeaient beaucoup, il disait qu'on ne pourrait jamais corriger les mœurs de la Sicile tant qu'on y ferait de grands repas.

Saint Cyrille, homme ambitieux et violent. Il attaqua les Juifs dans leur synagogue à la tête de son peuple, les chassa d'Alexandrie, permit aux chrétiens qu'ils pillassent leurs biens; il se brouilla, parce qu'il était brouillon, avec Oreste, gouverneur. Cinq cents moines, émeutés par ce fanatique, entourèrent ce prince, le blessèrent d'un coup de pierre. Le moine coupable de ce crime fut arrêté et puni de son crime. Ce moine fanatique a été mis dans la liste des martyrs : nous chômons tous les ans sa fête.

Les anges gardiens. Leur culte est nouveau dans l'Église. Un canon du concile de Laodicée dit expressément : *Quiconque priera, saluera et honorera les anges, qu'il soit anathème.* Le concile de Trente, au contraire : *Si quelqu'un dit qu'il ne faut point prier, saluer, honorer les anges, qu'il soit anathème.* Le Saint-Esprit, à ce qu'on dit, a présidé aux deux conciles.

Sainte Marguerite a succédé à Lucine dans les accouchements. Sa ceinture fait de beaux miracles dans le faubourg Saint-Germain. Les dames de la petite rue Taranne, celles de la rue des Deux-Anges vont se ceindre de ce précieux ruban, quand elles touchent à l'instant de mettre au monde un porteur d'eau. Les filles du monde, un peu curieuses de leur salut, vont aussi, sur le point d'accoucher, faire un pèlerinage à la ceinture de sainte Marguerite. Un tondu de Saint-Germain-des-Prés entoure avec le divin ruban l'énorme circonférence de la fille et dit peut-être en lui-même, en marmottant l'oraison : « Je ne voudrais pas en avoir fait autant à cette jolie fille, mais je voudrais lui en faire autant. »

Saint Janvier. Le miracle de la liquéfaction de son sang est une farce. Le vice-roi de Naples ordonne chaque année, très sérieusement, aux prêtres chargés du miracle qu'ils aient à l'exécuter. Le P. Mabillon vit cette cérémonie et ne vit point de miracle, la crainte d'être lapidé par le peuple le fit crier au miracle comme les autres.

Saint Cristophe, nom grec qui veut dire *porte-Christ.* Ce saint imaginaire a été mis à la place d'Hercule. Sa statue gigantesque se trouve dans nos anciennes églises. Nos pères, qui avaient peur de mourir subitement, avaient une tradition qui leur

assurait qu'on ne mourait point le jour qu'on avait
vu la figure de saint Christophe : en conséquence, on
le peignait comme un géant pour la commodité du
public. Dans les vieux missels, on trouve l'hymne
qu'on chantait le jour de sa fête : elle finissait en ces
termes :

> *Beatum Christophorum*
> *Qui portavit Christum.*
> *Et aqua non teligit culum !*

SAINT MICHEL. La monture de cet archange, commune avec celle de beaucoup de maris, dit la chanson,
fait peur depuis longtemps à la foule des hommes.
Le diable est une vieille machine, dit le roi de
Prusse, qui commence à s'user depuis le temps
qu'elle sert. Jamais un être n'a paré nos légendes
comme le diable. Le merveilleux de la vie de nos
saints disparaîtrait bientôt si l'on ôtait les mérites
que le diable leur a procurés. Cet animal ancien était
autrefois dans nos châteaux, aujourd'hui il n'a plus
que la petite joie d'épouvanter les sots ou d'orner les
phrases de nos agréables.

Les démons, dans leur origine, étaient des anges
de lumière, une partie se révolta et voulut être semblable à Dieu. C'étaient donc des athées ; car s'ils avaient
connu Dieu, l'auraient-ils défié dans sa gloire, ou
conçu l'idée d'être semblables à lui ? Une partie a
résisté à la tentation d'être semblable à l'Éternel.
Cette partie avait donc un degré de grâce supérieur
à la partie qui s'est révoltée ? Les anges n'étaient donc
pas au séjour de la perfection dans l'état parfait de
leur nature. Les parfaits ne sont donc pas au ciel,
on peut pécher dans le séjour de la grâce. D'où
venons-nous ? Nous sommes pécheurs dans le monde
d'hier, puisque nous naissons dans le crime, nous

péchons dans le monde d'aujourd'hui ; l'exemple dès anges nous fait croire que nous pourrions pécher dans le monde de demain. Élevons nos cœurs à l'Éternel.

Le diable est sans contredit le plus grand de nos mystères. Dieu crée l'homme innocent ; cet ouvrage de la Providence ne reste pas deux heures sans devenir l'enfant du diable. Le ciel noie les hommes dans un déluge, à cause qu'ils étaient les enfants de la chair et du diable, la race qui succède devient encore la proie de ce malheureux. Dieu descend lui-même pour remporter la victoire sur l'esprit malin et le démon triomphe encore par la quantité des serviteurs qu'il se fait dans l'univers. L'avantage du diable sur le ciel est de cent mille pour un. Prenez Barême et l'histoire, comptez ; j'ai peur que le calcul ne soit d'un million contre un.

SAINT BONAVENTURE, docteur de l'Église, est l'auteur du psautier de la Vierge, imprimé avec l'approbation de la Sorbonne, en 1601, chez N. Fosse, rue Saint-Jacques, à Paris. L'auteur de cet ouvrage a pris grand soin d'altérer les psaumes pour honorer la Vierge. Le jésuite Baradius, qui a travaillé sur cet ouvrage, demande à Jésus pourquoi il n'a point conduit sa mère avec lui dans le ciel ! *C'est que vous aviez peur,* lui dit-il, *que la Cour céleste ne fût en doute lequel de vous deux était son seigneur ou sa dame.* Ce jésuite appelle la Vierge mère de miséricorde : il n'y a que Dieu qui fasse miséricorde, et l'idée que nous attachons à ce terme peut être appliquée à Marie.

SAINT JEAN, pape, fit un miracle impertinent, marqué au coin de la plus noire ingratitude. Ce représentant de Jésus, poursuivi par un antipape dans le siècle où Jésus-Christ avait deux ou quatre chefs visibles, qui s'égorgeaient réciproquement et s'anathématisaient pour avoir le Saint-Esprit de leur côté; bref, le pape Jean passa chez un seigneur qui lui prêta, à cause de son grand âge, le cheval de madame. Le cheval mena très doucement le saint-père. L'animal, glorieux d'avoir porté le père commun des fidèles, ne voulut plus porter que des papes. Madame, quelques jours après, voulant se servir de sa monture, le cheval la jeta rudement à terre et lui cassa une cuisse. Le seigneur jura contre le souverain pontife d'avoir gâté son cheval et cassé une cuisse à sa femme. Ce pape n'avait ni monde ni charité. Le seigneur avait raison de se fâcher, un pareil tour n'est édifiant que dans le bréviaire où les plus grosses platitudes sont chômées de première classe.

LA CONVERSION DE SAINT PAUL. Ce grand apôtre a vu le paradis. Il est certain que ceux qui ont écrit de ce séjour n'y ont jamais été. Nous avons beaucoup de romans du paradis et pas une bonne histoire. Saint Paul, qui parlait la bouche ouverte, parce que les hommes ne peuvent parler quand ils n'ouvrent point la bouche, dit qu'il a été ravi jusqu'au dernier ciel, qu'il a entendu des *acana verba*, c'est-à-dire des bons mots, et, pour nous laisser une exacte description de ce lieu de délices, il dit fort éloquemment : « Ce que l'oreille n'a jamais entendu, ce que l'œil n'a jamais vu, est précisément le paradis. » Avec des notions aussi claires on est furieusement instruit.

Mahomet en a parlé plus joliment. Son paradis est meublé de houris, de belles femmes avec de grands yeux bleus. De jolies femmes avec de grands yeux bleus valent mieux que des bons mots ou des contes bleus. Le prophète des croyants donne des plaisirs à ses bienheureux proportionnés à leurs organes. Le paradis des chrétiens ne promet rien de pareil ; ce ne seront que des extases : hélas ! toujours chanter *Gloria patri*.

L'histoire sainte donne une mauvaise idée du paradis. M. Satan, ancien bourgeois respectable de ce pays-là, et même homme en place, n'était dans le fond qu'un coquin ; sans le bienheureux Michel, qui mit un peu de police dans le paradis, ce séjour divin devenait un séjour de brigands. Nous dirons ici bas, et cela pour le plaisir de médire du prochain, que les parfaits sont là-haut, que notre argile en paradis ne péchera plus ; les livres saints disent pourtant que les anges, qui n'étaient point de boue et de crachat comme nous, y ont péché. La chair se corrompt peut-être moins que l'esprit, et la boue sans doute se conservera mieux au ciel : cela est drôle.

Toutes les belles choses qu'on a dites du paradis, ne donnent à personne l'envie d'y aller : l'horreur que nous avons de la mort marque que l'amour du paradis ne nous est point naturel. Les malades tâchent de reculer ce voyage le plus qu'il leur est possible ; ils ont raison : le Paradis s'embellit de jour en jour, plus nous tarderons, plus nous y trouverons de gens de notre connaissance.

Saint Ovide, honoré à Paris d'une foire où l'on vend des colifichets à deux jambes gauches. Ce bienheureux est invoqué pour les yeux. Les Quinze-Vingts ont une vénération marquée pour sa mémoire ; laissons les saints, parlons des aveugles. Les échevins de Paris ont fait un logement magnifique pour les Quinze-Vingts, afin de les mieux nicher près des gouttières. L'étranger admire cet édifice et s'étonne qu'il ne soit pas pour ceux destinés par la fondation à l'occuper, il est encore plus surpris lorsqu'il rencontre dans les rues de Paris MM. les Quinze-Vingts qui lui demandent la charité. Comment! s'écrie un Anglais qui écorche notre langue et nos usages, les milords qui habitent le palais des Quinze-Vingts, les pensionnaires royaux de Sa Majesté vont gueuser d'église en église, sont logés près des gouttières pour laisser le premier, le second et le troisième étage de leur palais à des garçons tailleurs qui font des culottes sans être passés maîtres en culottes ; ce monde et Paris sont remplis de bonnes choses et de contradictions.

Notre petite salle de l'Opéra-Comique de la foire Saint-Laurent est assez jolie. Notre Pont-Neuf serait un beau morceau s'il n'était pas gâté par une cage à poulets que nous appelons la Samaritaine. Il est étonnant qu'on fasse de si belles choses à Paris et qu'on ne rétablisse point Mont-Faucon.

Ce lieu si célèbre dans l'histoire n'étale plus aux étrangers que deux colonnes mutilées. Ne pourrions-nous pas engager l'État à le rétablir? Il serait satisfaisant pour le public qu'on donnât cette commission aux fermiers généraux, voici pourquoi : Pasquier a remarqué que les fourches patibulaires de Mont-Faucon ont porté malheur à tous ceux qui s'en sont mêlés. Enguerrand de Marigny, qui les fit bâtir, et Pierre Remi, surintendant des finances sous Charles-le-Bel, qui les fit réparer, y furent pendus. Jean Monnier, lieutenant civil de Paris, y ayant fait mettre la main pour les refaire, y fit amende honorable. La remarque de Pasquier, dit M. de Sainte-Foix, est bonne, en ce qu'elle fait voir qu'il a été un temps en France où l'on faisait justice des grands comme des petits voleurs.

Saint Antonin, homme éclairé, a édifié son siècle par de beaux songes. La Vierge, une nuit, dit ce bienheureux, se promena dans le dortoir des jacobins; en passant et repassant le long des lits, elle donnait la bénédiction aux moines qui dormaient, elle la refusa à un gros moine couché sur le dos dans l'attitude du vieux Noé. Antonin fut canonisé par Clément VII, qui aimait les belles choses.

Saint Albéric a reçu un capuchon blanc de la Vierge, et lorsqu'elle le lui mit sur la tête, les capuchons de ses moines, qui étaient noirs, devinrent blancs.

Crédulité, c'est le savoir des sots.

Saint Hilarion n'a point été canonisé par les papes, il le fut par le grimoire qui servait autrefois à la béatification des saints. Le grimoire était un livre farci d'oraisons et d'invocations qu'on récitait la nuit, à la lueur d'un cierge triangulaire. Un prêtre le lisait pour savoir si un homme méritait d'être au rang des saints : les oraisons achevées, le prêtre se couchait; si, la nuit, il faisait un songe agréable, il assurait que la personne pour laquelle il avait lu le grimoire était en paradis.

Saint Simon-Stock. La sainte Vierge lui apporta du ciel le scapulaire du mont Carmel en lui disant : compère Simon, celui qui sera vêtu de ce chiffon sera sauvé. Ceux qui le porteront, dit la bulle sabatine de Jean XXII, confirmée par Alexandre V, ne demeureront en purgatoire que jusqu'au samedi suivant de leur décès.

Saint Ambroise, dans l'apologie de David, avance, au sujet du meurtre d'Uri, un principe abominable et contraire à l'humanité. *David*, dit-il, *ne pécha point envers Uri lorsqu'il le fit mourir, parce que les rois étant les maîtres de la vie et des biens de leurs sujets peuvent les leur ôter lorsqu'ils le jugent à propos, sans qu'ils soient coupables.*

NOTRE-DAME DU SAINT ROSAIRE. Le saint Rosaire, dit le livre de la Confrérie, imprimé à Saint-Omer, est une chose mystérieuse, c'est un signe d'élection d'être de cette frérie. *Les réprouvés deviennent enfants de Dieu dès l'instant qu'ils sont confrères. Leurs noms, écrits dans le livre de vie, parce que le livre de vie et celui de la confrérie est bonnet blanc, ou* blanc bonnet. Ceux qui feront écrire les noms de leurs pères et mères seront assurés que leurs parents sortiront du purgatoire au moment même que leurs noms seront écrits dans ce livre.

Toute la cour céleste et Dieu le père sont de la confrérie. En disant le vénérable rosaire, on gagne trois cent soixante-neuf mille ans d'indulgences, sept quarantaines, et l'on délivre chaque fois une âme du purgatoire : ces sottises ont été approuvées par Pie V, Sixte IX, Innocent VIII, Alexandre VI, Adrien VI, Clément VII.

SAINT CONSTANTIN, empereur. Saint fort équivoque. Son baptême et la guérison de sa lèpre par le pape Sylvestre est une fable. Les historiens anciens disent que cet empereur se fit baptiser un peu avant sa mort, au faubourg de Nicomédie, par Eusèbe Arien.

NOÉ, saint du Vieux Testament, fameux par le grand coffre qu'il fit pour sauver les hommes. Benjamin Tudèle, juif, dit le khalife Omar, employa les débris de l'arche à bâtir une maison à Mahomet. George, dans son déluge de Deucalion, dit après d'Haïton, que sur le mont Ararat on voit quelque chose de noir, qui a l'air d'une arche. L'imagination

des fanatiques est comme celle des enfants, ils voient
des choses que les philosóphes ne voient point. Nous
connaissons par l'histoire trois déluges, celui de Noé,
celui d'Ogygès dans l'Attique et celui de Deucalion en
Thessalie. L'histoire de ces déluges est remplie de
fables et d'absurdités qui font rire le lecteur.

Après le déluge de Noé, le vin fut connu, et le vin
amena avec lui la débauche sur la terre. On croirait,
dit un savant, que les hommes avant le déluge
étaient plus sages que ceux qui vinrent après. Si l'on
considère les désordres que le vin a fait commettre,
il est probable que l'impudicité devint plus grande,
si l'on croit cet axiome :

Sine Baccho friget Vénus.

SAINT JACQUES, dans son épître catholique, dit que
la foi sans les œuvres ne justifie personne. Saint
Paul, que les œuvres ne justifient personne, que la
seule foi justifie et non pas les œuvres.

SAINT JOB est un poète ancien ; son style est rempli
d'expressions hardies : les ouvrages qu'on lui attribue ont été composés à loisir et ne paraissent pas
être des impromptus faits sur le fumier. On trouve
des idées très profanes dans ce prophète ; celle où il
appelle le grand Jéhova le maître des dieux est singulière. L'effort poétique qu'il se donne de faire con-
voquer par Jéhova l'assemblée céleste et de faire
critiquer par Momus, sous le nom de Satan, les
actions de Dieu, est extrêmement libre. Il faut un
esprit supérieur pour croire ce livre inspiré par le
Saint-Esprit.

LA FÊTE DE LA PRÉSENTATION DE LA SAINTE VIERGE,
chômée en mémoire de Marie, présentée à l'âge de
trois ans au Seigneur. La légende dorée assure

sérieusement que le grand prêtre la logea dans le
Saint des Saints, d'où les femmes n'approchaient
jamais et où le sacrificateur n'entrait qu'une fois l'an.
Le vénérable sanhedrin des Juifs viola, en faveur de
Marie, les lois de Moïse, et il fit construire une
chambre sous l'autel de l'arche de l'alliance où les
anges venaient servir la sainte Vierge.

Lorsque Marie eut atteint l'âge de quinze ans, le
sanhedrin, chargé de la marier, la proposa aux
jeunes gens de la tribu de David. On fit annoncer
dans un programme que ceux qui voulaient aspirer
à l'honneur de sa main eussent à se rendre au jour
assigné dans le temple avec une verge à la main. Un
vieux garçon à barbe grise, qui lisait les gazettes, se
trouva au rendez-vous.

Honteux de se voir en face d'une jeunesse brillante,
il cacha sa verge sous sa robe; au moment où le
grand prêtre prononçait les paroles du rituel juif, le
Saint-Esprit descendit sur Joseph et dans l'instant sa
verge fleurit. A ce miracle on reconnut le doigt du
Seigneur et le vieux garçon fut nommé l'époux de
Marie.

Marie survécut à son époux et poussa très loin sa
carrière; quelques jours avant sa mort un ange vint
lui annoncer que dans trois jours elle mourrait. Les
apôtres, dispersés par toute la terre, se trouvèrent à
sa mort. Le bon vent les avait apportés dans des
nuages à la porte de sa maison. Alors on entendit
des concerts divins; la palme se changea en feuilles
dorées. Les apôtres virent Marie enlevée au ciel, soutenue par des anges. Le savant M. de Launoy assurait que cette assomption était un conte, comme celle
de Fatime, femme de Mahomet, que les fidèles
croyants chôment à l'exemple des fidèles chrétiens.

L'Église, qui n'a pas encore mis cette histoire au nombre des articles de foi, n'oblige point ses enfants à la croire. Cette fête fut instituée à Aix-la-Chapelle par un prélat qui faisait de beaux rêves.

Le 16 août, Saint Hyacinthe. Les Tartares assiégeant son couvent, il prit le ciboire, et comme il se sauvait avec ce dépôt précieux, une grosse notre-dame de marbre lui dit : « Mon bon ami, à quoi penses-tu? Comment, tu sauves le fils et tu laisses la mère exposée à la rage de ses ennemis? » Le saint s'excusa sur la pesanteur de la statue. Marie insista. Hyacinthe la prit et la trouva légère comme une plume, parce que rien n'est impossible à Marie et à ses statues de marbre. Ce bienheureux est le protecteur des femmes enceintes à cause de son nom qui rime avec une fille enceinte. J'ai lu à la porte des jacobins de Bruxelles une affiche conçue en ces termes : « *On célébrera jeudi, dans cette église, la fête du glorieux Hyacinthe, religieux de l'ordre des frères prêcheurs. Le saint est original et singulier; pour les femmes grosses il y aura indulgence plénière sans miséricorde.* »

Le bienheureux Ruffin, compagnon de saint François, tenté par le diable, consulta son patriarche sur ce qu'il devait faire pour se délivrer d'une pareille bête. François lui dit : « Mon frère, quand le diable vous tentera, vous lui direz : Satan, ouvre ta bouche, je chierai dedans. » Chaque fois que Ruffin faisait ce compliment au diable, le diable courait comme un diable. Je suis étonné qu'on n'ait pas inséré cette recette merveilleuse dans le livre des exorcismes; on craignait peut-être de faire tort à l'eau bénite.

La Portioncule, nom que les capucins donnent à des indulgences apocryphes. Saint François, rêvant debout dans une chapelle, vit l'église de Rome en feu, il alla chercher de l'eau pour éteindre l'incendie; sur le bord d'un ruisseau trouva la sainte Vierge portée par des têtes de chérubins; elle lui dit : « Je descends du ciel pour te combler de mes faveurs, demande-moi ce qui te flattera davantage, je te l'accorderai. » Après quelques compliments, François lui demanda une indulgence plénière pour les pécheurs qui entreraient dans la chapelle de la Portioncule. Le bon Jésus, en considération de sa mère, ratifia l'indulgence à condition que le patriarche des capucins la ferait confirmer par le pape. Ce dernier fit assembler le sacré Collége; on traita le moine d'insensé et on l'envoya prêcher ses frères les lapins (1). Le pape se rappelant quelques jours après le besoin qu'il avait des moines pour défendre ses prérogatives, lui accorda sa demande. Le comique de cette indulgence, c'est que le bon Jésus l'avait donnée à François pour tous les jours de l'année et que le pape la fixa à un seul jour.

Quelques mauvais garnements avaient flétri la réputation de saint François en l'accusant d'avoir commis quelques jolies misères avec une fille du monde. L'accusé, pour montrer son innocence, se dépouilla et parcourut les rues d'Assise. Les gens d'Assise connaissaient sans doute les signes de la virginité chez les hommes. Cet exemple fut imité par le F. Léonard, élève de saint François.

(1) Saint François appelait les lapins et les dindons ses frères, il était encore de la famille des poux; il les ramassait quand ils tombaient et n'osait les tuer à cause du sixième commandement, *tu ne tueras point*. Sa sœur l'alouette était celle de sa famille qu'il estimait davantage. Les capucins ont pris la couleur de cet oiseau à cause qu'il avait un capuchon et que leur fondateur avait dit que sa sœur l'alouette était l'image d'un bon religieux.

Dans le temps que les crucifix parlaient, c'est-à-
dire dans le bon temps des moines, un crucifix de
bois dit à saint François : « Mon ami, va-t'en refaire
ma maison. » Le saint, qui prenait les choses à la
lettre, alla apprendre le métier de maçon, et dès qu'il
sut un peu manier la truelle, il sut réparer une vieille
église qui tombait en ruine. Le crucifix, s'aperce-
vant qu'il avait affaire à un sot, s'expliqua plus
clairement. « Nous ne nous entendons pas, lui dit-il,
mon ami François, vous avez l'esprit où les poules
ont l'œuf; l'église qui tombe en ruine, c'est mon
Église apostolique, catholique et romaine. » Dans ce
temps-là l'Église n'était pas encore infaillible; car ce
qui est infaillible ne peut périr et n'a pas besoin de
réparation.

Saint Junipère, capucin, avait lu dans l'Écriture
qu'il fallait devenir enfant pour entrer dans le
royaume des cieux; en conséquence, il chiait dans
son lit comme font les enfants, il jouait avec eux à la
bascule. L'odeur de sa sainteté était si forte qu'on la
sentait à vingt pas à la ronde, surtout les jours qu'il
avait chié au lit.

Le 4 novembre, Saint Charles Borromée. Il fut
longtemps la dupe des jésuites. Le P. Ribera, son
confesseur, commettait régulièrement dans son palais
le crime que Duchaufour enseignait à Paris.

La Conception de la Vierge. L'Église, jusqu'à l'an
1150, a cru que Marie avait été conçue dans le péché
originel. Jean Duns, dit l'Écossais, fut le premier qui
prêcha l'Immaculée Conception, qui fut soutenue par
les cordeliers contre les jacobins. Sixte IV, général
des cordeliers, devenu pape, ordonna la fête de la
Conception, et cela à propos de l'aventure d'un chanoine en commerce avec une femme. Le prêtre, pour

aller voir sa maîtresse, passait la Seine; en entrant dans le bateau, il avait le saint usage de réciter l'*Ave Maria*. Un jour, le diable et le vent le culbutèrent au fond de l'eau ; il se noya et le diable emporta le chanoine adultère aux enfers. Le troisième jour de sa damnation, la sainte Vierge descendit aux enfers, redemanda le chanoine au diable, disant qu'il lui appartenait à cause qu'il récitait fréquemment la salutation angélique. Le diable, qui avait de meilleures raisons que la Vierge, soutint que M. l'abbé lui appartenait, que les *Ave. Maria* n'équivalaient point quelques milliers d'adultères, et que le chanoine était de bonne prise. Après beaucoup de disputes, l'*Ave Maria* l'emporta sur l'adultère. Le chanoine ressuscita, et la Vierge lui ordonna, en reconnaissance, de réciter son office et de chômer la fête de la Conception immaculée.

HISTOIRE DE SUZON ET DE DEUX PRÉSIDENTS A MORTIER

Extraite du livre qui doit paraître après ma mort.

Qui de vous aujourd'hui se fiera à Suzon?

Les Jacau avaient beaucoup de femmes sages, des filles très honnêtes et un beau sexe qui changeait quelquefois de chemise. La perfection de la perfection était parmi les femmes à cause que la loi les faisait pendre ou caresser à coups de pierre, lorsqu'elles se laissaient caresser par les Greluchons. Une jeune mariée nommée Suzon, belle comme une

médaille, droite comme un I, vivait chastement.
Deux vieux présidents à mortier du grand Châtelet
de Jéricho s'en amourachèrent ; comme ils étaient
fort entendus sur les coutumes de la banlieue de Jéricho, ils firent comme le R. P. Gribourdon et le
muletier adorateur des gros charmes de Jeanne
d'Arc, ils s'unirent pour avoir ses faveurs.

L'aîné de ces robins se nommait Gautier, il était
âgé de quatre-vingt-dix-neuf ans neuf mois, trente et
un jours, vingt-trois heures quarante-neuf minutes
et quatre-vingt-quatre secondes. Le cadet, Garguille,
n'avait tout au plus que quatre-vingt-dix-huit ans,
vingt-trois mois, trente et un jours, cent neuf
minutes et vingt-trois secondes. Les deux présidents
ne présidaient plus à rien. Il y avait au moins trente-
cinq ans que leurs chastes présidentes n'avaient vu
les pièces sur le bureau, le ruban d'or était retiré et
ne conservait plus de son ancien éclat que le lâche de
la houppe de leur bonnet carré. Un regain de jeunesse
prit à ces Messieurs, ils crurent que la pensée et la
volonté étaient chez eux dans le degré de la perfection de Crémistic, en conséquence ils envoyèrent des
poulets à Suzon. La belle les renvoya, elle ne voulait
pas de poulets qu'elle ne les eût apprêtés elle-même,
elle craignait qu'ils n'eussent été lardés, à cause que
le lard avait été défendu par sa loi.

Les poulets, ni le beau style épistolaire ne faisaient
rien sur son cœur ; les magistrats s'imaginèrent que
leurs vieux visages feraient plus d'impression. Un air
ancien, disaient-ils, est respectable. Nos physionomies
ne sont point de ce siècle, mais nos perruques sont de
l'an passé. Quoique l'hiver ne soit pas le printemps,
un soleil de décembre réjouit encore, et la nature fait
quelquefois des miracles.

Suzon aimait la propreté, sa religion prêchait les ablutions et les chemises blanches. Un canon de sa loi faisait manger des pigeonneaux aux prêtres, augmentant leurs ordinaires, quand les filles n'étaient point extraordinaires. La jeune femme avait été affligée pendant cinq jours d'un accident périodique, dans une partie sujette à tant d'autres. Le cinquième jour de la maladie, elle prenait les remèdes de la loi, de l'eau claire et une chemise blanche; elle choisissait pour cette cérémonie religieuse un endroit écarté de son jardin où il y avait une fontaine, appelée la *Cuvette ovale*. Les vieux sénateurs savaient les rubriques de la loi, les us et coutumes des Pays-Bas, ils se cachèrent dans le jardin, à dessein de voir les cérémonies de l'ablution.

La chaste Suzon alla à la fontaine de la Cuvette ovale, regarda autour d'elle et ne voyant personne se déshabilla. Aussitôt qu'elle eut ôté un grand fichu et montré une gorge éblouissante, les présidents, qui la regardaient de loin avec des lorgnettes d'opéra, furent émus de ses charmes et dirent entre eux : « Confrère, sentez-vous remuer le vieil homme? — Non encore », répondit le président Gautier. Suzon découvrit son derrière. A ce spectacle les mortiers s'approchèrent et dirent à la belle : « Madame, l'occasion fait le larron, vous êtes sans jupon et sans chemise, c'est une charité de couvrir ceux qui sont nus; comme nous savons notre catéchisme, nous sentons une joie inexprimable d'être bienfaisants au prochain et surtout quand le prochain est coiffé comme vous. De grâce, agréez la peine que nous voulons prendre de cacher votre nudité; ne rougissez pas, Madame, de vous abandonner à notre charité. Cette vertu est ingénieuse, douce, discrète et tranquille. »

Un si beau sermon sur la charité devait produire
son effet sur un cœur qui n'était point encore
endurci. Suzon, honteuse d'avoir montré son derrière
à deux présidents du grand Châtelet, ne savait quoi
répondre. « Auriez-vous, la belle dame, lui dit un des
magistrats, le mauvais goût d'aimer votre mari? En
vérité c'est vous anéantir, votre mari est un impertinent de vous enterrer dans ses bras; êtes-vous faites
pour un mari? donnez sans scrupule, madame, cent
coups de canif dans le contrat de mariage, cette misère griffonnée est un chiffon... vive le plaisir de faire
un mari cocu... » Le président Garguille s'émanci-
pait; on pardonne ces étourderies à la jeunesse, et
les femmes aiment les étourdis.

La jeune femme, revenue de son étonnement, dit à
ses amants : « En vérité, messieurs, vous n'êtes point
honnêtes de prendre ainsi les dames au saut de la
Cuvette ovale. Cela est effroyable; quel langage tenez-
vous pour des tuteurs du roi de Jéricho? Vous
devriez être plus sages qu'un chanoine de Notre-Dame.
Comment, vous envoyez les filles à Saint-Martin et
vous cherchez à me corrompre! comment, une fille
comme moi, qui a été élevée à Saint-Cyr!... Comment voulez-vous que je fasse mon mari cocu? Je
n'ai point vu cela dans mes heures; voyez ces messieurs, ils veulent... il faut du temps pour faire un
cocu. — Ne vous fâchez pas, Madame, dit le président
Gautier, c'est la plus petite chose du monde, il faut,
pour faire un cocu, le temps précisément de cuire un
œuf frais. — Cela vous plaît à dire, répondit la chaste
Suzon; à quatre-vingt-dix-neuf ans on ne jette pas
sitôt les cocus en moule. — Oh! dit le jeune président Garguille, des yeux éblouissants comme les
vôtres, Madame, une main aussi charmante est un

trésor dans un ménage, nos biens grossissent dans les mains d'une femme sage; heureuses, mille fois heureuses celles qui savent manier les pelotons de laine et l'aiguille, dit le sage Pangloss dans la femme qu'on ne trouve point. — Vous avez bien de la foi à mes reliques, Messieurs, je n'en ai pas tant aux vôtres, si vous n'aviez que vingt ans... tenez, en vérité, vous avez tort... pourquoi êtes-vous si vieux? vous vous en tireriez fort mal, croyez-moi, ne déshonorez point le mortier. »

Le président Gautier, devenu plus tendre par la résistance de Suzon, lui dit : Madame, nous nous flattons d'un heureux succès, dussions-nous périr sur le champ d'honneur, nous pousserons notre pointe; vous avez entendu parler Titon, eh bien ! l'Aurore préférait ce vieillard aux blondins et aux agréables. » Suzon, qui n'avait lu que les fables de son pays, ignorait celles des Grecs, qui, aux noms près, étaient les mêmes fables, dit à ses amoureux : « Finissez, s'il vous plaît, voulez-vous qu'on me chansonne dans Jéricho; vous savez qu'il y a de mauvais rimeurs, et puis que penseraient les femmes? Voyez-vous, diraient-elles, la Suzon donne ses faveurs à Gautier, à Garguille. » La chaste Suzon tint ferme aux instances des magistrats. L'entêtement d'une jeune femme qui a des préjugés contre les vieillards est terrible; le sexe est toujours vertueux vis-à-vis des gens qu'il n'aime pas.

Les soupirants, rebutés de la fermeté de Suzon, l'accablèrent d'injures, la traitèrent de coquine et la menacèrent de la faire pendre. « Vous avez un mauvais goût pour les jeunes gens et les vieux jansénistes. Vous nous refusez vos soins parce que nous sommes molinistes, pour vous empêcher d'être contraire à notre parti, nous allons vous accuser au grand Châtelet de vous avoir surprise ici dans les bras d'un janséniste. » Suzon répondit sans s'émouvoir : « Messieurs, comme il vous plaira. »

Dans ce temps-là, on avait une idée fort triste du
cocuage ; les jacaux, qui n'avaient point lu les *Métamorphoses* d'Ovide ni les bons livres, ne voulaient
pas que les femmes se mêlassent de changer les
hommes en oiseaux. Ils faisaient pendre celles qui se
chargeaient de la coiffure de leur mari. L'ignorance
est une terrible chose.

L'affaire de Suzon, portée au tribunal d'un peuple
qui pendait les belles femmes pour une faiblesse, eut
un malheureux succès. L'accusée fut condamnée à
être pendue. On allait exécuter la sentence lorsqu'un
écolier de douze ans, nommé Poucet Dandin, revenant du collège, passa heureusement dans la cour du
grand Châtelet. Le jeune enfant, voyant tout ce peuple
amassé, demanda à un Parisien qui était auprès de
lui ce qui amenait tant de monde. « Dame, lui dit le
bourgeois de Paris, mon garçon, vous n'avez donc
pas entendu crier la sentence d'une coquine qui gâte
les jansénistes? C'est la belle Suzon qu'on va pendre
au Carrefour de la Croix-Rouge. — Est-elle jolie? dit
l'écolier. — Oui, c'est une grivoise qui *aimait* les
amoureux comme le pain blanc ; deux présidents à
mortier l'ont attrapée avec son vieux Greluchon de
janséniste. — Vous vous trompez, dit le petit Poucet,
cela ne peut être ; quand une jolie femme fait son
mari cocu, elle n'appelle jamais Messieurs de la grande
chambre ni les présidents du Châtelet. — Qui voulez-
vous donc qu'elle appelle? dit le badaud. — Personne », répondit Dandin ; et Dandin avait raison.

L'écolier, touché du sort de Suzon, monta précipitamment dans la grande chambre du Châtelet, et s'adressant aux magistrats, il leur dit : « Messeigneurs du grand Châtelet, vous n'êtes que des ânes. » C'était l'usage dans ce temps-là d'insulter les magistrats. Les jésuites de Jéricho enseignaient cette mauvaise morale à leurs élèves et cela à cause que les écoliers de douze ans avaient beaucoup d'autorité dans les trois chambres du grand Châtelet de Jéricho.

Les magistrats, qui prenaient les sottises pour des compliments, firent attention à l'éloquence du petit Dandin, ordonnèrent un sursis d'exécution et mirent l'écolier à la place de leur premier président en lui disant : « Mon jeune garçon, vous avez l'air d'un morveux bien élevé ; vous êtes probablement un premier de sixième, vous descendez peut-être de la bonne race des George Dandin ou de la branche des Dandin qui jugeaient dans les caves et dans les gouttières les grandes causes des chats et des chiens. Vu ces raisons, la Cour vous choisit à perpétuité pour son premier président. »

Poucet Dandin, flatté du rang que le grand Châtelet venait de lui donner, remercia la Cour, et s'adressant à toutes les chambres assemblées, il leur dit : « Messieurs, j'accepte le rang que vous me donnez, avec ces sentiments qu'on doit à l'estime que vous avez pour les écoliers. Dans l'affaire de Mme Suzon vous avez dormi à l'audience ; il ne faut jamais dormir dans la cause d'une jolie femme ; qui sont les témoins qui déposent contre elle ? — Monsieur l'écolier, dit l'avocat général, ce sont les nommés Michel-Cassandre-Mathusalem Gautier, Adam-Blaise-Hérode Garguille, présidents à mortier de cette chambre. La Cour, dans l'affaire, a suivi le § LXXXIXe du traité des causes véreuses de Dumoulin, où, sur l'explication du *Di-*

geste testis titicu... cu... Cujas, après Charondas et Bacquet, assure que le témoignage de deux vieillards est préférable à celui d'un écolier de sixième ; en conséquence la Cour a prononcé la sentence de mort contre la nommée Suzon, atteinte et convaincue d'avoir vendu ses faveurs au parti janséniste. »

L'homme du roi ayant parlé, le petit Dandin se leva et dit à l'assemblée : « Messieurs, vu les raisons solides de l'avocat du roi, je condamne les nommés Michel-Cassandre-Mathusalem Gautier, Adam-Blaise-Hérode Garguille à être préalablement conduits ès prisons du petit Châtelet pour être appliqués à la question ordinaire et extraordinaire. » On arrêta les deux vieillards, on les conduisit en prison, où on leur fit subir la question.

Dans ce temps-là, la question ordinaire était exécutée par deux sœurs du Pot qui administraient au coupable, de cinq en cinq minutes, un lavement d'eau à la glace. Elles appliquaient tout le temps que durait la question trente-six emplâtres de mouches cantharides au patient, trois au derrière, deux aux aines ; en posant ces dernières, les sœurs du Pot élevaient leurs cœurs à l'Éternel.

La question extraordinaire se faisait avec les oraisons et les prières anciennes qui servaient aux épreuves du fer chaud et aux eaux chaudes. On passait une longue perche dans le derrière du patient, on le portait ainsi en procession, il était précédé de la bannière de la paroisse et suivi du chapitre de Notre-Dame de Jéricho, M. l'archevêque à leur tête. Les chantres entonnaient ce verset du psaume : *Manducaverunt Jacob, ils ont mangé Jacob.* Le chœur répondait : *On a commencé par les fesses parce que la moutarde venait après.* On faisait soixante-sept stations, à chaque on secouait soixante-sept fois le patient perché au bout du bâton. Cette cérémonie faite, monseigneur et les chanoines venaient lui cracher au derrière. Les présidents, qui n'avaient pu soutenir les honneurs de la procession, se coupèrent dans les interrogations. Le président Gautier avoua qu'il avait vu la Suzon et son janséniste sur un pommier, Garguille déclara que c'était un poirier.

Le petit Dandin voyant que ces messieurs se coupaient s'écria : « Voyez-vous que ces deux malheureux n'ont pas les premières notions de la botanique, ils ne connaissent que la plante des pieds ; Suzon ne peut avoir accordé ses faveurs sur deux arbres, les vieux jansénistes ne font point, comme les francs-maçons, les choses par trois ; ainsi, messieurs, vos présidents sont coupables. » Le grand Châtelet de Jéricho vit bien que l'écolier Dandin était éclairé par Crémistic. On prononça l'arrêt de mort, et les coupables furent pendus.

Ce jugement, qui a extasié l'antiquité, n'est point si admirable. Les deux vieillards, épris des charmes de Suzon, pouvaient équivoquer facilement en prenant un arbre pour un autre, surtout dans un jardin où les pommiers et les poiriers étaient multipliés. Un mari qui surprend sa femme sous des arbres entre les bras d'un autre ne va point regarder au ciel pour savoir sous quelle constellation se fait la jonction du Capricorne, ou s'il y a des pommiers. Les deux présidents connaissaient peut-être mieux les filles que les arbres. L'écolier de Jéricho n'avait aucune autorité dans la Cour souveraine du grand Châtelet pour casser la sentence et donner, à douze ans, la loi à d'anciens magistrats. L'histoire de Suzon est un vrai conte de ma mère l'Oie.

HISTOIRE MERVEILLEUSE ET ÉDIFIANTE
DE GODEMICHÉ

Trouvée dans un ancien manuscrit de la bibliothèque de la
Sacrée Congrégation des Rits.

Son air natal est celui de la Grille..

Godemiché, italien de naissance, naquit de parents
catholiques, l'an premier de la création des vœux
monastiques; de jeunes filles de quinze ans, à qui
les lois ne laissaient pas la liberté de disposer de leur
patrimoine, avaient disposé, dès cet âge, de leur
liberté, bien précieux sans lequel les autres sont sans
substance. Ces innocentes avaient fait le marché de
bonne heure, dans la crainte de faire des enfants ou
d'être sollicitées par de beaux garçons, qui sollicitent
toujours les filles à en faire.

Les porte-collets de ce temps-là, plus froids que les
porte-collets de ce temps-ci, avaient prêché et assuré
à ces filles qu'un habit de bon goût offensait le ciel,
qu'un vêtement ridicule et grotesque allait mieux à
des vierges destinées par la création de l'argile du
premier homme à jouir du bonheur éternel. Les hail-
lons, qui rendent la vertu maussade, sont de très
saintes choses. Un capucin habillé en satire, en
égipan, est un objet très récréatif pour les anges. Ces
indignes, mal vêtus dans ce monde, seront richement
habillés là-haut où ils occuperont les premières loges.
Leur crasse, leur vilaine barbe et leur vermine, placées à côté de l'agneau sans tache, jetteront un
furieux éclat dans le paradis. L'incroyable et l'extraordinaire entrent aisément dans l'esprit des filles de

quinze ans, parce que les filles de quinze ans sont très crédules.

Une nonnaine, nommée sœur Conception, était rongée de certains cousins issus de la même nation de ceux dont se plaignait l'apôtre des nations. Le directeur du couvent s'amouracha d'elle, il cherchait à triompher de sa vertu. La sœur, qui avait fait vœu d'être stérile à dessein d'augmenter la gloire de l'Être suprême, s'opposait aux désirs naturels du directeur. Le moine, vigoureux, aimait les filles à cause que sa mère avait été fille, lui disait : « En vérité, ma chère sœur, votre caprice est inconcevable, pourquoi vous laisser manger des cousins ? Un malade, qui peut se soulager et qui ne le fait pas, offense le ciel. La pâleur mortelle répandue sur votre front annonce que vous ne garderez plus longtemps votre pucelage. Quel chien de plaisir de laisser pourrir de si belles choses dans la terre ? Ah ! ma chère sœur, n'enfouissez point vos talents, il vaut mieux faire un enfant que de ne rien faire. La nature pour engager les filles au travail, attache des plaisirs à cette besogne. Quelle sensation trouvez-vous d'obéir à une supérieure stupide, croyez-moi, tuez vos cousins ; tenez, ma sœur, je me charge volontiers de l'opération ; essayez, l'instrument meurtrier vous fera plaisir. » La sœur, ébranlée par les discours de son directeur, consentit à la mort des cousins.

Aussitôt que la sœur vit l'appareil et surtout l'instrument qui devait tuer tous les cousins, elle recula et parut étonnée : « Comment, mon Révérend Père, lui dit-elle, croyez-vous tuer mes cousins avec une misère comme votre instrument, il faut un bras plus fort que celui-là. — Ne vous inquiétez pas, lui dit le cordelier, c'est le meilleur de l'ordre, il a eu trente-six voix au dernier Chapitre général. » La nonne, qui croyait en Dieu et dans le père directeur, se laissa persuader. Le pater tua les cousins. La sœur trouva l'opération si douce, l'instrument meurtrier si agréable, qu'elle désirait d'avoir encore des cousins à détruire.

Depuis le massacre des cousins, le directeur était intrigué sur les suites de cet assassinat. Il craignait que les cendres de ces animaux ne renaquissent comme celles du Phénix et ne produisissent un gros garçon. L'inquisition, les pères jacobins et la Sacrée Congrégation des rits défendaient dans ce temps-là aux cordeliers, aux moines et aux confesseurs de faire des enfants aux filles ; à cause qu'ils avaient dit des paroles qui n'étaient point dans la loi. Un directeur était brûlé par les bourreaux du Saint Père, quand il s'avisait de diriger le corps de ses pénitentes. Le cordelier alla consulter une vieille sorcière logée dans une cabane aux pieds du *Monte Cavallo.* Cette femme avait été protégée de plusieurs papes à cause qu'elle avait deviné en jouant les cartes que le Saint-Esprit les choisirait. Les cardinaux allaient la consulter chaque fois qu'il mourait un pape, et la sorcière était fort considérée du Sacré Collège.

Le moine, en l'abordant, lui dit : « La signora Moïsa Merlina Dandora, j'ai connu en chair et en os une jeune nonne qui avait la peau blanche comme du pain bénit, la taille droite comme un cierge pascal, le visage vermeil comme le sang de saint Janvier, des yeux brillants comme les œufs de Pâques, une fille enfin charmante comme les onze mille vierges. — Vous avez fait sans doute un enfant à cette belle nonne, lui dit la sorcière. — Oui, la signora, répondit le moine. — Mon père, il n'y a point de mal à ça, les abbés font de cette magie-là tous les jours, sans aller au sabbat; que voulez-vous donc de moi? — Je voudrais, dit le moine, que la sœur ne devînt pas enceinte. — Cela n'est point aisé, cependant je vais consulter mon grimoire. » La sorcière prit un jeu de cartes, c'était son livre de magie, elle fit passer et repasser des carreaux, des trèfles, sans rien découvrir, le valet de pique, accompagné d'un as-rouge, parut tout à coup; à ce spectacle la sorcière s'écria : « Vive le diable! la religieuse accouchera d'un mâle. — Notre-Dame de Lorette, dit le directeur, je suis perdu ! — Ne craignez rien, lui dit la signora, ce qu'elle mettra au monde ne sera point un enfant. Une vieille sybille de la marche d'Ancone a prédit dans le chapitre 23 de la bonne foi au diable que l'an premier de l'ère monastique, une Vierge enfantera Godemiché. Cet enfant, l'image de la virilité, sera le consolateur des filles et l'allégement des misères de la grille.

« Afin que le miracle réussisse, vous ferez manger des mandragores à la nonne. Du temps d'un ancien patriarche qui n'était point du tout sorcier et qui fut le père d'un peuple qui n'était point sorcier, on croyait que les mandragores faisaient des enfants, à cause que leurs racines portaient la figure des choses qui font les enfants. Vous savez qu'en bonne physique la figure ne produit jamais la réalité, en sottise et en sorcellerie la figure détruit la réalité. Vous prendrez donc une livre de mandragores; une once d'étoupes (1) qu'on a brûlées fort inutilement à l'exal-

---

(1) On brûle des étoupes à l'exaltation des Papes en leur criant bien fort aux oreilles *Sancte Pater sic transit gloria mundi*. Saint Père, voilà comme passe la gloire du monde. Malgré ce feu d'artifice le Pape est fort attaché au patrimoine, à ses trois couronnes et à ses prérogatives.

tation du dernier pape ; vous délayerez ces simples dans une pinte d'eau lustrale et demi-setier de lait d'ânesse : du tout vous ferez un boudin blanc que vous ferez manger à la sœur enceinte.

« Après que la nonne aura pris cette potion, vous direz l'oraison des quarante jours que vous trouverez dans de mauvais livres de prières. Le dernier jour de la quarantaine vous demanderez à la Sainte Vierge que le sortilége s'accomplisse à cause que vers la fin de l'oraison des quarante jours il y a une pause où la rubrique avertit de demander ce que l'on veut, que la Vierge l'accordera à ceux et celles qui le lui demanderont dévotement. Après l'oraison vous prendrez de l'eau bénite, vous ferez le signe de la croix trois fois, et au lieu de dire *In nomine patri*, etc., vous direz ces paroles de Despautere : *Corbafus hic aut hæc grossus.* Pendant neuf jours vous direz l'oraison suivante à saint Guinolé ; le latin de cette oraison ne vaut pas le diable. Ne vous en étonnez point, on sait par l'histoire de Loudun et la tradition de tous les possédés que le diable parle latin comme un fiacre. »

L'oraison que la signora Moïsa Martina Dandora donna au directeur était bâtie en ces termes :

Oremus.

Sanctus Guinolus confessor Ecclesiæ, rogo te per gloriam tuam collatam a sanctissimam papam et per fidem quem provinciam armoricam habet circam tuam reliquiam ut sororem conceptionem largire digneris à peste à furore normandorum liberare ac puerum de ejus utero rejicere sicut sacerdos templi tui repulsat scipionenem tuam quando mulieres devotas eunt scabere tuum sanctum instrumentum.

Per sanctum dactilum tuum compositum longo cum duobus brevitus. Amen (1).

Le directeur exécuta toutes les oraisons sans scrupule. Il avait étudié son traité du scandale chez les jésuites, il était persuadé qu'on pouvait en conscience commettre saintement dix crimes pour en cacher un. Il fit un boudin de mandragore et le fit manger à la sœur Conception.

Quelques jours après avoir mangé le boudin, la nonne enfla. La mère abbesse, qui connaissait la bonté des verrous et des grilles de son parloir, ne savait à quoi attribuer l'épaississement de sœur Conception. Elle crut quelque temps que c'était un mystère. Le mystère croissant chaque jour, elle eut des inquiétudes. En fille prudente, elle appela le confesseur extraordinaire pour interroger la nonne et savoir si le diable ne pouvait pas engrossir les filles. Le confesseur, qui était un mathurin, demanda à la nonne si elle n'avait point gretuchonné avec des faraux. « Non, mon révérend, lui dit la sœur. — Mais n'auriez-vous pas joué au *qu'y met-on*, il y a sept à huit ans, avec de beaux garçons? — Hélas, mon père, je n'avait alors que sept ans, est-on si longtemps à faire un enfant? — Oui, dit le père mathurin, surtout quand les filles sont difficiles à accoucher; nous savons par l'Écriture sainte que la mère de saint Christophe a été dix-huit mois à le

(1) Saint-Guinolé, confesseur de l'Église, je te prie, par la gloire que t'a conférée le Saint-Père et par la foi que la province de Bretagne a pour ta relique, que tu daignes délivrer la sœur Conception de la peste, de la fureur des Normands et rejeter de son sein l'enfant qu'elle a conçu, ainsi que le prêtre de ta chapelle repousse ta béquille quand le dévot sexe va gratter ton saint instrument : par ton S. dactile composé d'une longue et de deux brèves : Ainsi soit-il.

faire ; peut-être que vous avez un saint Christophe dans le ventre ! en ce cas, je vous plains, ma chère sœur, car le gros saint Christophe a occasionné de furieuses douleurs et de terribles coliques à madame sa mère en le mettant au monde. Dame, aussi il était si grand que ça faisait trembler. » Le casuiste ne concevant rien à la grossesse de la sœur Conception, l'attribua au diable, selon l'usage de ce temps-là, de charger cette bête des accidents ou des événements que l'ignorance ne concevait pas. Sans le diable, les directeurs seraient souvent sans bonnes raisons.

Le cas de la sœur enceinte étant regardé comme un cas réservé au Saint-Siège, on le proposa à la Congrégation du Saint Index qui décida avec le Saint Père qu'il fallait derechef interroger la nonne, la menacer sous peine d'excommunication majeure de déclarer la véritable cause de sa grossesse. On députa en conséquence un légat *a latere*, qui conjura la sœur par la chaise percée du Saint-Père de lui déclarer la vérité. La religieuse tenant ferme contre les foudres du Vatican, n'avoua rien. Le légat ne pouvant tirer aucun éclaircissement s'avisa de demander si elle n'avait pas mangé du boudin. La nonne avoua qu'elle en avait convoité longtemps, que son directeur lui en avait donné et que le boudin lui avait procuré des rapports et des envies de vomir.

Le légat rapporta l'affaire à la sacrée Congrégation des Rits, qui convoqua la sacrée Congrégation *de auxiliis* et tous les cardinaux (1). On fut longtemps avant de décider, mais non pas un siècle comme dans la cause des capuchons pointus des cordeliers qui

(1) On donnait ce titre de cardinal aux curés de Rome ; aujourd'hui on le donne à des êtres inutiles qui, inférieurs aux évèques, ont acquis, on ne sait trop pourquoi, le pouvoir d'élire les papes.

occupa quatre souverains pontifes. Les congrégations assemblées décidèrent qu'il fallait s'informer de quelle couleur était le boudin que la sœur avait mangé ; en conséquence, on renvoya le légat chargé de nouvelles instructions relatives aux couleurs.

L'envoyé du Saint-Siège rapporta que la sœur avait mangé du boudin blanc. Les docteurs consultèrent l'Écriture, ils trouvèrent un passage où Salomon parlait de boudin, mais ce passage ne décidait que pour le boudin noir. Il était conçu en ces termes : *nigra sum sed formosa.* Pour l'approprier au boudin blanc, on consulta les auteurs grecs, les vieilles polyglottes, le talmud, le texte hébreu, le samaritain et la bible de Mons. Ces livres, qui se contredisent toujours, furent par hasard d'accord sur le boudin noir. Les sacrées congrégations ne pouvant rien décider sur cette grossesse, renvoyèrent l'affaire aux médecins.

Il y avait à Rome, dans ce temps-là, deux cent treize Hippocrates ignorants comme le sont ordinairement ces docteurs adversaires de la santé. La Faculté, avec M. le doyen en tête, examina le cas de la sœur Conception : après beaucoup de grec et de latin inutilement prodigué, on décida que le boudin, composé de graisse et d'autres viandes indigestes, ne pouvant se dissoudre aisément dans l'estomac, séjournait longuement dans les dernières voies et s'arrêtait avec irritation dans le boyau rectum, et que de là provenait l'enflure de la malade ; à cause que Gallien a dit que le ventre rempli de boudin était plus enflé ordinairement que le ventre d'un homme qui n'avait pas mangé depuis trois jours, *replétio betolii pessima.*

Un accident malheureux fit accoucher la sœur avant terme, elle rêva qu'elle était à sa toilette à mettre des bijoux à ses oreilles, elle croyait dans son rêve que ses bijoux étaient des diamants ; mais aussitôt qu'elle prit son miroir pour voir l'effet que les bijoux feraient, elle fut effrayée de voir en leur place les deux pendants d'oreilles qu'Origène se coupa pour avoir le royaume des cieux. Au cri perçant qu'elle jeta, elle fit accourir la mère abbesse et les quatre discrètes ; à peine ces nonnes furent-elles entrées dans la chambre de sœur Conception, qu'elle sentit les grandes douleurs de l'enfantement.

Godemiché commençait déjà à paraître à la porte du monde. Les discrètes, les lunettes sur le nez, regardaient son entrée triomphante et s'écriaient de temps en temps : *Jésus, Maria,* le boudin avance. A chaque effort de sœur Conception, le corps de Godemiché sortait de plus en plus. Les vieilles, un chapelet à la main, priaient le ciel, Notre-Dame des Sept-Douleurs ou de la Compassion, pour l'heureuse délivrance de leur consœur, et de temps en temps encourageaient de leur voix rauque la pauvre malade. Bref, l'enfant vint au monde. La jeune abbesse le reçut dans une guimpe fine, les discrètes, étonnées, le prirent d'abord pour un écritoire. Vive Jésus ! dit la plus vieille, le boudin est un écritoire : voyez-vous l'encrier et le sablier ? L'abbesse, qui n'était pas si bête, sentant palpiter l'écritoire dans sa main, le mit dans sa gorge pour le ranimer.

Godemiché n'était pas comme les hommes obligé de passer par les misères de l'enfance. Dès qu'il fut dans le sein de la jeune abbesse il s'électrisa et prit aussitôt l'âge de puberté. Le premier usage qu'il fit de son existence fut de glisser du corset de l'abbesse vers un endroit que la pudeur m'empêche de nommer dans un siècle où la décence est un si beau mot. L'abbesse tomba dans l'instant en extase, ses yeux mourants et presque fermés par le plaisir : un mouvement délicieux l'agitait voluptueusement ; à chaque secousse que lui donnait Godemiché, elle s'écriait : Ah !... ah ! j'expire... mon bon Jésus, est-il possible que ta bonté ait rendu tes créatures susceptibles de tels ravissements ?

A peine Godemiché eut-il rempli de son onction la mère abbesse, qu'il s'envola sous le jupon d'une jeune novice : la nonne tomba à l'instant dans cet état charmant qui rend les mortels égaux aux dieux. Ah ! cœur, s'écria-t-elle, ô plaisir... je meurs... j'expire... attends... finis... non, continue... Un silence enchanteur succéda à ce barbouillage ; bref, Godemiché, comme un papillon volage ou comme un Français, voltigea de nonnes en nonnes, les combla de plaisirs. Fatigué de tant d'exploits, le héros tomba à terre. Une vieille discrète le ramassa, et croyant le ranimer dans son sein comme elle avait vu faire à son abbesse, elle ne fit que hâter le moment de son trépas : le valeureux Godemiché, épuisé de fatigue et saisi par le froid qui le prit subitement dans les tetons secs de la douairière, expira.

L'abbesse et les nonnes, revenues de leur extase où le plaisir les avait plongées, demandèrent où était le dieu qui les avait enchantées. La vieille le tira de son sein et leur montra le pauvre Godemiché sans vie : à ce spectacle, elles versèrent un torrent de larmes ; l'amour, ce vrai consolateur du monde, leur donna l'idée de faire une figure semblable à celle du défunt. On la fit d'abord de chamois, quelque temps après de velours (1), et les siècles perfectionnèrent

(1) Dans une abbaye en Champagne, un notaire un peu mouton faisant l'inventaire des meubles d'une abbesse mit bêtement sur la liste : Item *un instrument de velours à l'usage de la défunte.*

tellement l'instrument qu'on introduisit dans son sein
un petit réservoir de lait chaud qu'un piston artiste-
ment construit élance avec vigueur dans le séjour
constant des plaisirs ; depuis ce temps, l'image sert
de réalité : la figure du mort a passé dans tous les
couvents où il a pris le nom honnête de bréviaire du
diocèse.

HISTOIRE DES SEPT FILS AIMON

Extraite du livre qui paraîtra après ma mort.

Que l'affreux fanatisme a troublé les mortels !

Alexandre, surnommé le *Grand,* pour avoir été le
plus fameux bourreau de la terre, était comme dieu
fils de Jupiter, et comme homme fils de Philippe, roi
de Macédoine. Le divin Alexandre mourut. Le destin
le permit ainsi, dans la crainte de scandaliser les
hommes assez méchants pour mépriser la Divinité, si
elle eût fait un fils mortel. Car un dieu immortel qui
fait un enfant à une petite créature humaine commet
une espèce de bestialité, plus grande que celle pour
laquelle on brûla tant de malheureux bergers et de
garçons d'écurie, qu'on retirerait aisément de ce
vice, si on leur donnait tout naturellement une jolie
fille. Mais on aime mieux faire de la cendre avec
des hommes, parce qu'ils sont nécessaires à l'État.

Après la mort de ce monarque, un enfant nommé
Antiochus, trouvé parmi les œuvres de sa majesté,
succéda à quelques fragments du royaume de son
père. Il fit la guerre aux Jacaux et prit Jérusalem.

Quelques honnêtes bourgeois de cette ville, ornés d'un peu de sens commun depuis qu'ils se communiquaient aux étrangers, se rangèrent du parti du roi, prirent le ton aimable des gentils, ne coupèrent plus le prépuce à leurs enfants, mangèrent du jambon, des poulets piqués, et trouvèrent que cela était bon.

Pour subvenir aux besoins de l'État, Antiochus avait enlevé de Jérusalem les chandeliers d'or, les ustensiles et toute la vaisselle du saint suaire. La perte de la vaisselle et des ustensiles consterna tellement Jérusalem que les filles, dit le P. Berruyer, *furent affaiblies, la beauté des femmes fut changée,* et cela à cause qu'il n'y avait plus d'ustensiles dans Israël.

Cette vaisselle changée en écus fut la cause qu'on ne fêta plus le dimanche dans Sion, parce qu'on ne pouvait chômer cette fête sans vaisselle ; comme si les chandeliers, les pelles à feu et les encensoirs étaient nécessaires à marquer l'honneur et la reconnaissance qu'on doit si naturellement à l'auteur de tout bien.

Le roi, instruit que ces petites misères n'avaient rien de commun avec le vrai culte, ordonna à ses sujets d'observer la loi naturelle, d'aimer leur prochain comme eux-mêmes, de ne plus égorger ceux qui ont des prépuces, d'abandonner généreusement le sabbat aux sorciers, de ne plus brûler des poumons de bœuf, des pieds de mouton et des rognons de veau. Sa Majesté représenta qu'il valait mieux donner le bœuf aux pauvres, qu'elle savait très particulièrement que Crémistic n'était point Anglais, qu'il n'aimait point le rosbif. Ici le P. Berruyer assure que pour faire observer son ordonnance, Antiochus fit étrangler les petits enfants au cou de leurs mères.

Un monarque élevé à la cour des Césars, où il avait
sucé la douceur et l'urbanité romaines, n'était pas
capable d'une action aussi indigne. Le P. Berruyer,
comme disent les Italiens, nous conte des couillon-
nades.

Mathieu Aimon, fils de Simon Aimon, la véritable
souche de la famille des quatre fils Aimon, était
depuis peu de temps sacristain de la chapelle du
Saint-Suaire. Mathieu avait sept enfants prêtres,
habitués de la même chapelle. Ces églisiers murmu-
raient contre les ordonnances du roi, se plaignaient
surtout de ce qu'il avait enlevé la vaisselle, et que
les Jacaux ne venaient plus chercher des évangiles.

Antiochus, informé de leur révolte, envoya un
exempt de la connétablie d'Antioche pour les con-
traindre à se soumettre à ses lois. Mathieu et ses fils
répondirent à l'envoyé au bâton que leur religion leur
défendait d'obéir au roi. Un des records, qui accom-
pagnait l'exempt, dit à Mathieu : « Mon révérend,
vous avez tort, saint Paul recommande expressément
l'obéissance aux souverains, votre mauvaise doctrine
sent terriblement celle des jésuites. » Mathieu, rempli
du saint zèle de la désobéissance, tua le record et
l'exempt.

Cette action fanatique est sanctifiée par le P. Berruyer, qui assure « que Crémistic inspira à Mathieu
de désobéir au roi, de tuer ses envoyés et tous ceux
qui avaient raison ». Antiochus, irrité de cette inso-
lence, envoya une armée nombreuse contre Mathieu
et les Jacaux que ce dernier avait soulevés. Les
troupes de sa majesté se trouvèrent en face des ennemis un jour de sabbat. Le général proposa la bataille
aux révoltés ; ils la refusèrent sous prétexte que leur
loi ne leur permettait pas de défendre leur vie le

dimanche. En conséquence de cette rubrique, ils se laissèrent égorger comme des moutons. Depuis cette aventure, le P. Mathieu ordonna aux Jacaux de ne plus être si bêtes et surtout de se battre le jour du sabbat.

Mathieu et ses fils coururent le pays, circoncirent les enfants qui avaient leur prépuce. Cette guerre dura longtemps ; les fils du bonhomme Aimon commandèrent tour à tour les révoltés, et furent tantôt battus, tantôt victorieux ; c'est le sort ordinaire des armées.

Depuis quelques mois, Antiochus avait entendu parler d'une société nommée la Franc-Maçonnerie. Les hommes initiés dans cet ordre étaient frères. On raisonnait diversement de cette fraternité. Les uns disaient que les maçons étaient des jésuites, les uns des innocents qui jouent à la chapelle comme font les enfants, les autres disaient qu'ils étaient des chimistes qui faisaient de l'or entre deux piliers, et qu'ils avaient une loge dans le temple de Jérusalem remplie de bijoux, d'ornements, de richesses et d'une tête à perruque. Le roi voulut connaître cette frérie ; il envoya à Jérusalem un certain Héliodore pour s'informer de ces hommes extraordinaires. L'envoyé arriva la veille de la Saint-Jean, il alla frapper de la part du roi à la porte de la loge. Il fut arrêté par le frère terrible, qui se mit à crier : *il pleut.*

Comme l'envoyé était un profane, deux sacrés apprentis, vêtus de leurs tabliers blancs, parurent aussitôt et rossèrent le profane ambassadeur à coups de règle. Ce dernier se mit à faire le signe de *miséricorde* et se mit à crier : *A moi les enfants de la veuve.* Il avait appris ce signe et ces paroles d'une fille du monde, à qui un jeune Français discret l'avait confié. A ces mots, la loge s'ouvrit, Héliodore vit quatre-vingts canons chargés qui l'épouvantèrent moins que le frère terrible. On reçut Héliodore maçon et dans l'instant il vit, à ce que disent les francs-maçons, ce que l'esprit humain ne peut comprendre.

L'ambassadeur, étonné des vertus qu'il trouva parmi les maçons, ne put s'empêcher de leur dire : « Mes frères, depuis que j'ai l'honneur d'être de votre illustre société située à *l'orient de Jérusalem*, je m'aperçois que le pape (1) est un sot de vous avoir excommuniés. Vos lois sont dignes de l'humanité, celui qui a imaginé vos mystères avait assurément plus d'esprit que celui qui a imaginé la messe. Vos canonnées de poudre forte valent mieux que la première et la seconde ablution de la messe, et le *memento* pour les trépassés. »

Le vénérable, pour répondre aux politesses de l'ambassadeur, ordonna au frère premier surveillant de charger pour une santé respectable. Le vénérable frère surveillant se leva et dit : « Mes frères, la santé proposée par le très vénérable est celle du roi Antiochus, notre auguste souverain ; nous la célébrerons avec tous les honneurs de la maçonnerie par trois grands coups qui partiront de l'orient et seront répétés à l'occident » ; alors on but à la santé du monarque et l'on fit un grand feu.

Mathieu Aimon mourut ; un certain Jason obtint, pour une somme d'argent, la cure du Saint-Suaire. Le nouveau pasteur attaché à la cour, changea toutes

----

(1) Rome a excommunié les francs-maçons. Cette censure est aussi ridicule que celle de jeter un interdit sur un royaume à cause que le souverain ferait du bien à ses sujets et l'aumône aux pauvres.

les rubriques de l'office de la sainte Face et fit construire vis-à-vis de la chapelle une place pour avoir des danseurs de corde et des joueurs de gobelets, qui savaient escamoter les chapeaux aussi promptement que leurs descendants escamotent les mouchoirs dans la bourse d'Amsterdam (1).

Il y avait alors à Jérusalem un bonhomme, nommé Nicodème, à qui l'on voulait faire manger de bonnes choses, entre autres une cuisse de poulet piqué et une tranche de jambon. Comme le bonhomme avait peur de gâter son âme avec du jambon, il préféra la mort; et cela fut très agréable à Crémistic. Une bonne femme, le pendant du bonhomme, avait sept enfants qui ne mangeaient pas de lard. Le roi les fit venir et leur ordonna d'en manger, la famille protesta qu'elle n'en mangerait point. Le souverain les fit mourir comme des rebelles à ses ordres. La mère chanta pouille à Sa Majesté, et tout ce train se fit pour une misérable tranche de jambon.

Ce fut dans le temps des sept fils d'Aimon que le système de l'immortalité de l'âme et la résurrection future commença à prendre croyance. Quelques Jacaux s'imaginèrent d'autant plus aisément qu'ils ressusciteraient un jour, qu'ils voyaient les os de leurs pères empaquetés et confondus dans le cimetière où tous les hommes sont égaux.

Les corps, disaient les théologiens, seront glorieux parce qu'ils sont en cendres. Il est tout naturel de

(1) Malgré l'apologie qu'un juif a fait composer en faveur de sa nation, les juifs n'ont jamais cultivé d'autre art que celui dont parle Arlequin cité devant la justice et condamné à être pendu pour l'amitié qu'il portait aux Belles-Lettres. Ceux d'Amsterdam unissent aux connaissances littéraires le talent d'escamoter les mouchoirs; ils m'en ont pris trois en traversant leur quartier. C'est en reconnaissance de cette friponnerie que je les honore de ce petit *memento*.

réduire en poussière ce qu'on veut rendre immortel, et vous voyez clair comme le jour que la destruction de votre corps est une preuve triomphante de sa résurrection. Certains Jacaux qui savaient lire disaient aux partisans de ce système : La résurrection des morts n'a pas été connue de nos pères. Le ciel leur avait bien promis le pays de Béthanie, du lait, du miel et des agneaux qui badineraient avec la gueule du loup, mais pas un mot de résurrection.

D'autres plus éclairés soutenaient que les animaux ressusciteraient aussi à cause qu'ils mouraient et périssaient comme les hommes. *Si la destruction de l'homme*, disaient-ils, est une preuve de sa résurrection, les brutes ont la même preuve.

La nature ne donne aucune autre idée aux hommes et aux animaux de leur résurrection que celle de la métamorphose naturelle ou le changement des formes. La nature détruit les corps et les reproduit. Un vrai fidèle, un bon chrétien enterré au pied d'un bon chrétien qui promet de bonnes poires, engraisse l'arbre ; la substance de l'homme passe dans celle des poires, sa maîtresse en mange aussi, il couche avec elle, lui donne du bon chrétien et le suc de la poire produit du bon chrétien après quelque séjour dans le sein virginal de la belle. Voilà comme la résurrection naturelle se fait et comment se forment les générations. La matière est une navette que la nature tient en main et fait jouer sans cesse.

La résurrection des hommes, disaient les prêtres, est démontrée parce que cette promesse est imprimée et reliée dans un vieux livre. Ce livre, il est vrai, n'est point la nature, mais il est préférable à la nature, parce qu'il est plus riche et plus magnifique dans ses promesses que la nature. Un cordonnier qui donne

24 sols de la façon d'une paire de souliers trouvera
plus d'ouvriers qu'un autre qui ne donnera que
12 sols. La nature est le second cordonnier, la révélation est le premier. Cette dernière est d'autant plus
croyable que la nature peut nous tromper et qu'il est
impossible qu'un livre bien relié puisse nous tromper. Ces beaux raisonnements trouvaient des admira-
teurs qui assuraient que les prêtres raisonnaient fort
juste sur les choses qu'ils n'entendaient pas.

Les hommes, disaient les uns, seront plus ou moins
glorifiés à proportion de ce qu'ils auront souffert plus
patiemment les misères de ce monde. Les animaux,
disaient les autres, seront glorifiés comme les hommes
à cause qu'ils souffrent davantage et ne murmurent
point tant contre le Créateur dont ils sont les très
humbles créatures.

Les chevaux de fiacre de Jérusalem et de Paris sont
réellement malheureux et par là dignes d'un meilleur
sort; car il n'est point possible que la nature les ait
destinés à tant de maux. C'est l'état déplorable des
pauvres chevaux de Paris qui a donné à Jean-Jacques
Rousseau l'idée de son système de l'inégalité des conditions; son ouvrage ferait le comble de l'absurdité
si on voulait l'entendre de la nature de l'homme. J'ai
un exemplaire de ce fameux discours où j'ai mis à la
place du mot *homme* le mot *cheval;* par ce moyen
j'entends parfaitement mon Jean-Jacques.

LES TROIS COUVENTS DE JÉSUITES

Histoire extraite du livre en question.

Le feu, sans doute, aura pris par derrière.

Il y avait dans l'Orient trois couvents de jésuites qui n'aimaient pas les filles. Les révérends avaient détourné les canaux de la génération dans l'espoir de faire de beaux garçons sans le secours des belles filles. Le grand Crémistic, irrité de la conduite de ces moines, forma le dessein de les détruire, mais, en garçon prudent, il consulta un certain Abraham Chaumeix qui avait des préjugés légitimes pour aimer les jésuites. Maître Abraham, lui dit-il, vous savez que la cousine de M. Vadé a dit publiquement *qu'elle avait des préjugés légitimes, que vous étiez un des plus absurdes barbouilleurs de papier qui se soit mêlé de raisonner,* c'est une femme d'esprit que la cousine du cousin Vadé. Enfin, maître Abraham, comme vous êtes ce que vous êtes, je requiers votre avis sur le cas des jésuites, qui se noircit de plus en plus. Le cri des filles qui sèchent sur pied comme les plantes sans rosée est monté jusqu'à moi ; je n'aime pas, comme vous le savez, les restrictions mentales, les fripons, les contrebandiers et surtout les chevaliers de la manchette. Je veux détruire les trois couvents de jésuites et cet ordre meurtrier, s'il est possible.

Abraham Chaumeix avait des entrailles pour les préjugés et pour les jésuites, il fit un marché d'écolier avec Crémistic. Dans leur savant colloque on croit entendre deux enfants qui jouent aux épingles. Après

avoir longtemps disputé, Chaumeix dit à Crémistic :
« S'il se trouvait par hasard, monseigneur, parmi mes
bons amis une cinquantaine d'honnêtes gens qui
aimassent les filles, ne pardonneriez-vous point à
ceux qui aiment les beaux garçons? » Volontiers, dit
Crémistic. Abraham, n'ayant pas trouvé ce nombre,
en proposa vingt-cinq. Crémistic, qui ne voulait point
gagner dans ses marchés et qui cherchait des préjugés légitimes pour pardonner, acquiesça encore à la
proposition.

Chaumeix, enhardi par la bonté de son maître, lui
dit : « Vous n'êtes pas si méchant que les vieux livres
le disent, là, tout de bon, ne pardonneriez-vous point
aux enfants d'Ignace s'il se trouvait parmi eux une
demi-douzaine qui ne fût pas de la confrérie de la
manchette? » Crémistic agréa la proposition. Abraham,
ne pouvant trouver ce nombre et voyant qu'il usait
ses poumons à plaider une mauvaise cause, dit à
monseigneur : Faites comme il vous plaira, je vois à
présent que le parlement de Paris a raison, que les
auteurs de l'Encyclopédie et M. de Voltaire valent
mieux que les jésuites.

Avant de mettre le feu aux trois couvents, Crémistic, qui aimait prodigieusement les grands hommes
issus de la copulation de Jeanne d'Arc et de l'âne de
saint Denis, sachant qu'Abraham Chaumeix avait un
neveu, nommé Martin Fréron, qui faisait auprès des
trois couvents le métier de barbouilleur de papier
pour gagner dix écus, voulut le sauver de l'incendie.

Martin Fréron était un très mauvais sujet, que les
jésuites, qui étaient aussi de très mauvais sujets,
avaient chassé de leur société. Martin, à la sortie de
chez les jésuites, s'était attaché au derrière d'un certain abbé Desfontaines, qui avait succédé à la chaire

d'un ancien professeur, nommé Duchauffour. L'abbé
était le fléau des sots et le censeur des bons livres.
Fréron se crut aussi habile que son professeur, mais
comme il n'avait pas son génie il se borna à ramasser
les saillies de café, les bons mots du parterre, pour
remplir des feuilles périodiques que les sots ad-
mirent.

Crémistic, qui ne se fâche jamais contre les faiseurs de livres, à cause que quand Jupiter tonne,
Jupiter a toujours tort, n'en voulait pas au malheureux héros de l'Écossaise, parce que dans le fond il
n'avait point d'autre défaut que celui de mal juger
des livres, d'injurier les talents et de mentir pour dix
écus.

Monseigneur envoya deux jeunes postillons dans
la ville où étaient les trois couvents des jésuites. Ils
descendirent chez le neveu d'Abraham Chaumeix. Les
Loyala, qui n'avaient plus de beaux garçons depuis
l'arrêt du 6 août, étaient affamés de beaux garçons;
dès qu'ils surent l'arrivée des deux greluchons, ils
vinrent chez Fréron en procession avec la bannière
de la congrégation, où était cette devise parodiée de
l'ode à Priape :

Et sans nos jeunes Alcibiades
Nous n'eussions pas médit des cœurs.

Ils entourent la porte du périodiste. Le neveu
d'Abraham, voyant qu'ils allaient insulter ses hôtes,
alla vers eux, et pour les détourner de leur mauvais
dessein, il leur dit d'une façon honnête : « Mes révérends pères, j'aime votre société; daignez entrer chez
moi, j'ai d'excellents vins, nous boirons un coup, et
si vous aimez la bagatelle, j'ai une femme qui n'est
point jolie, mais elle est bonne assez pour vous;

vous savez le refrain de la chanson déshonnête de
l'abbé de Lattaignant :

> *Qui peut lire le mari,*
> *Peut bien caresser aussi*
>   *La femme.*

Si ma compagne ne vous suffit pas, j'ai deux filles
et la vieille maîtresse de l'abbé de la Porte, c'est une
vierge au moins qu'il faut ménager, elle ne tient plus
à rien ; elle tombe comme les productions de
M. l'abbé,

> *Ses écrits*
> *Plus pourris*
> *Que sa garce,*
> *Tombent comme elle en lambeaux ;*
> *Sur les quais par morceaux,*
> *Chaque feuille est éparse.*

Les jésuites répondirent au neveu d'Abraham :
« Vous êtes bien honnête, Martin, de nous offrir une
garce et deux pucelles, gardez-les pour vous. — Nous
sommes profès du quatrième vœu, nous avons
renoncé aux filles, nous devons une obéissance
aveugle à notre général, vous voyez qu'il nous faut
absolument les deux beaux garçons que vous recélez
chez vous. »

Les postillons, indignés des procédés des inigistes,
pressèrent Martin de quitter au plus tôt sa maison,
de fuir dans la campagne avec son épouse et ses deux
filles qui étaient encore pucelles et qui l'auraient été
longtemps sans leur industrie. Les postillons, en leur
ordonnant de fuir, leur avaient défendu de regarder
derrière elles, à cause que c'était par derrière que le
feu devait naturellement prendre aux trois couvents.
A peine Martin, sa femme et ses trois filles furent

sortis de la ville qu'il tomba du ciel de la giboulée de soufre et de bitume enflammés.

La curiosité, le quatrième élément des dames, fit le malheur de la femme du neveu d'Abraham Chaumeix. Madame, épouvantée au bruit du soufre et du bitume, regarda derrière elle pour voir ce qui se passait ; dans l'instant, elle fut changée en statue de *sel*. Ici le P. Berruyer n'est pas trop intelligible. L'aventure de cette femme métamorphosée en sel doit s'entendre autrement.

Les Hébreux et les Orientaux avaient pris le sel pour le symbole de l'éternité. Le mot de sel signifiait chez eux *perpétuel*. Dans le cinquième chapitre des Nombres, verset 18, il est dit : « *Je ferai avec vous une alliance de sel* », c'est-à-dire une alliance perpétuelle. Par cette manière d'expliquer cette aventure, on voit qu'elle n'est que symbolique. Mais comme le P. Berruyer n'ose avoir que la foi du charbonnier, c'est-à-dire une foi stupide, et qu'il ne nous est pas permis d'en avoir une autre, il faut croire avec ceux qui font du charbon que la femme de Martin fut changée en statue de sel et que cette figure a resté longtemps dans l'Orient.

Quelques années après cette métamorphose, les Mèdes s'aperçurent que le sel conservait la santé des paysans. Les maltôtiers du pays persuadèrent à l'État que les gens de campagne étaient nécessaires à la culture des terres et que le sel entretenant leurs forces, il fallait le leur vendre à très haut prix. « Un de vos ancêtres, dirent-ils au souverain, aussi grand que vous, semblable à vous, que nous portons encore dans notre cœur avec vous, avait promis une poule dans le pot des paysans mèdes. Votre gracieuse Majesté fait qu'ils n'ont point eu la poule ; ainsi il est

juste de leur faire payer bien cher le privilège de
saler leur pot ; cela prouvera à la postérité que les
Mèdes n'ont jamais été récompensés de leur amour
pour leurs rois. »

Le souverain qui aimait son peuple et que le peuple adorait, trompé par des fripons de fermiers, leur
laissa la liberté de vendre le sel dix fois plus qu'il ne
valait : par cet arrangement, Sa Majesté gagna deux
liards sur la livre de sel, et les traitants dix sols six
deniers (1) ; l'État ne fut pas plus riche, mais les fripons généraux eurent des châteaux comme Sa
Majesté, une table plus délicate et de jolies maîtresses.

Comme les Mèdes manquaient de monde et avaient
encore beaucoup de terres à défricher, sa gracieuse
Majesté, pour faire la fortune de soixante fripons, fit
publier que le premier paysan qui irait chercher du
sel à la statue de la nièce d'Abraham Chaumeix, eût-
il une femme et six enfants, dussent ces sept personnes mourir de faim, Sa Majesté entendait et voulait que les délinquants fussent marqués du sceau de
ses armes sur l'épaule dextre et conduits ès galères
des Mèdes pour y travailler quatre années en qualité
de forçat et que *tel était son plaisir*. Les ordonnances
et tout ce qui émane de la souveraine bonté des rois
de cet empire se terminent de même. Sa Majesté
n'envoie en prison, ne fait jamais un malheureux
qu'elle n'imprime que *tel est son plaisir*. Les rois
des Mèdes feraient bien aussi de mettre au bas de
leurs ordonnances : telle est l'utilité publique, car il
n'y a point de plaisir à faire des malheureux, et les

(1) Ce sel se vend en Poitou et en Bretagne 17 livres la charge ;
rendu à Paris, il revient à un liard la livre, le fermier le vend onze
sols la livre.

rois des Mèdes n'ont jamais eu de plaisir ni d'inclination pour en faire.

Les deux nièces d'Abraham Chaumeix, attaquées de la maladie des pâles couleurs, fatiguées sans doute de porter toujours un pucelage, plus difficile à porter qu'un éventail, se croyant isolées sur la terre et seules destinées de toute éternité à repeupler notre petite fourmilière, conçurent de l'amour pour leur papa et dirent entre elles : « Notre père a prostitué les neuf divines sœurs de l'Hélicon, il peut bien en conscience faire des enfants à ses filles. Le papa aime furieusement le vin, grisons-le et pendant son ivresse couchons avec lui. » Les nièces d'Abraham exécutèrent ce projet, et le papa leur fit deux enfants sans le sentir.

Les physiciens, les médecins et les philosophes donnent ici sur la joue du P. Berruyer; ils soutiennent qu'on ne peut faire deux enfants à deux filles étant gris ou tout au moins sans concupiscence. Les docteurs, les casuistes disent que c'était un mystère. C'était sans doute un mystère d'iniquité. Les Pères de l'Église excusent l'inceste de ces filles et jettent cette faute sur leur simplicité et leur innocence. Les saints interprètes ont raison; des filles qui enivrent leur père dans le dessein de coucher avec lui, qui conduisent avec la main le péché originel, étaient assurément des vierges innocentes, et nous de grands ignorants de ne point croire à la simplicité des nièces d'Abraham Chaumeix.

FIN DE LA SECONDE ET DERNIÈRE PARTIE

TABLE DES MATIÈRES